航天科工出版基金资助出版

体系模型理论与建模仿真技术

卿杜政　李芳芳　杨　凯　著

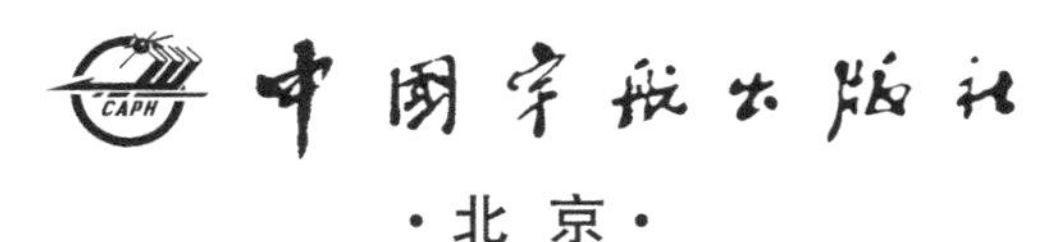

·北　京·

图书在版编目（CIP）数据

体系模型理论与建模仿真技术 / 卿杜政，李芳芳，杨凯著. -- 北京 : 中国宇航出版社，2023.12
ISBN 978-7-5159-2206-5

Ⅰ.①体… Ⅱ.①卿… ②李… ③杨… Ⅲ.①系统建模②系统仿真 Ⅳ.①N945.12②TP391.9

中国国家版本馆CIP数据核字(2023)第035469号

责任编辑　张丹丹　　**封面设计**　王晓武

出版发行　中国宇航出版社
社　址　北京市阜成路8号　**邮　编**　100830
(010)68768548
网　址　www.caphbook.com
经　销　新华书店
发行部　(010)68767386　(010)68371900
(010)68767382　(010)88100613（传真）
零售店　读者服务部　(010)68371105
承　印　北京中科印刷有限公司

版　次　2023年12月第1版
2023年12月第1次印刷
规　格　787×1092
开　本　1/16
印　张　16.25
字　数　395千字
书　号　ISBN 978-7-5159-2206-5
定　价　98.00元

序

伴随着科技革命的迅猛发展，我们正在迈入“复杂系统”遍存的新时代。复杂系统指的是一类组成关系复杂、机理复杂、信息和能量交换复杂，总体行为具有涌现、非线性、自组织、混沌和博弈等特点的系统。军事、经济、社会和生命等系统都是典型的复杂系统。计算科学、智能科学和系统工程等学科技术的不断发展，推动了复杂系统研究方法论的逐渐完善，也催生了“系统的系统（System of Systems）”——即体系这一概念。体系的研究与运用对促进国民经济和社会发展、巩固国防建设有着十分重大的意义。体系如何描述、如何设计、如何实验、如何分析、如何验证、如何评估等问题已成为新时代科技领域的研究热点、重点和难点。

经过近一个世纪的发展，建模与仿真知识体系日趋完善，正朝着以“数字化、虚拟化、高效化、网络/云化、智能化、普适化”为特征的现代化方向发展。新时代建模与仿真技术是以现代建模仿真理论与技术为基础，与新一代智能科学技术、新一代通信技术以及各个应用领域新专业技术3类技术深度融合，以计算机系统、物理效应设备及仿真器为工具，根据研究目标，通过建立并运行被研究对象的模型、数据或与被研究对象嵌入集成的系统，对研究对象进行认识与改造的一门综合性、交叉性科学技术。它可以帮助人们深入到一般科学及人类生理活动难以到达的宏观或微观世界中进行研究和探索。新时代建模和仿真技术与计算科学一道，已成为继理论和实验这两种传统的科学研究范式之后的第三种科学研究范式。

体系建模与仿真是支持体系论证、设计、分析、试验、运行和评估等复杂体系研究全生命周期过程的一类建模与仿真技术。实践表明，体系建模与仿真是复杂体系研究与应用的有效甚至唯一的手段，具有鲜明的“快、好、省”的特点，并成为新时代建模与仿真技术领域的一个研究热点。

本书作者长期从事体系建模与仿真技术研究，在体系工程方法论、体系建模理论和体系仿真方法等方面都有独到的见解和成果。本书系统描述了体系仿真建模方法、体系仿真模型框架及仿真平台、分布式仿真体系结构、体系仿真校核与验证（VV&A）方法等，总结了未来体系建模与仿真技术发展的重点方向，反映了作者在该领域积累的知识和成功经验，具有认知广度和技术深度。本书既可以为体系仿真技术人员提供技术指导，也可以作为体系仿真相关方的通识读本，对体系建模与仿真领域感兴趣或存在疑问的读者可以参考本书，并在本书中找到答案。相信本书出版后，将促进我国对新时代体系建模与仿真技术的研究、实践和应用。

李伯虎

2023 年 12 月

前　言

信息技术的迅猛发展及其在军事领域、民用领域的广泛应用，将人、设备、环境链接成一个融合、联动和不断演化的有机整体，在改变世界的同时，也深刻地改变着我们的思维。目标固定、边界明确、独立闭环的传统思维方式已难以满足我们在信息时代认识世界、改造世界的需求，迫切需要从体系的视角，运用体系工程方法，将地理分散、运行独立的个体聚合为整体，通过体系结构设计、技术体制优化、生产关系调整等手段，促进体系能力不断演化改进，更好地适应使命任务的要求和环境的变化。

近20年，国际国内体系研究学科领域十分活跃，取得了许多成果。从方法论看，体系研究有两种主流方法：一种是从体系模型设计角度开展研究，最典型的是美国国防部提出的国防部体系结构DoDAF标准，最新版本为V2.02，共有8个视角、52个模型用于描述体系模型，从概念表达、结构设计、行为描述、信息交换到软件代码生成，为体系全生命周期的开发、使用和维护服务；另一种是开展基于建模仿真技术的体系能力量化分析研究，评估体系满足使命任务要求和适应环境变化的程度，以支撑体系演化改进。本书也是围绕这两种研究方法的系统性总结和介绍。

全书共分为7章。第1章聚焦复杂大系统和体系的概念和主要特征，描述了体系工程的发展和作用，以及建模与仿真技术在体系研究中的必要性和应用领域；第2章介绍了体系工程方法论和体系模型的描述方法，重点描述了DoDAF概念和开发方法、工具等；第3章从仿真学科视角，介绍了与体系建模相关的连续系统、离散事件系统、离散/连续混合系统，以及随机现象、环境和体系行为等建模方法；第4章以体系模型建模仿真的主要技术基础——模型框架与仿真平台为重点，介绍了其组成、结构和主要功能，以及在实现仿真模型重用性、可组合性等方面所起的关键作用；第5章介绍了分布式仿真技术的发展历程，并就分布式仿真的关键问题进行了探讨总结；第6章介绍了体系仿真VV&A的概念、内涵，并分析了体系仿真VV&A的方法和典型应用；第7章以基于模型的体系工程方法、高效能云平台、智能化博弈对抗等技术为例，介绍了新一代体系建模与仿真技术的主要技术内涵和关键技术等。全书由卿杜政、李芳芳、杨凯负责统稿、审阅、撰写，另外，参与编写的人员还有中国航天科工集团二院二部/体系部蔡继红、庄长辉、梅铮、陈秋瑞、谢宝娣、徐筠、李亚雯、林廷宇、刘冬梅、郭丽琴、贾政轩、何威、周邯、胡彪、张连怡，二院张超、孙涛，在此向他们表示感谢。

本书凝练了著者长期从事体系总体设计、体系建模仿真所积累的理论方法和知识，可作为从事体系研究的工程技术人员和大专院校相关教师和研究生的参考用书。由于体系模型理论和体系建模仿真技术发展迅速，新技术层出不穷，加之著者技术水平有限，书中难免存在不足和错误之处，恳请读者批评指正。

在编写本书过程中，中国航天科工集团二院李伯虎院士全程给予悉心的指导，院士高屋建瓴的意见是本书得以顺利完成的基础，同时，中国航天科工集团二院二部/体系部李志平、王赫、张亚龙、张进、穆书琦、牟泽磊、牛杰、康一丁、武作宇、杜建华、段巍、陈洪磊等提供了翔实的技术资料和各种数据，并提出了宝贵的意见和建议，在此表示衷心的感谢！

最后，感谢所有关心和支持本书出版的朋友们！

作者

2023 年 12 月

目 录

第1章 绪 论 …… 1
1.1 复杂大系统和体系 …… 1
1.1.1 什么是复杂大系统 …… 1
1.1.2 复杂大系统涌现性再探讨 …… 2
1.1.3 复杂大系统研究的基础理论 …… 3
1.1.4 体系的定义与特征 …… 9
1.1.5 体系的分类 …… 10
1.2 体系工程 …… 10
1.2.1 体系工程的定义 …… 11
1.2.2 体系工程的发展和作用 …… 12
1.3 体系的建模与仿真 …… 13
1.3.1 为什么要仿真 …… 13
1.3.2 体系仿真的特点 …… 14
1.3.3 体系仿真的发展 …… 16
1.4 本章小结 …… 17
参考文献 …… 18
第2章 体系工程与体系模型 …… 20
2.1 体系工程方法论 …… 20
2.2 体系模型方法论 …… 22
2.2.1 体系模型内涵 …… 22
2.2.2 体系架构框架发展 …… 23
2.3 DoDAF 组成及其应用 …… 25
2.3.1 DoDAF 视角、视图和模型 …… 25
2.3.2 基于 DoDAF 的装备体系架构设计步骤 …… 35
2.4 典型体系建模工具 …… 39
2.5 本章小结 …… 40
参考文献 …… 41

第3章　复杂系统仿真建模理论和方法 …… 43
3.1　概述 …… 43
3.1.1　仿真三要素和三项基本活动 …… 43
3.1.2　仿真建模要求和形式化描述 …… 43
3.1.3　建模方法概述 …… 45
3.2　面向时间的系统建模方法 …… 45
3.2.1　连续系统建模 …… 46
3.2.2　离散事件系统建模 …… 47
3.2.3　离散/连续混合系统建模 …… 51
3.3　面向随机现象的建模方法 …… 53
3.3.1　概率论术语 …… 53
3.3.2　蒙特卡洛仿真 …… 53
3.3.3　随机变量仿真建模 …… 56
3.4　面向自然环境的建模方法 …… 62
3.4.1　战场综合自然环境分类 …… 62
3.4.2　战场综合自然环境建模方法 …… 64
3.4.3　战场综合自然环境数据表示及交换规范 …… 68
3.5　体系行为建模方法 …… 72
3.5.1　基于规则的行为建模方法 …… 72
3.5.2　基于有限状态机的行为建模方法 …… 73
3.5.3　基于行为树的行为建模方法 …… 76
3.5.4　基于人工智能的行为建模方法 …… 78
3.6　本章小结 …… 83
参考文献 …… 84

第4章　体系仿真模型框架与仿真平台 …… 85
4.1　体系仿真模型框架 …… 85
4.1.1　体系仿真模型框架概述 …… 85
4.1.2　体系仿真模型框架设计原则 …… 87
4.1.3　国外典型仿真模型框架 …… 87
4.1.4　典型的体系仿真模型框架 …… 95
4.2　体系仿真平台 …… 99
4.2.1　体系仿真平台概述 …… 99
4.2.2　体系仿真平台功能 …… 99
4.2.3　体系仿真平台结构 …… 99
4.2.4　体系仿真平台工具组成 …… 101
4.3　本章小结 …… 109

参考文献 …… 110

第 5 章　分布式仿真及其应用 …… 111

5.1　概述 …… 111

5.1.1　发展历程 …… 111

5.1.2　关键问题 …… 113

5.2　分布交互仿真 …… 118

5.2.1　起源与发展 …… 118

5.2.2　关键概念及标准 …… 119

5.2.3　特点及其应用 …… 123

5.3　高层体系结构（HLA） …… 123

5.3.1　起源与发展 …… 123

5.3.2　关键概念及标准 …… 124

5.3.3　特点及其应用 …… 131

5.4　试验训练体系结构（TENA） …… 131

5.4.1　起源与发展 …… 131

5.4.2　关键概念及标准 …… 132

5.4.3　特点及其应用 …… 145

5.5　分布式仿真工程 …… 146

5.5.1　IEEE1516.3 联邦开发与执行过程（FEDEP） …… 146

5.5.2　Euclid RTP11.13 综合环境开发与运用过程（SEDEP） …… 148

5.5.3　IEEE1730 分布式仿真工程与执行过程（DSEEP） …… 149

5.6　本章小结 …… 151

参考文献 …… 152

第 6 章　体系仿真 VV&A 技术 …… 154

6.1　概念与内涵 …… 154

6.1.1　仿真 VV&A 的定义 …… 154

6.1.2　仿真 VV&A 的必要性 …… 156

6.1.3　仿真 VV&A 理论的发展过程 …… 157

6.1.4　仿真 VV&A 原则 …… 158

6.2　体系仿真 VV&A 过程主要活动 …… 161

6.3　基于试验数据的模型校核验证 …… 164

6.3.1　影响模型校核验证的主要因素 …… 164

6.3.2　常用模型校核方法 …… 165

6.3.3　常用模型验证方法 …… 173

6.3.4　模型校核验证示例 …… 192

6.4　体系仿真置信度及 VV&A 评估标准 …… 201

6.4.1 体系仿真系统置信度内涵 …… 201
6.4.2 常用复杂系统评估方法 …… 201
6.4.3 一种体系仿真置信度评估主要流程 …… 206
6.5 本章小结 …… 209
参考文献 …… 210
第7章 新一代体系建模与仿真技术 …… 212
7.1 基于模型的体系工程方法 …… 212
7.1.1 概述 …… 212
7.1.2 重点研究方向 …… 213
7.1.3 关键技术 …… 214
7.2 高效能云平台体系仿真技术 …… 220
7.2.1 概述 …… 220
7.2.2 重点研究方向 …… 222
7.2.3 关键技术 …… 223
7.3 智能化博弈对抗体系仿真技术 …… 231
7.3.1 概述 …… 231
7.3.2 重点研究方向 …… 231
7.3.3 关键技术 …… 236
7.4 本章小结 …… 239
参考文献 …… 241
附录 缩略语汇总 …… 243

第1章 绪 论

物理世界是纷繁复杂的，从系统论视角看，它是由多种多样、大小不一的系统组成的。人类对物理世界的认识需求也早已从认知部件和局部的运行规律，发展到认知系统，乃至系统与系统间耦合的运行规律。尤其是近几十年，以网络化、数字化为主要特点的信息技术飞速发展，使得民用的社会、交通、经济，以及军用的论证研制、作战实验、试验鉴定等领域的研究对象变得越来越庞大、越来越复杂。为区别于传统意义上的简单系统，我们将上述研究对象称为复杂大系统（也可简称为复杂系统）。复杂大系统具有构成类型多、关系复杂、属性特征维度广等特点，以还原论为基础的建模理论和方法已越来越难以反映其内在的运行规律，认识和改造优化这类复杂大系统遇到了巨大的技术挑战。传统的系统建模理论和工程方法已越来越难以适用，体系模型理论及其相关的建模仿真技术成为研究的新热点。

1.1 复杂大系统和体系

1.1.1 什么是复杂大系统

在英文中，有两个词表示复杂性，一个词是complicated，包含词根pli，表示“把……折叠在一起”，强调组成带来的复杂性；另一个词是complex，包含词根ple，表示“把……编织在一起”，强调关联带来的复杂性。事实上，这两个词的综合，表征了复杂大系统“复杂性”的两个基本属性，即组成要素类型多、数量大；组成要素关联方式多、规模大。正如1969年，赫伯特·西蒙（Herbert A. Simon）给出的复杂大系统定义：“由大量按复杂方式进行交互的要素构成的系统。”

在此之前，虽然传统意义上的简单系统也可以很庞大，但它一般是线性的，基于还原论，通过连续的分解，它是可以简化的，其主要性质包括因果关系明确、运行机理清晰、结果可预测、状态集合稳定等，俗称“1＋1＝2”的系统。常见的机械等工程系统均属于这个范畴，其主要科学基础是牛顿定律和麦克斯韦方程等经典物理科学体系。

与简单系统不同，复杂大系统是不可分解还原的，其构成类型多样，数量庞大，组成要素之间的关系复杂，交联耦合，同时，复杂大系统边界模糊，存在所谓的“蝴蝶效应”，表现出随机和不规律的现象，增加了不确定性。因此，复杂大系统远不是其各部分及其相关过程之和，具有非线性，无法用一系列基于还原论的分解来分析，其主要性质包括因果关系不明确、结果不可预测、难以重复、状态集合混沌等，俗称“1＋1＞2”的系统。自然气候系统、经济系统、社会系统、生命系统，以及战争系统等都属于复杂大系统，其科学基础也在快速发展中，如复杂适应系统（Complex Adaptive System，CAS）理论、复杂网络动力学（Complex Network Dynamics）理论、协同学（Synergertios）、突变论（Calastrophe Theory）等。综合国内外该领域研究成果，复杂大系统的特征可以归纳为：涌现性、自适应性、不确定性和开放性。

涌现性 指的是整体具有而构成整体的要素个体所不具有的性质，也就是通常说的“1＋1＞2”多出来的性质。涌现不能通过还原论线性导出，而是构成要素通过交互、协同演化而得出的整体综合效应，反映整体与个体的有机联系和质变效应。

自适应性 复杂适应性理论创始者约翰·霍兰德（John Holland）提出“适应性造就复杂性”，认为复杂系统是由可以自组织、自聚集、自学习、自进化的要素构成，要素与要素、要素与环境之间发生各种各样的交互作用，要素为适应环境变化，调整个体的自身结构和行为，从而促进整体系统渐进进化。从某种程度上说，复杂性源于个体要素的自组织与自适应。

不确定性 不确定性是客观物理世界的真实存在，来源于系统的随机性和混沌性，与人的认识无关，与测量手段和测量精确与否无关，反映了系统进化过程与结果只能致力于探索发现，而难以预测的性质。

开放性 复杂大系统需求、目标、组成、边界具有开放和不确定的特点，且与外界环境存在着动态不断的能量、信息和物质交换，这种交换使其不断从外界环境获得负熵，从而使系统的总熵减小，增加有序性，推动形成系统自组织和自适应性。

1.1.2 复杂大系统涌现性再探讨

涌现性是复杂大系统的最主要性质，也是复杂大系统研究的“圣杯”。所谓涌现，常见的定义是整体具有，而构成整体的要素个体所不具有的性质。从该定义出发，质量不是一个涌现性质，一个系统的每个构成要素都有质量，整体的质量等于构成要素的质量之和。但该定义也让人迷惑，举个例子，雷达系统由发射机、接收机、信号处理和显控等构成，雷达系统对目标的探测、跟踪和识别性质显然不是发射机、接收机、信号处理和显控等构成要素所独立具有的性质，符合该涌现性定义，但它又是因果关系明确、可预测、可重复的，那么该性质能否归入涌现性？

在许多文献中，将涌现性分为两类：弱涌现性和强涌现性。弱涌现性指由于构成要素间交互所产生的性质，该性质事前不能预测，性质产生后，通过新的理论和方法，可以进行完备的解释，且是可预测、可重复的。例如，1831 年英国科学家法拉第通过试验发现电磁感应现象，即穿过闭合电路的磁通量发生变化，闭合电路中产生电流。试验前，法拉第和同时代其他科学家都预测和认识不到该现象。1864 年，麦克斯韦在法拉第等科学家研究工作的基础上，提出著名的麦克斯韦方程，完美地解释了该现象，这就是典型的弱涌现性产生的例子。上面提到雷达系统产生的探测、跟踪和识别性质也可归入弱涌现性。强涌现性指与系统各个构成要素的已知性质不一致，也不能由构成要素已知的交互推导出来的性质，无法可靠地预测何时何地发生涌现。人类意识是比较典型的强涌现性例子，我们无法用任何仿真或模型来真正地实现意识，也无法预测其他系统或生物是否将拥有意识。

在一定程度上，强涌现性可以转化为弱涌现性，现在被认为是强涌现性质的，未来不一定被认为是强涌现性。例如“蝴蝶效应”：一只南美洲亚马逊河流域热带雨林中的蝴蝶，扇动一下翅膀，可以在两周后引起美国得克萨斯州的一场龙卷风。现阶段，我们无法用模型来解释，输入端微小的初始扰动，如何通过连锁反应，在输出端产生巨大的效应，它是难以预测和不可重复的，是强涌现性。但如果未来我们对气候变化的认识达到很高的水平，可以建立精确的地球大气温度、湿度、压力和气流相互作用和相互耦合，初值敏感的气候变化模型，从而预测“蝴蝶效应”，那它就自然转化为弱涌现性，甚至不归入涌现性概念范畴。

事实上，我们研究复杂大系统，关注涌现性，其背后的原动力还是朴素的“认识世界，改造世界”的哲学观，正如美国圣塔菲研究所（Santa Fe Institute）通过科学研究和仿真发现在有序和混沌之间的变换关系，进而提出复杂性科学，发展出研究复杂系统的复杂适应系统理论和复杂网络动力学理论一样，目标是识破“迷雾”，发现规律，形成新思维、新理论、新范式、新方法，为认识和改造复杂的世界服务。

1.1.3 复杂大系统研究的基础理论

1.1.3.1 复杂适应系统理论

(1) 复杂适应系统理论的基本思想

复杂适应系统（CAS）理论是由约翰·霍兰德在1994年正式提出的。作为第三代系统观，复杂适应系统理论突破了把系统元素看成“死”的、被动的对象的观念，引进具有适应能力的智能体（Agent）概念，从智能体和环境的互动作用认识和描述复杂系统行为，开辟了系统研究的新视野。

复杂适应系统的基本思想是：系统中的个体（元素）被称为智能体，智能体是具有主动性和适应性的个体，智能体能够在与其他智能体的交互中，随着得到的信息不同，自身的结构和行为方式会发生不同的改变。适应的目的是生存或发展。智能体在这种持续不断地与环境以及其他智能体的交互作用中“学习”和“积累经验”，并且根据学到的“经验”改变自身的结构和行为方式。正是这种主动性及智能体与环境的、与其他智能体的相互作用，不断改变着它们自身，同时也改变着环境，才构成了系统发展和进化的基本动因。整个系统的演变或进化，包括新层次的产生、分化和多样性的出现，新的聚合而成的、更大的智能体的出现等，都是在这个基础上派生出来的。可以看出，CAS的复杂性起源于其中的智能体的适应性。

从复杂适应系统理论的基本思想可以看出其包括微观和宏观两个方面。在微观方面，复杂适应系统理论的最基本的概念，是具有适应能力的、主动的个体。个体的适应能力，表现在它能够根据行为的效果修改自己的行为规则，以便更好地在客观环境中生存。在宏观方面，由适应性智能体组成的系统，将在智能体之间以及智能体与环境之间的相互作用中发展，表现出宏观系统中的分化、涌现等种种复杂的演化过程。

(2) 复杂适应系统理论的特征与特点

霍兰德还给出了 CAS 的 7 个基本点，包括 4 个特性（聚集、非线性、流、多样性）和 3 个机制（标识、内部模型、积木块），他指出复杂适应系统都同时具有这 7 种性质。

1) 聚集：主要用于个体通过“黏合”形成较大的多个体的聚集体。由于个体具有聚集的特性，它们可以在一定条件下，在双方彼此接受时，组成一个新的个体——聚集体，在系统中像一个单独的个体那样行动。

2) 非线性：指个体以及它们的属性在发生变化时，并非遵从简单的线性关系。特别是在与系统的反复交互作用中，这一点更为明显。

3) 流：在个体与环境之间存在有物质、能量和信息流，这些流的渠道是否通畅、周转是否迅速，都直接影响系统的演化过程。

4) 多样性：在适应过程中，由于种种原因，个体之间的差别会发展与扩大，最终形成分化，这是 CAS 的一个显著特点。

5) 标识：为了相互识别和选择，个体的标识在个体与环境的相互作用中是非常重要的，因而无论在建模中，还是在实际系统中，标识的功能与效率是必须认真考虑的因素。

6) 内部模型：在 CAS 中，不同层次的个体都有预期未来的能力，每个个体都是有复杂的内部机制的。对于整个系统来说，这统称为内部模型。

7) 积木块：复杂系统常常是相对简单的一些部分通过改变组合方式而形成的。因此，复杂性往往不在于块的多少和大小，而在于原有构筑块的重新组合。

复杂适应系统理论的核心思想是“适应性造就复杂性”。这一理论的主要特点可以归纳如下：

1) 个体具有智能性、适应性、主动性。系统中的个体可以自动调整自身的状态、参数以适应环境，或与其他个体进行合作或竞争，争取最大的生存机会或利益，这种自发的协作和竞争正是自然界生物“适者生存、不适者淘汰”的根源。这同时也反映出 CAS 是一个基于个体的、不断演化发展的系统，在这个演化过程中，个体的功能、属性在变，整个系统的功能、结构也产生了相应的变化。个体主动性和适应性的程度决定了整个系统行为的复杂性程度。

2) 个体与环境、与其他个体之间相互影响和相互作用。以往的系统理论，往往把个体本身的内部属性放在主要位置，而没有对个体之间，以及个体与环境之间的相互作用给予足够的重视。复杂适应系统理论认为，个体与个体之间的相互作用是系统演变和进化的主要动力。这种相互作用越强，系统的进化过程就越复杂多变。

3) 个体具有并发性。复杂适应系统理论把宏观和微观有机地联系起来，系统中的个体并行地对环境中的各种刺激做出反应，进行演化。这种个体并行地、独立地变化催生整个系统的演化，因此整个系统的运动和变化就不再是一般的统计方法所能描述的。所以，在微观和宏观的相互关系问题上，复杂适应系统理论提供了区别于单纯统计方法的新的理解。

4) 复杂适应系统理论引进了随机因素的作用，使它具有更强的描述能力和表达能力。常见的考虑随机因素的方法是引入随机变量，即在系统变化的某一环节中引入外来的随机因素，按照一定的分布影响系统演变的过程。在这种方式中，随机因素的作用是“暂时的”，只在一个特定步骤上起作用。它只是通过其对系统状态的某些指标产生定量的影响，而系统运作的规律、内部的机制并没有质的变化。复杂适应系统理论认为，随机因素不仅影响状态，而且影响组织结构和行为方式。“活的”具有主动性的个体，会接受教训，总结经验，并且以某种方式把“经历”记住，使之“固化”在自己以后的行为方式中。

对比复杂大系统的特点可以看出，复杂大系统与CAS理论有较强的对应性。系统中的成员在管理和操作上都是独立的，按自身因素发挥作用，分别独立演化，能够在完成自身任务的同时完成整体要求的任务；成员系统之间需要很稳定地进行信息和知识交换，并相互发生作用；系统的演化过程充满随机因素，并具有典型的非线性和多样性，反映了基于自组织自适应聚集过程中的系统整体行为的涌现性。

(3) 复杂适应系统研究方法

与复杂适应系统思考问题的独特思路相对应，复杂适应系统研究问题的方法与传统的方法也有不同之处。复杂适应系统建模方法的核心是通过在局部细节模型与全局模型（整体行为、涌现现象）间的循环反馈和校正，来研究局部细节变化如何涌现出整体的全局行为。它体现了一种自底向上的建模思想，与传统的从系统分析与描述、建立系统的数学模型、建立系统仿真模型，到模型的验证、确认这样一种从顶向下的建模思路是不同的。表1-1对比了两类方法的特点与区别。

表1-1 复杂适应系统研究方法与传统方法对照表

项目	传统方法	CAS方法
运行结果	确定性的(一种未来)	随机的(多种未来)
设计方法	分配式的(自顶向下)	集成式的(自底向上)
模型组成	基于方程的公式	适应性智能体
解释能力	模型具备解释性	模型不具备解释性
模型参数	少量参数	大量参数
主要手段	负反馈	正反馈
主要思路	预测、控制	适应
复杂性原因	结构的复杂性	适应性产生复杂性
环境特点	环境是固定的	环境是演化的
与环境关系	被动对环境做出反应	主动从环境中学习

可以看出，在CAS中，所有个体都处于一个共同的大环境中，但各自又根据它周围的局部小环境并行地、独立地进行适应性学习和演化。个体的这种适应性和学习能力是智能的一种表现形式，这也是把这类个体称为智能体的原因。在环境中演化着的个体，为了生存的需要，不断地调整自己的行为，修改自身的规则，以求更好地适应环境选择的需要，大量适应性个体在环境中的各种行为又反过来不断地影响和改变着环境，结合环境自身的变化规律，动态变化的环境则以一种“约束”的形式对个体的行为产生约束和影响，如此反复，个体和环境就处于一种永不停止的相互作用、相互影响、共同进化过程之中。

以复杂适应系统理论为指导，采用基于 Agent 的建模与仿真方法，将 Agent 作为模型的基本组成元素，通过定义多 Agent 系统中各种 Agent 的属性、行为和相互作用关系，模拟组成复杂系统的元素个体以及元素个体之间的相互作用关系。这种方法能够自然地描述复杂适应系统，克服以严格的数学形式进行定义及定量分析等复杂系统建模仿真的困难，成为复杂系统"涌现性"建模的重要途径。CAS 相关典型研究包括圣塔菲研究所提出基于"人工生命"（Artificial Life）的建模方法，研制了系统建模仿真实验平台 Swarm，并进行了著名的"鸟群"实验；兰德公司的 Builder 采用"人工生命"思想构造了人工社会（Artificial Society），通过生成虚拟的人工社会，以评估信息技术对社会的影响；美国海军分析中心以复杂性研究为基点，采用基于 Agent 的建模方法，构建人工战争（Artificial War）模型，研究战争复杂性问题。

1.1.3.2 复杂网络理论

（1）复杂网络理论的提出

复杂网络的研究起源是国际上两项开创性工作，其一是 1998 年 Watts 和 Strogatz 在《Nature》杂志上发表的论文，该文引入了小世界（Small - World）网络模型，描述了完全规则网络与完全随机网络之间的异同以及完全规则网络到完全随机网络的转变。具有小世界性质的网络既具有与规则网络相似的较大的聚类系数，又具有与随机网络相似的较小的平均路径长度。第二项重要工作是 1999 年 Barabasi 和 Albert 在《Science》上发表的论文，该文指出众多实际存在的复杂网络的节点度分布具有幂律规律，而不是均匀分布或高斯分布规律。由于幂律分布没有明显的特征长度，是概率论中唯一具有无标度特征性质的分布，因此该类网络又称为无标度（Scale - Free）网络。

网络系统的复杂性主要体现在三个方面：网络的结构复杂，对网络节点间如何连接，至今仍没有很清晰的概念；网络不断演化，网络节点不断地增加，节点之间的连接也在不断地增长变化，而且节点的连接之间还存在着多样性；网络的状态方程具有复杂性，每个节点本身可以是非线性系统，也可以具有分岔和混沌等非线性动力学行为，且不停地变化。

现实世界中的许多系统都可以借用复杂网络理论来描述，如电力网、交通网、因特网、军事作战网等。简单地说，网络就是一些单元的集合，每个单元称作网络的节点，单元间的相互关系就是边，网络节点为系统元素，边为元素间的互相作用，节点之间通过边的相互作用连接成一个有机的整体。例如，在军事作战网络中，节点表示士兵、部队、作战单元或国家，边表示士兵、部队、作战单元或国家间的指挥与信息交互关系。

系统涌现性反映了系统的能力，它由系统特定的组织结构所决定，而对系统的结构进行抽象，将呈现出复杂网络的形式。复杂网络理论对这些包含大量节点、节点之间存在相互联系并相互作用的复杂系统结构进行了建模，从而成为复杂系统研究的重要手段和工具。

（2）复杂网络参数

复杂网络的基本参数主要用来描述网络的拓扑结构，主要参数有：节点度与度分布、特征路径长度、聚类系数、介数与网络直径。

①节点度与度分布

网络中的节点一般都连着边，将连接该节点的边的数量定义为该节点的度，没有边的节点，其度为0。节点的度数越大，连接该节点的边越多，那么该节点就越重要，越能影响到整个网络的连通性。

节点度分布是利用分布函数来描述网络中节点度的分布特性。将节点的度分布概率定义成 $p(k)$，它是指随机选择一个节点的度为 k 的概率，即节点 k 的数目占总节点数的比例。在实际研究中，还经常使用累积度分布函数来描述网络的度分布。不同类型的网络对应着不同的度分布函数。例如，规则网络的度分布服从德尔塔分布，随机网络属于泊松分布，而无标度网络满足幂律分布。所以，可以从节点度分布特性判别网络的结构类型。

②特征路径长度 L

网络的特征路径长度定义为网络中节点到其他节点的平均距离的中值。特征路径长度从全局上衡量了网络中节点之间相互联系的紧密程度，可以表征网络整体的特性，反映了信息扩散速度。

③聚类系数 C

聚类系数用来衡量网络节点集聚程度。连接节点 i 的边数为 a，节点 i 与其邻居节点最大可能存在的边数为 b_i，那么该节点的聚类系数 $C_i = a_i / b_i$。网络的聚类系数就等于所有节点聚类系数的均值。

④介数 B

假设网络中所有节点对的信息都是沿最短路径传播，节点或边的介数定义为这些最短路径经过该节点或边的次数。节点或边介数越高，表示最短路径经过该节点或边越多，该节点或边在网络中的位置越重要。

⑤网络直径 D

网络直径 D 用网络中最短路径长度的最大值表示。一般地，网络直径越小，网络越紧密，网络的传输效率也越高。

(3) 常见的复杂网络模型

复杂网络模型的提出经历了一个漫长的从简单到复杂的研究过程，随着人们对真实复杂网络研究的不断深入，不断提出针对实际复杂网络特征的各种演化模型。典型的复杂网络模型有：规则网络模型（Regular Network）、随机网络模型（Random Network）、小世界网络模型和无标度网络模型等。

①规则网络模型

规则网络指具有规则拓扑结构的网络，一般情况下具有较高的聚类系数和较大的平均路径长度。常用的规则网络模型有：全局耦合网络模型（Globally Coupled Network）、最近邻耦合网络模型（Nearest Neighbor Coupled Network）和星形耦合网络模型（Star Coupled Network）。

②随机网络模型

随机网络是指一个节点集内任意两个节点之间以某一个概率决定是否建立连接而得到

的网络，由 Pal Erdas 与其合作伙伴 Alfred Renyi 首创，因此又称为 ER 随机网络模型。ER 随机网络模型认为网络中两个节点间是否存在边是基于一个随机性的连接概率 P ，网络的边的数量随 P 值的增大而迅速增加。ER 随机网络从统计意义上说是一种均匀性网络，网络平均度 $\langle k \rangle = p(N-1)$ ，节点度服从泊松分布，具有很小的特征路径长度和很小的网络聚类系数。

③小世界网络模型

用数学中图论的语言来说，小世界网络就是一个由大量顶点构成的图，其中任意两点之间的平均路径长度比顶点数量小得多。现实中许多网络可以用小世界网络作为模型。因特网、公路交通网、神经网络等现实生活中的网络都呈现出小世界网络的特征。

小世界网络最早是由 Duncan Watts 和 Steven Strogatz 在 1998 年提出的，是以较大的聚类系数和较短的平均路径长度为特征的一种新的网络模型，称作 WS 小世界网络模型[20]，这也是最典型的小世界网络的模型。小世界网络的特征路径长度和聚类系数与故障传播的深度和广度密切相关。一般地，特征路径长度越小，则故障传播就越深；聚类系数越大，故障传播就越广。因此，针对小世界网络的长程连接，应该加强保护和控制措施，从而避免小的局部故障导致整个网络的瘫痪。

④无标度网络模型

无标度网络是由 Barabasi、Albert 和 Jeong 提出的，通常将无标度网络基本模型称为 BA 无标度网络模型，节点度分布服从幂律分布特性。无标度网络主要考虑了两个重要的演化因素，即网络增长和优先连接，它们可以用来解释幂律分布的产生机理。BA 无标度网络也具有小世界特性。

一般而言，规则网络平均路径长度 L 较长，聚类系数 C 较大。随机网络平均路径长度 L 较短，聚类系数 C 较小；小世界网络介乎规则网络和随机网络之间，平均路径长度 L 较短，聚类系数 C 较大，见表 1－2。

表 1－2　三种典型复杂网络模型特征值比较

网络模型	平均路径长度	聚类系数
规则网络	较长	较大
随机网络	较短	较小
小世界网络	较短	较大

基于复杂网络理论的建模方法，复杂系统中的大量组分抽象成节点，把组分间的相互作用和关系抽象成边，这样就形成了一个节点与边组成的网络。这种建模方法可以描述物理、生物、社会等各类复杂系统，既可以描述系统中的个体，又可以描述由个体间相互作用而导致的整体涌现性行为，从而成为网络拓扑结构特征分析、网络抗毁性与脆弱性分析、网络同步机制分析的方法。

2002 年，澳大利亚国防科学技术组织（DSTO）的 Anthony Dekker 最早利用复杂网络理论研究了多种不同网络结构与作战信息效能的关系，通过对规则网络、ER 随机网络、WS 小世界网络和 BA 无标度网络等四种不同类型网络的仿真实验分析，得到 BA 无标度网络具有较高作战效能的结论。随后，美国Alidade公司Jeffery R. Cares提出了经典的信息时代战斗模型（IACM），首次利用复杂网络理论建立军事作战网络模型，并提出了利用作战环来度量网络的鲁棒性。Cares依据作战实体的功能和性质，将其分成目标实体、感知实体、决策实体、打击实体四类，根据节点之间的关系构建了各种作战网络，并首次将复杂网络理论引入网络中心战的建模中。随后，许多学者利用OODA（Observe，Orient，Decide，Act）作战理论和复杂网络理论继续开展指挥控制网络模型研究。Ingo Piepers等研究了伊拉克、哥伦比亚及阿富汗等战争的损毁情况，得出战争损毁具有幂律分布特征。澳大利亚Tim Grant验证了11个真实指挥控制系统具有无标度网络特性，即对随机攻击呈现较好的鲁棒性，而对蓄意攻击呈现出脆弱性。

1.1.4 体系的定义与特征

上一节我们介绍了什么是复杂大系统以及它的主要特征。在系统工程领域，我们经常把为实现特定能力、由多个要素通过网络连接而形成的复杂大系统称为“系统的系统”（System of Systems，SoS），即“体系”。

体系概念出现由来已久，但系统化的理论研究始于1998年，由美国学者Maier在《Systems Engineering》学报发表的《体系设计准则》（Architecting Principles for System - of - Systems）一文，首次明确了“体系”概念内涵及其关键特性。随后，体系在国内外尤其是军事领域掀起研究热潮。但是，迄今为止，关于体系概念尚没有统一、得到一致认可的定义，典型的定义超过40多种。尽管如此，Maier提出的关于体系5个关键特性仍然得到业界的广泛认可，包括：

1）成员系统的运行独立性。一个体系是由相互独立并按自身规律运行的成员系统组成的，每个成员系统相互独立，各自运行。

2）成员系统的管理独立性。各个成员系统不仅能够独立运行，也能够在独立完成自身任务的同时按要求完成体系的任务，具有管理的独立性。

3）成员系统的地理分布性。各个成员系统通常跨地域分布，可以持续地进行信息和知识交换，不考虑成员系统间的物质或能量交换。

4）体系的行为涌现性。体系具有成员系统所没有的功能，可以完成成员系统无法独立完成的能力目标。

5）体系的进化式发展。对于体系来说，只有进行时，没有完成时。体系随着时间的推移而进化，其结构、功能、用途和能力随着发展中积累的经验而不断调整，不断演化发展。

以上5个关键特性在业界被称为体系的“Maier特性”。在Maier的论述中，5个特性中的第1、2、4个特性是必不可少的，缺少其中任何一个都难以称之为体系。第3、5个特性是典型的特性，但不是必需的。

从体系的Maier特性出发，我们可以参考关于体系的三个典型定义，一是美国学者Jamshidi在2007年主编出版的《体系工程论文集》中给出的定义，即“体系是大规模的成员系统的集成，其中的成员系统自身具有异构性和运行独立性，成员系统在功能、性能、费用、鲁棒性等共同目标的牵引下，在特定的时间段内，通过网络联接在一起”；二是美国国防部 2008 年在《体系系统工程指南 V1.0》中给出的定义，即“体系是多个成员系统的有序配置，这种配置使得独立且具有各自功能的成员系统可以集成到更大的系统中，以形成特有的能力”；三是系统工程国际委员会（INCOSE）2012 年在《INCOSE Handbook 4th Edition》中给出的定义，即“体系是一个兴趣系统（System of Interest，SOI），SoS 的元素是可独立管理和/或独立运行的系统，这些互操作和/或综合集成组成的系统通常会产生由单个系统无法独立实现的结果”。

与体系的定义对应，美国国防部同时定义了“系统族”（Family of Systems，FOS），指功能相似而又互补的系统集合体。一般认为，体系 SoS 是从任务视角看，强调异构、跨领域系统的综合集成，是可“涌现”产生作战能力的系统集合体；系统族 FOS 则是从管理视角看，其能力为所有成员系统能力的线性叠加，具有所有成员系统的共同特征，并不产生新的能力和新的属性。

1.1.5 体系的分类

Maier 从体系特性出发，按照体系是否具有中央管理机构，以及管理程度的强弱，将体系分为以下四种：

1）控制型（Directed）：体系具有中央管理机构，能够对体系的成员进行指挥和控制，约束成员系统的发展。控制型体系是一种强管控的体系，体系的创建和管理都是用于实现特定的目标。例如航母战斗群体系从设计开始，所有成员要素都是受统一管控，服务其对空、对海、对地的作战目标，属于典型的控制型体系。

2）认可型（Acknowledged）：体系具有中央管理机构，但是中央机构对于成员系统并没有完全的权力，成员系统保持其独立的所有权、目标和资金，体系的发展是基于体系和成员系统间的工作规程和互联协议，多是在已有系统基础上构建的“新”体系。美军的三军联合作战体系便是典型的认可型体系。

3）协作型（Collaborative）：体系不具有中央管理机构，但成员系统具有一致的中心目标，通过自愿协作的模式达成中心目标。互联网是一个典型的协作体系，目前社会上大量出现的各种联盟，如半导体产业联盟、工业软件联盟等，也可视为协作型体系。

4）虚拟型（Virtual）：体系缺乏中央管理机构和集中一致的中心目标，但虚拟型体系依赖不可见的机制来维持运转，在合适的时候，成员系统与其他成员系统进行交互，体系会发生大尺度的涌现行为。经济体系是虚拟型体系的一个典型例子。

1.2 体系工程

体系工程源于系统工程。系统工程起源于 20 世纪 50 年代，其方法论和工具手段一直在发展。20 世纪 70 年代，美国阿波罗载人登月工程运用系统工程方法大获成功，这让系统工程在世界范围内得到广泛认可。从概念上讲，系统工程是一种用于系统研制的跨学科的方法和手段，是工程设计研制过程、组织管理过程与质量管理过程相融合、相迭代而形成的一套方法体系，以接近于最优的方式满足系统的全部需求。系统工程使人们掌握解决复杂系统问题的方法，已经在工业、经济、社会和军事等各个领域得到广泛应用。关于系统工程，目前存在多种定义，包括：

1）钱学森将系统工程定义为组织管理系统的规划、研究、设计、制造、试验和使用的科学方法，即系统工程是一种工程技术。

2）国际系统工程协会（INCOSE）将系统工程定义为一种能够使系统成功实现的跨学科方法和手段。系统工程专注于在系统开发的早期阶段，定义并文档化客户需求，然后再考虑系统运行、成本、进度、性能、培训、保障、试验、制造等问题，并进行系统设计和确认。

虽然系统工程的不同定义侧重点不同，但共同的核心是思维方式，一种识别客户需求，并将其作为所有工作出发点的思维方式，以确保设计研制的系统在正确的阶段处理正确的问题。系统工程师识别满足这些需求的功能，将这些功能分配给系统实体（组件），最后确认系统按照设计执行并满足用户的需求。作为一种使能技术，其价值在于规划并指导系统构建全过程。

体系与系统的不同，使得传统的系统工程方法在解决体系问题时遇到了困难，需要一套针对复杂体系的方法论，即体系工程，为体系全生命周期各阶段活动提供支撑。

1.2.1 体系工程的定义

体系工程是全新的领域，由于体系的五个特征与普通系统之间是有差别的，因此体系工程实践不能完全照搬系统工程方法。2003 年 Keating 首次将传统的系统工程与体系工程进行了比较，从关注点、问题、目标、组织特性、边界、方法等方面给体系工程做了明确的定义（见表 1－3），将体系工程的建立向前推进了一大步。

表 1－3 系统工程与体系工程的主要要素对比

对比项	系统工程	体系工程
关注点	单一复杂系统	多元综合复杂系统
问题	清晰的	涌现的
目标	单一的	多元的，以能力为中心
组织特性	自上而下分层级集中管理，紧耦合	中心控制模糊，网络化，成员系统松耦合
寿命周期	设计明确	动态、演化持续满足
边界	静态的	动态的
方法	过程	方法论是多种方法的整合
演化性	设计便固定	不断演化、更新且具有涌现性

体系工程（System of Systems Engineering，SoSE）与传统的系统工程理论相比，在分析和解决不同种类的、独立的、大型复杂系统之间的互操作问题更具有针对性。国际上对体系工程未形成统一定义。目前比较典型的定义有：

1）美国国防采办手册第4章定义：体系工程是对一个由现有或新开发系统组成的混合系统的能力进行计划、分析、组织和集成的过程，这个过程比简单的对成员系统进行能力叠加要复杂很多，它强调通过发展和实现某种标准来推动成员系统间的互操作。

2）美国体系工程研究中心（SoSECE）定义：体系工程是设计、开发、部署、操作和更新体系的系统工程科学。它所关心的是确保单个系统在体系中能够作为一个独立成员运作并为体系贡献适当的能力；体系能够适应不确定的环境和条件；体系的组成系统能够根据条件变化来重组形成新的体系；体系工程整合了多种技术与非技术因素来满足体系能力的需求。

3）《体系需求工程技术与方法》给出定义：体系工程是面向体系的能力发展需求，在体系的整个生命周期中，在体系的设计、规划、开发、组织以及运行过程中应用的理论、技术和方法。

我们认为，体系工程是以系统工程理论和方法为基础，以需求获取和能力集成为重点，以适应体系动态演进，生成体系能力为目标的一门交叉学科，是贯穿"场景分析—需求获取—体系设计—开发集成—试验验证—组织运行—迭代发展"全链路的理论、技术、方法的集合。体系工程具有4个典型特征：

1）体系工程是多用户的、动态演化的需求获取工程；

2）体系工程是现有系统/部分、新系统/部分的能力集成工程；

3）体系工程是大规模复杂系统的演化工程；

4）体系工程是学科领域交叉、多方法论、多认知的学科。

体系工程专注于其成员系统及利益相关者之间的边界和相互作用，通过对新系统和现有系统的能力进行规划、分析、组织和集成，将这些系统集成到体系能力中。体系工程既是系统工程的继续，也是系统工程的发展。

1.2.2 体系工程的发展和作用

体系工程研究发源于美国，最初是在军事领域用于解决预警侦察情报系统、指挥控制通信系统、精确火力打击系统间的互联互操作和新的军事能力生成问题。在先后发布 C^4ISR 架构框架 V1.0（1995年）、C^4ISR 架构框架 V2.0（1997年）、DoDAF V1.0（2003年）、DoDAF V1.5（2007年）、DoDAF V2.0（2009年）、DoDAF V2.02（2015年）等体系架构框架基础上，美国国防部进一步认识到需要关注体系设计验证和试验方法，提高对体系解决方案管理和工程的关注。2004年，美国国防部推出《体系工程指南》（Systems Engineering Guide for System of Systems），作为美军联合作战体系开发的工程指导。2005年，美国建立了两个体系研究中心，一个是依托美国国防采办学院建立的卓越体系工程研究中心（SoS Engineering Center of Excellence，SoSECE）；另一个是依托美国欧道明大学（Old Dominion University）建立的国家体系工程研究中心（National Centers of SoS Engineering，NCOSE）。IEEE也成立了专门的体系工程研究机构 IEEE ICOSE（International Council on System Engineering），并创办了《International Journal of System of Systems Engineering》。美军在冷战结束后的历次战争，包括海湾战争（1991年）、科索沃战争（1999年）、阿富汗战争（2001年）、伊拉克战争（2003年）、利比亚战争（2011年），一方面在很大程度上验证了体系工程的成果；另一方面，实际战争中获得的知识和经验也反哺体系工程研究，推动工程方法和工程技术的不断发展。

体系工程是复杂需求获取和体系能力集成的过程，是通过平衡和优化成员系统间的相互关系，构造一个不断满足最终用户需求、具有演化能力的"综合体"，即体系。体系工程需要解决的重点问题包括：

（1）能力与需求生成

体系构建的目标是实现特定能力或特定能力集合。体系工程需要提供操作性强的工程方法来捕捉体系的复杂能力需求，以标准的描述语言表达，并将其转化为体系的技术需求，具备不断更新和演化的能力。

（2）体系结构

体系结构提供一种技术框架，明确体系的功能、组成、成员系统间的关系，描述与外部体系/系统间的交互，设计体系如何支持其能力目标，包括体系组织环境、资源环境、信息交互途径、协同流程等。

（3）体系能力分配和方案选择

方案选择需要合理地将体系需求分配到成员系统，在约束条件下平衡体系需求和系统需求，同时，需要在体系结构的支持下，保证体系需求涌现时体系的稳定性，确保体系的可演化性。

（4）体系集成与试验评估

基于统一的体系结构，集成体系各成员系统，同时，建立与实现技术途径无关的体系能力评估指标和评估方法，基于条件（领域、环境等）实施能力监控和试验评估，识别与体系能力需求相关的重点领域和可能的涌现行为，开展体系结构、组成、信息交互关系、协同流程等变化的敏感度分析。

（5）体系演化预测和迭代优化

体系工程需要预测各种变化（组成系统的变化、外部需求的变化等）对体系功能、性能以及能力需求满足度的影响，掌握体系的演化规律及其效应，预测并及时排解体系运行可能出现的问题，获取体系运行的知识并迭代优化整个体系。

体系工程方法在美军装备采办过程中得到广泛的应用，美国国防部发布的体系工程成功应用案例包括美国空军作战中心（AOC）武器系统、弹道导弹防御系统（BMDS）、未来作战系统（FCS）、海军一体化火控防空系统（NIFC-CA）等。

1.3　体系的建模与仿真

1.3.1　为什么要仿真

回答为什么要仿真之前，我们先回顾一下仿真的定义：仿真是以相似理论、模型理论、系统技术、信息技术以及应用领域的有关专业技术为基础，以计算机系统、与应用相关的物理效应设备及仿真器为工具，利用建立的模型、获取的数据，对已有的或设想的部件/系统/体系进行全生命周期的试验、分析和评估研究的一门综合性技术。简言之，仿真就是“以虚（模型/数据）代实”达到“以虚映实、以虚演实、以虚验实、以虚评实、以虚优实”的目标，具有显著的经济性、安全性、时效性、可重用性。仿真与计算科学一道，已成为继理论研究和实验研究之后的第三种认识和改造客观世界的科学研究范式。

20 世纪 90 年代末以来，仿真技术一直被美国等西方军事强国列为“国防关键技术”，长期得到高度关注及重点投资发展。美国国防部设立了协调“三军”建模仿真技术研究与应用的管理办公室，并将军用仿真领域的竞争视为现代化战争的“超前智能较量”。

传统的仿真技术在帮助我们认识和改造客观世界中发挥了巨大作用。体系作为典型的复杂大系统，由于其复杂性、涌现性、自适应性、不确定性和开放性，理论分析难以认识和量化评估其能力需求的满足度，仿真正在成为可行甚至是唯一的手段，可以带来如下效益：

1）通过仿真理解认识和分析评价体系的复杂性；

2）通过使用体系的仿真模型，有助于表达体系要求，为同一项目中的各领域人员对话提供工具，保证对预期体系形成深入了解；

3）在体系开发过程中，仿真模型可以不断丰富完善，从而建立最终体系的虚拟原型（数字孪生）；

4）在概念论证阶段，仿真可以用来验证不同的技术方案，避免后续遇到技术上无法解决的难题；

5）在试验阶段，仿真系统可以用来减少实物试验所需的次数，并/或拓展体系验证的范围；

6）当体系最终投入运行，仿真系统可以用来训练指挥和操作人员；

7）如果对体系开发进行规划，已有的仿真就可以方便地开展对新体系/新系统性能影响的分析。

可以看出仿真对体系工程而言是一个不可或缺的工具，虽然体系是复杂的、不受确定性规则控制的，但是通过建模与仿真，为体系的决策者提供了降低复杂性和管理不确定性的方法。在体系工程中尽早使用仿真工具和手段，可以有效降低后续风险，以及节省费用、减少试验训练的危险性和破坏性、复现偶发事件或禁止事件等。

总的来看，仿真是研究复杂系统和体系工程的基础性工具和必需的工具。仿真涉及的领域非常多样，而且贯穿系统生命周期的所有阶段。仿真要求有严格的方法和恰当的使用方式，如果满足了这些条件，就会在系统全生命周期获得丰硕的回报。

1.3.2　体系仿真的特点

仿真按不同的角度有多种分类方法，比较典型的仿真分类包括：

1）按使用的仿真模型分类，可分为数学仿真、物理仿真和物理-数学混合仿真（通常称为半实物仿真）；

2）按仿真模型的时间特性分类，可分为连续系统仿真、离散事件系统仿真和连续/离散混合系统仿真；

3）按仿真时间和物理时间的比例关系分类，可分为实时仿真（时间比例尺为1）、超实时仿真（时间比例尺小于1）和欠实时仿真（时间比例尺大于1）；

4）按仿真系统的部署形式分类，可分为集中式仿真、分布式仿真，以及近年来发展迅速的云仿真；

5）按仿真系统中人和设备的参与程度分类，可分为实况仿真（Live，真实的人操作真实的设备）、虚拟仿真（Virtual，真实的人操作模拟设备）、构造仿真（Constructive，模拟的人操作模拟设备，也称为计算机生成兵力，Computer Generated Force，CGF）以及它们的组合；

6）按仿真系统中仿真实体的聚合程度分类，可以分为战役级（Threater/Compaign）仿真、任务级（Mission/Battle）仿真、交战级（Engagement）仿真、工程级（Engineering）仿真；

7）按仿真的应用领域分类，可以分为分析（Analysis）仿真、采办（Acquisition）仿真、训练（Training）仿真等。

体系仿真，顾名思义，是以体系为对象的仿真。在体系研究中，它主要有两个用途：其一是体系能力生成和验证，其二是体系能力探索发现。两个用途对体系仿真系统的需求有很大不同。从上述分类角度看，体系仿真的类型多种多样。综合分析，体系仿真具有以下特点：

（1）仿真模型类型多、规模大、耦合关系复杂

严格地说，该特点不是体系仿真所独有，但它是体系仿真最主要的特征。设想一个城市的交通体系仿真，建模的要素包括轨道交通工具、汽车、自行车、人、交通控制灯、路网等。在一个中大型城市，这样的模型实例可能有上百万个，他们之间的协同运行就构成交通体系仿真系统。要正确地模拟出该体系，无疑对体系仿真技术，包括建模、仿真运行和数据采集分析评估提出了极大的挑战。

（2）仿真架构灵活、柔性可扩展

该特点是与体系仿真能力验证和能力探索分析两个用途紧密相关的。能力验证强调的是将集成独立管理和运行的各仿真系统，多采用LVC分布式仿真技术；能力探索分析强调的是多方案快速仿真，快速得出量化仿真结论，多采用集成式高性能仿真技术。两种用途都对体系仿真架构的可扩展性提出很高的技术要求。例如在2021年8月创下美方40年来演习规模之最的“大规模演习2021”，美海军将跨地域的130余艘水面舰艇、70多个飞行模拟器、14个作战实验室的50多类计算机生成兵力综合集成，参试人员达2.5万人。涉及跨地域的LVC系统，以及作战实验室的分析仿真系统等，对仿真架构灵活可管理、柔性可扩展提出很高的技术要求。

(3) 体系仿真试验方案具有巨量性

采用体系仿真开展验证和分析评估时，由于体系的复杂性，解空间具有维度灾难，体系评估指标的结构和数量繁多复杂，且都需要大量的仿真数据作为支撑，结论需要建立在多次仿真结果综合分析上才有统计学上的意义。例如，美国兰德公司的研究人员在“恐怖的海峡”项目中，使用JICM软件运行了1 700多次，分析了7个关键变量的影响；又比如美国陆军概念分析局（CAA）在使用CEM软件对“沙漠盾牌”行动方案进行分析评估过程中，共运行500多次。因此，对于高层次体系仿真来说，需要对大量仿真试验方案进行运行和评估，才能得到令人信服的结论。

1.3.3 体系仿真的发展

体系仿真尤其是军事领域的体系仿真在美国起步较早，发展迅速。在体系探索分析和作战实验方面，美军陆续研制了联合战区级仿真系统（Joint Theater Level Simulation，JTLS)、联合作战系统（Joint Warfare System，JWARS)、概念评估模型（Concept Evaluation Model，CEM)、系统效能分析仿真（System Effectiveness Analysis Simulation，SEAS）等，在人员训练、装备采办、战略决策和实战前的方案分析等方面发挥了重要作用。其中JTLS是一个支持陆海空天多边联合作战的交互式离散事件仿真系统，现已成为北约成员国的标准计算机兵棋推演平台。JTLS能够模拟多国（10个阵营）间战区级别的联合作战行动，具有地面、空中、海上、特战、后勤和情报等军事行动功能，可精准模拟导弹突击与反导、水面及潜艇作战、防空、两栖作战、反潜与水雷作战、电子战、特攻、空中支援等战争模式。同时，美国商业公司在该领域也不断推出体系仿真产品，截至2022年年初，美国Teledyne Brown Engineering公司的扩展防空仿真（EADSIM）软件，最新版已发展到V20.0；波希米亚互动仿真公司的虚拟战场空间（VBS）软件，最新版已发展到V4.0；Warfare Sims公司的现代海空行动（CMANO)，最新版已发展到V1.04；由波音公司开发，现已无限期转让给美国空军研究实验室（AFRL）的AFSim，最新版已发展到V2.9。这些软件功能完善、模型资源丰富，在美国及其盟国应用广泛。

在体系仿真验证方面，1987年，美国陆军为了开展坦克与直升机的协同训练，制订了SIMNET计划，最终将分散在各地的多个地面车辆仿真器（坦克、装甲车、运兵车等）用计算机网络连接起来，进行协同作战任务的仿真。这个试验系统迅速得到人们的关注，并于1989年发布了面向仿真互操作性的分布交互仿真DIS（Distributed Interactive Simulation）协议标准，1995年成为IEEE1278国际标准。模拟训练领域推出的DIS，启发了构造仿真领域（如战争推演)，建立了适合自己的非实时仿真协议。1990年1月DAPRA提出了“聚合级仿真协议”ALSP（Aggregate Level Simulation Protocol)。从1995年开始，美国国防部提出了高层体系架构HLA（High Level Architeeture)，2000年HLA成为IEEE1516标准。随着HLA国际标准化，分布交互仿真应用在各个领域快速发展，包括自20世纪90年代开始，美军开始执行《2010基础设施倡议》（FI 2010）等。纵观该领域技术的发展，始终是沿着推进 LVC 仿真互操作、可重用与可组合方向发展。

体系仿真技术已经被证明是研究体系问题、实现体系工程的重要工具，已经在军事、能源、航空、交通、电信等领域的体系研究中发挥了巨大的作用。随着体系研究越来越受到普遍的重视，体系建模与仿真也将不断创新发展。

1.4　本章小结

本章主要介绍了复杂大系统的主要概念内涵和特征，针对复杂大系统最主要特征——“涌现性”进行了较深入的探讨，同时，以复杂适应理论、复杂网络理论为例，介绍了复杂大系统研究的发展历程、基础理论方法和应用场景。本章描述了体系内涵，分析了体系的 5 个 Maier 特征和分类，给出了体系多个定义及其强调的重点，强调为支持体系全生命周期工作，在系统工程基础上发展的体系工程是必不可少的，分析了系统工程和体系工程的不同之处，给出了体系工程的发展和应用领域。最后，本章分析了作为体系工程主要使能手段的体系仿真，研究了用于体系能力验证和体系能力探索研究的体系仿真的特点，并给出了典型体系仿真系统及其应用。

参考文献

[1] 李伯虎，柴旭东，张霖，等．面向新型人工智能系统的建模与仿真技术初步研究［J］．系统仿真学报，2018（2）：349－362.

[2] 李伯虎，柴旭东，张霖，卿杜政，等．面向智慧物联网的新型嵌入式仿真技术研究［J］．系统仿真学报，2022（3）：5－27.

[3] 李伯虎，柴旭东，侯宝存，等．一种新型工业互联网——智慧工业互联网［J］．卫星与网络，2021（10）：28－35.

[4] 李伯虎，林廷宇，贾政轩，等．智能工业系统智慧云设计技术［J］．计算机集成制造系统，2019（12）：3090－3102.

[5] 李伯虎，柴旭东，张霖，等．新一代人工智能技术引领下加快发展智能制造技术、产业与应用［J］．中国工程科学，2018（4）：73－78.

[6] 李伯虎．云计算导论［M］．北京：机械工业出版社，2021.

[7] 李伯虎，柴旭东，侯宝存，等．智慧工业互联网［M］．北京：清华大学出版社，2021.

[8] 李潭．复杂系统建模仿真语言关键技术研究［D］．北京：北京航空航天大学，2011.

[9] 李伯虎．面向智慧制造云的仿真与超算技术研究与思考［C］．北京：第九届中国云计算大会，2017.

[10] MAIER M W. Architecting Principles for System－of－Systems［J］. Systems Engineering，1998，1（4）：267－284.

[11] MAIER M W. Training the national security space workforce in systems architecting［M］. Rapid City：Crosslink，2007，8（1）：30－37.

[12] JAMSHIDI M. System－of－systems engineering——a definition［C］. Hawaii：IEEE International Conference on Systems，Man and Cybernetics，2005.

[13] LUZEUAX D，RUAULT J R. System of Systems［M］. New York：John Wiley & Sons，2010.

[14] System engineering handbook：A guide for system life cycle processes and activities［M］. 3. 2nd ed. San Diego：International Council on Systems Engineering（INCOSE），2010.

[15] Guide to the systems engineering body of knowledge（SEBoK）［M］. version 2. 4. INCOSE.（ed.），2021.

[16] JOHNSON，BONNIE W. A framework for engineered complex adaptive system of systems［M］. Monterey：Naval Postgraduate School，2019.

[17] HOLLAND J H. Adaptation in natural and artificial system：An introductory analysis with application to biology，control，and artificial intelligence［M］. Cambridge，MA：The MIT Press，1992.

[18] DEKKER A H. Network topology and military performance［C］. International Congress on Modeling and Simulation，Modeling and Simulation，2008.

[19] DEKKER A H. Analyzing C2 structures and self－synchronization with simple computation models［C］. Quebec：Proc. of the 16th International Command and Control Research and Technology

Symposium，2011.

[20] CARES J R. An information age combat model [C]. Washington，DC：The 9th ICCRTS，Copenhagen，2004.

[21] PIEPERS I. Dynamics and development of the international system：a complexity science perspective [M]. eptint ar XIV：physics/0604057，2006.

[22] GRANT T. Unifying planning and control using an OODA - based architecture [C]. South Africa：White River，Annual Conference of the South African Institute of Computer Scientists and Information Technologists，2005.

[23] 帕斯卡·康托，多米尼克·吕佐. 体系的建模与仿真 [M]. 卜广志，于芹章，陈莉丽，叶丰，译. 北京：国防工业出版社，2017.

[24] 拉里·雷尼，安德利亚斯·图尔克. 建模与仿真在体系工程中的应用 [M]. 张宏军，李宝柱，刘广，等，译. 北京：国防工业出版社，2019.

[25] ANDREAS TOLK. 作战建模与分布式仿真的工程原理 [M]. 郭齐胜，徐享忠，王勃，等，译. 北京：国防工业出版社，2016.

[26] 张斌. 新型体系的能力分析基础方法研究 [M]. 北京：国防大学出版社，2015.

[27] 约翰·霍兰. 隐秩序——适应性造就复杂性 [M]. 周晓牧，韩晖，译. 上海：上海科技教育出版社，2000.

[28] 马力，张明智. 基于复杂网络的战争复杂体系建模研究进展 [J]. 系统仿真学报，2015，27 (2)：217 - 224.

[29] 邱世明. 复杂适应系统协同理论、方法与应用研究 [D]. 天津：天津大学，2001.

[30] WATTS D J，STROGATZ S H. Collective dynamics of small - world networks [J]. Nature，1998，393 (4)：440 - 442.

[31] BARABASI A L，ALBERT R. Emergence of scaling in random networks [J]. Science，1999，286：509 - 512.

[32] ALBERT R，JEONG H，BARABASI A L. Attack and error tolerance of complex networks [J]. Nature，2000，406：378 - 382.

[33] ERDOS P，RENYI A. On the evolution of random graphs [J]. Publication of the mathematical institute of the Hungarian academy of sciences，1960，5 (17)：17 - 61.

[34] PFEIFFER F. Unilateral multibody dynamics [J]. Meccanica (S0025 - 6455)，1999，34 (6)：437 - 451.

[35] DEKKER A H. Simulating Network Robustness：Two perspectives on reality [C]. Canberra，Australia：National Convention Centre，Proceedings of SimTecT 2004 Simulation Conference，2004：126 - 131.

第 2 章　体系工程与体系模型

信息时代各类信息和数据的爆炸式增长，使针对单个系统实现优化规划、优化设计、优化管理和优化控制的传统的系统工程思想，已经难以适应信息时代复杂体系运行和管理的需求。体系工程是在系统工程基础上，为了适应体系特征、解决体系问题，通过组织和整合已有的和新的系统能力，以提供大于系统能力之和的体系能力。体系模型是体系工程实施过程中的重要使能技术，用来完整地描述整个体系，便于相关方达成对体系的统一理解和认识，指导体系的规划、设计、研制和运行全过程。

2.1　体系工程方法论

随着体系的蓬勃发展，体系工程概念应运而生。体系工程概念的提出是系统工程的发展，而不是否定。体系工程仍然要以系统科学为指导，从整体与局部的关系、结构和演化的角度来研究独立多系统间的综合集成和发展问题，而传统的系统工程方法将在体系工程形成的需求牵引下来指导既有系统优化、新系统设计研制等。美国国防部给出的体系开发过程框架，很好地解释了体系工程与系统工程的相互关系，如图 2－1 所示。

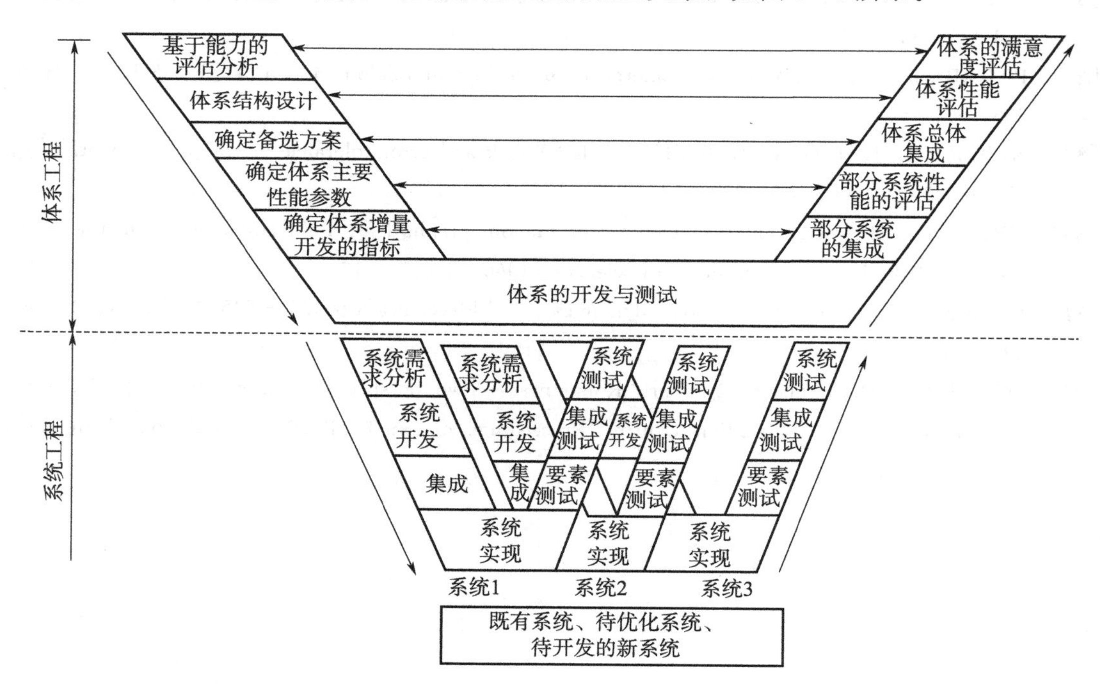

图 2－1　体系工程与系统工程

2013 年，美国 MITRE 公司 Judith Dahmann 针对体系工程应该关注的问题做了调查分析。Dahmann 向遍布在美国、英国和澳大利亚的 38 名长期从事体系工程研究的受访者发出问卷，要求受访者给出他们优先关注的体系研究领域，描述其中 3 个“痛点”并给出实例。调查共回收 65 个可供参考的“痛点”，Dahmann 将这些“痛点”总结为 7 个方面：1）缺乏体系研究权威和资金，体系工程有效的协作模式是什么？2）领导力问题，有效的体系工程研究领导的角色和特点是什么？3）组分系统问题，将组分系统集成到体系中的有效方法是什么？4）能力和需求问题，系统工程理论能否处理体系的能力和需求？5）自主性、相互依赖性和涌现性问题，系统工程能否提供解决体系相互依赖和涌现行为复杂性的方法和工具？6）试验、验证和经验总结问题，系统工程方法能否应对体系试验方面的挑战，包括不断增长的体系验证和持续学习方面的挑战？7）体系原理问题，体系思维的关键原则、技能是什么，是否有支撑基于模型的体系架构设计实例？

科学的体系正向设计理论和方法是解决体系工程问题的有效技术途径。以体系工程技术应用较为广泛的国防领域为例，涉及的技术过程包括：场景分析—需求获取—体系设计—开发集成—试验验证—组织运行—迭代发展。

1）场景分析，主要是从国防战略、作战概念、条例条令、技术发展、装备建设等维度研究对手，预判敌我作战场景，形成构想；

2）需求获取，主要通过利益攸关者调研、资料研究、仿真分析等手段捕获需求、分析需求，形成军事、作战、技术发展、装备建设等不同类型的需求；

3）体系设计，主要是从体系架构、战技指标、体系信息交互、配系部署等不同维度对复杂体系进行解耦，进行概要和详细设计；

4）开发集成，主要是研究组成系统的集成技术途径，同时依据具体来袭态势，规定体系资源运用与信息处理逻辑，完成体系的集成和构建；

5）试验验证，是体系优化设计、效能衡量的重要手段，对体系设计成果进行验证并完成对体系能力的综合评估；

6）组织运行，主要是研究多要素、多类型装备共同遂行作战任务时的方法，一般包括作战部署、作战流程、作战方法、作战规则、作战训练等内容；

7）迭代发展，主要是研究随着时间的推移，体系的结构、功能、用途和能力随积累的经验而不断演化发展，同时根据体系涌现性，形成解决体系复杂性的方法和机制。

与之对应，体系工程涉及的管理过程有：

1）决策分析，以实现体系费用、效能、进度、风险及可靠性的平衡；

2）技术规划，以保证在体系整个生命周期内采用了恰当的技术，制订了正确的体系工程计划；

3）技术评估，以度量技术过程和技术成熟度；

4）需求管理，以获取和管理需求及它们的属性和关系；

5）风险管理，以识别整个生命周期内潜在的风险；

6）配置管理，以建立和维护需求的当前属性和配置信息之间的一致性；

7）数据管理，以获取数据来源，数据访问、共享、集成及使用；

8）接口管理，以确保建立恰当的接口定义及文档说明。

国际上体系工程的研究可以归纳为两种典型模式：第一种模式是以体系架构设计为重点，侧重于体系的集成与权衡优化；第二种模式以体系工程流程优化研究为重点，侧重于体系能力的迭代设计与组织管理。两种模式均运用广泛，在实际工程中已经取得不少的工作成果。近年来，基于模型的体系工程概念越来越得到认可，但仍然是个新兴的研究领域，完整的知识体系和技术体系仍有待于不断深入研究。总的来看，体系工程的发展趋势是在系统工程基础上，通过继承、创新、实践，以模型和数据驱动贯通体系全生命周期中的需求分析、设计、实现、验证、确认、升级活动过程，有效应对体系需求的蠕变性、功能的涌现性、边界的动态性，形成一种大于要素系统的能力之和的体系能力。

2.2 体系模型方法论

2.2.1 体系模型内涵

在讨论体系模型之前，先厘清几个概念：体系模型和体系建模语言，体系架构和体系架构框架。一般认为，体系模型是对体系组成、工作过程、构成体系的组件之间/组件与环境之间交互机制的数学（或物理）和逻辑的描述，所使用的数学（或物理）和逻辑的描述方法称为体系建模语言；体系架构在不同领域，诸如企业管理、计算机领域等，都有各自不同的定义。本书仅涉及系统科学领域体系架构的定义。在该领域知识体系中，体系架构也称体系结构，是体系组成、行为及其内外部关系的规范化描述，用以指导体系的顶层规划、设计、研制、集成和运行，所使用的规范化描述的方法、过程、视角和模型的集合，称为体系架构框架。

由以上概念定义可以看出，体系模型与体系架构内涵相似，同样地，体系建模语言也与体系架构框架内涵具有较大的相似性。因此，在系统工程或体系工程领域，体系架构可以认为是体系模型的一种表达方式，体系架构框架也是体系建模语言的一种类型。在本书中，除非特别说明，我们将体系模型、体系建模语言与体系架构、体系架构框架等同，为了表述方便，并不严格区分体系模型与体系架构、体系建模语言与体系架构框架。

体系架构框架发展最大的驱动力来自国防领域。21世纪初，美军开始谋求军事转型，强调联合作战是信息时代的核心发展目标。但随着工业时代可预见的威胁向信息时代不确定威胁的转变，装备体系的使命任务越来越多元，规模越来越大，结构和关系也越来越复杂，给面向联合作战的体系综合集成和互操作带来了极大困难。有鉴于此，美国国防部着力发展体系架构框架，其目标是在不同军种、不同装备供应商之间采用统一的方法架构设计，以保证构建的体系便于理解、适宜集成和方便评估，满足彼此间比较和联合作战的需要，将国防部主持的六大核心流程的概念和模型统一，形成一体化描述。这六大核心流程包括：联合能力集成开发系统（Joint Capability Integration Development System，JCIDS）；计划、编程、预算和执行系统（Planning Programming Budgeting and Execution，PPBE）；采办系统（Defense Acquisition System，DAS）；系统工程（System Engineering，SE）；作战计划（Operations Planning，OPLAN）；能力包管理（Capabilities Portfolio Management，CPM）。

从技术方法看，国内外体系架构框架描述多采用多视图方法。多视图方法是指根据体系研究的目标，以及体系利益相关者关注的内容，从多种视角描述研究对象，以形成对体系架构全面、整体的描述。多视图方法具有以下优势：

1）从不同的角度描述体系，能够较方便地反映各类利益相关者的需求和愿望，易于形成对体系架构的全面描述；

2）从不同角度抽象体系不同领域或方面的属性，将一个复杂体系抽象成多种（类）简单描述，简化了体系架构的描述过程，降低了描述的复杂度；

3）针对不同利益相关者的需求和关注的问题，从多角度描述体系的组成、行为和交互关系，便于各自从不同的角度理解体系架构，也便于彼此之间的交流和相互理解。

2.2.2　体系架构框架发展

体系架构方法是复杂体系和复杂系统设计的重要方法。体系架构方法通过多维度、多视角分析方法解决复杂体系或系统的设计问题，并通过体系架构框架建立复杂体系架构化描述的标准规范。目前，体系架构方法广泛应用于军事领域和民用领域的复杂体系架构设计，是复杂系统描述和设计的重要手段。

体系架构方法在国防领域的应用最早由美军提出，并伴随美军的联合作战需求不断发展。20世纪90年代，美军依据海湾战争的经验教训，认识到军事力量在架构、流程和作战层面的联合是提升整体作战能力的关键。为提升联合作战能力，解决各军兵种各自为战、“烟囱”林立的组织问题，解决各型装备间的互联、互通、互操作问题，美军提出国防领域体系架构框架，体系架构框架发展时间轴如图2-2所示。

DoDAF是体系架构开发顶层的、全面的框架和概念模型，它使国防部各级管理者能够打破国防部、联合能力域、部门或项目等层次界限，实现有序的信息共享，提高关键决策的能力。

DoDAF是美国国防部定义的体系架构框架，其前身是美国自动化指挥系统（command，control，communication，computer，intelligence，surveillance and reconnaissance，C^4ISR）体系架构框架。美国国防部在统筹开展基于C^4ISR的多兵种联合作战设计时，面临着不同装备供应商之间技术体制不一样、无法实现一体化设计与评估的问题。为此，1995年，美国国防部专门成立了“C^4ISR一体化任务小组”，随后颁布了C^4ISR架构框架1.0版。1997年12月，发布了C^4ISR架构框架2.0版。C^4ISR架构框架2.0采用作战视图、系统视图和技术视图的架构，即经典的三视图架构，如图2-3所示。

鉴于C^4ISR架构框架在实践运用中发挥的巨大效益，2003年1月推出了美国国防部架构框架DoDAF 1.0版草案，2003年8月正式颁布，并在美国国防部推广应用。为了能够更加适应网络中心作战能力建设的要求，美国国防部对架构框架不断进行修订。2007

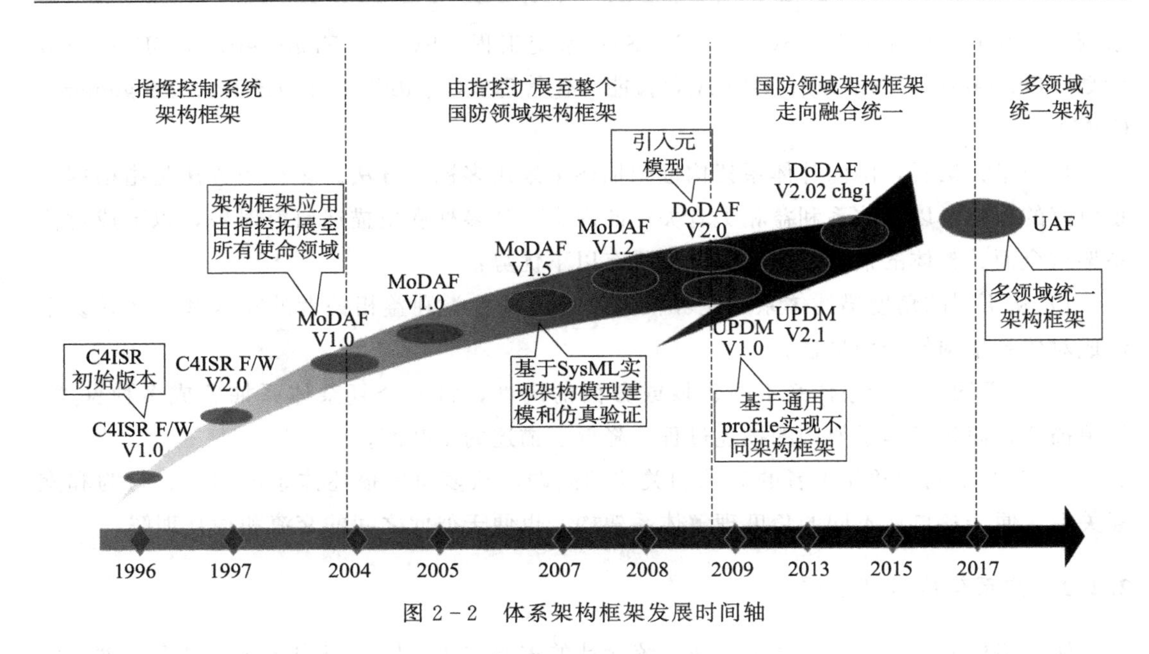

图 2-2　体系架构框架发展时间轴

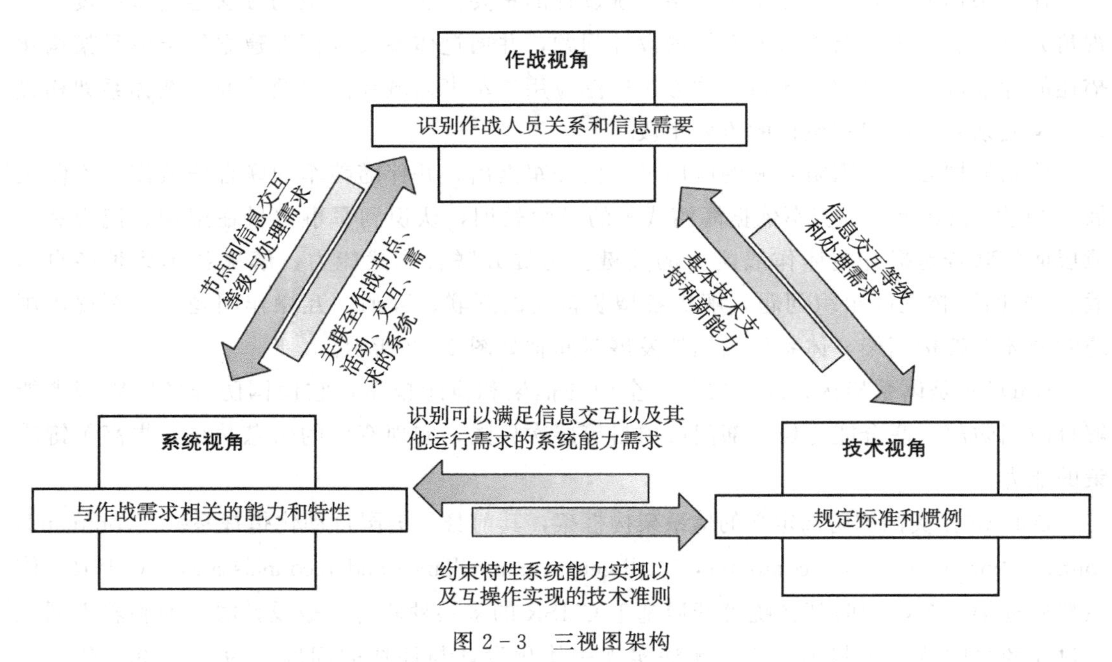

图 2-3　三视图架构

年 4 月美国国防部颁布了国防部架构框架 1.5 版。在 DoDAF 的转变过程中，DoDAF 1.5 运用了基本的网络中心概念，并认可新技术的发展，如面向服务的架构（Service-Oriented Architecture，SOA）中的服务技术。在 DoDAF 1.5 的基础上，美国国防部于 2009 年 5 月开发了 DoDAF 2.0，并于 2015 年迭代更新发布了 DoDAF 2.02。

在美国开发 DoDAF 架构框架的同时，英国与北约参照美国的 DoDAF 架构框架也分别发布了对应的架构框架，即英国国防部架构框架（The Ministry of Defense Architecture

Framework，MoDAF)、北约架构框架（NATO Architecture Framework，NAF)。

2011 年，对象管理组织（OMG）为实现 DoDAF 架构框架和 MoDAF 架构框架的语义规范和模型集成，基于 UML 和 SysML 建立了统一的概要文件，即 DoDAF 和 MoDAF 统一概要文件（Unified Profile for DoDAF and MoDAF，UPDM)，作为两种架构框架的建模标准。2017 年，在 UPDM 的基础上，结合 DoDAF、MoDAF、NAF 的元模型与视角视图，由对象管理组织框出了统一架构框架（Unified Architecture Framework，UAF)，满足商业企业、工业企业以及防务组织的商业、运行、体系集成需要。

与以前版本相比，DoDAF 2.0 对体系架构数据更为关注，定义了全新的国防部体系架构框架元模型（Data Meta Model，DM2)，明确了体系架构的数据类型及其相互之间的关系，为规范体系架构描述、共享和重用体系数据提供了基础。DM2 包含 3 个层级，即概念数据模型、逻辑数据模型和物理交互规范，三级逐层细化支撑体系架构设计从概念设计走向物理实现。

需要说明的是，DoDAF 仅仅是一种美国国防部内使用的架构描述标准，其核心目的是确保不同角色人员对体系的一致性理解，便于交流和达成共识，形成决策，DoDAF 支持通过视图和视角表达能力或系统功能在体系中的定位，但不支持能力或功能的开发和实现，能力的生成或功能的实现由其他业务流程支撑。例如在美国国防部的体制流程中，体系的建设是由 JCIDS 和 DAS 等业务系统支撑的，DoDAF 的内涵要远远小于体系工程。

2.3　DoDAF 组成及其应用

2.3.1　DoDAF 视角、视图和模型

DoDAF 2.0 建模主要包括三个层次，即模型（Model)、视图（View）和视角(Viewpoint)。在 DoDAF 语义范畴内，模型指用于收集数据的格式化模板；视图指含数据模型的形式化描述，这种形式化描述可以是格式化的，也可以是图表等其他可理解的形式，通常可以认为视图等于模型加数据；视角指特定类型视图的集合。DoDAF 建模层次关系如图 2-4 所示。

DoDAF 2.0 强调以数据为中心的方法建模，并提供附加的指导和解释性信息，共包含 8 个视角，52 个视图，如图 2-5 所示。体系架构设计的过程中可按需选择视角及视图。其中视角包括全视角、能力视角、作战视角、服务视角、系统视角、数据与信息视角、项目视角和标准视角，如图 2-6 所示。

1）全视角（All Viewpoint)：描述了与所有视角相关的架构顶层概貌，包括范围、上下文环境、规则、约束、假设以及与体系架构描述有关的词典等。

2）能力视角（Capability Viewpoint)：集中反映了与整体构想相关的能力目标，阐述在特定标准和条件下进行特定的行动过程或是达成期望效果的能力，包括能力要求、交付时间以及部署情况等。能力视角为 DoDAF 2.0 版本新增视角，体现了颁布者美国国防部对联合作战能力形成的重视，也是为了支撑其 JCIDS 的推广实施。

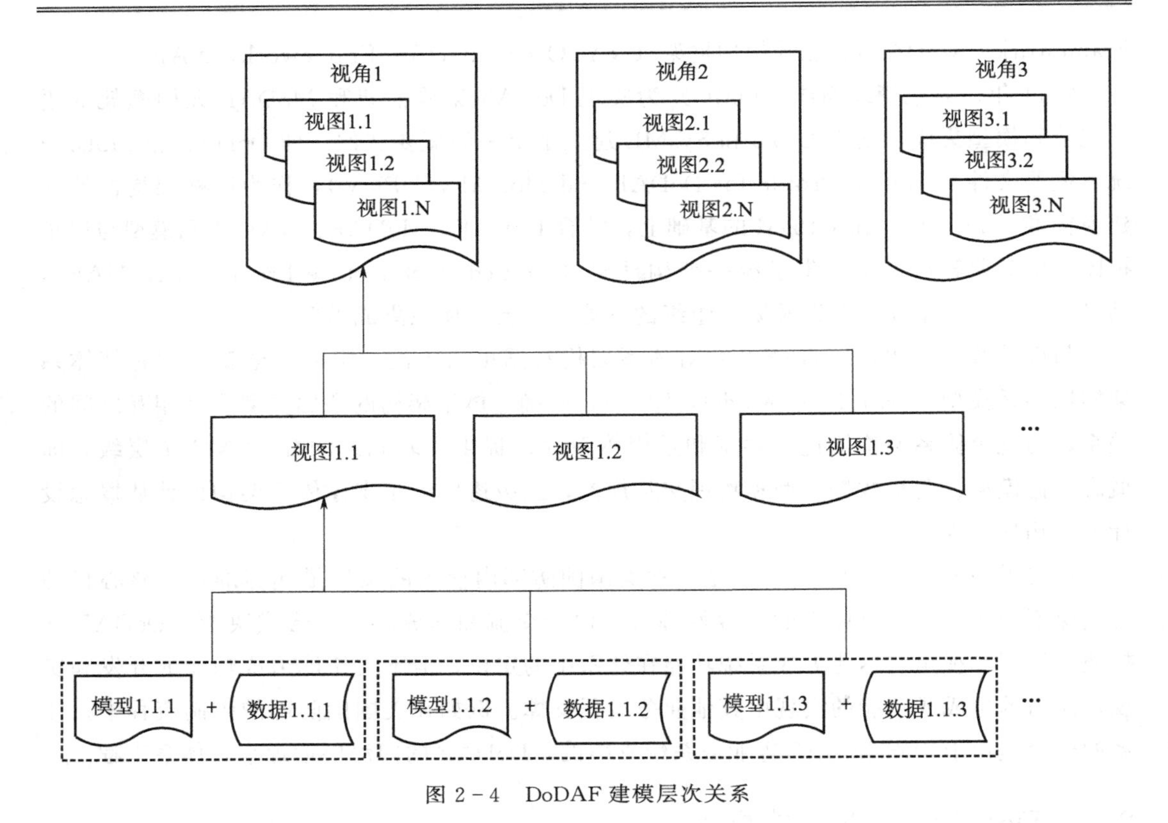

图 2-4　DoDAF 建模层次关系

全视角AV			
AV-1综述和概要信息视图；AV-2综合词典			
能力视角CV	作战视角OV	服务视角SvcV	系统视角SV
CV-1构想视图 CV-2能力分类视图 CV-3能力实现时段视图 CV-4能力依赖关系视图 CV-5能力与机构发展映射视图 CV-6能力与作战活动映射视图 CV-7能力与服务映射视图	OV-1顶层作战概念图 OV-2作战资源表述视图 OV-3作战资源流矩阵 OV-4组织关系图 OV-5a作战活动分解树 OV-5b作战活动视图 OV-6a作战规则视图 OV-6b作战状态转换视图 OV-6c作战时间跟踪视图	SvcV-1服务接口表述视图 SvcV-2服务资源流表述视图 SvcV-3a服务-系统矩阵 SvcV-3b服务-服务矩阵 SvcV-4服务功能视图 SvcV-5服务与作战活动跟踪矩阵 SvcV-6服务资源流矩阵 SvcV-7服务度量矩阵 SvcV-8服务演变表述视图 SvcV-9服务技术与技能预测 SvcV-10a服务规则视图 SvcV-10b服务状态转换视图 SvcV-10b服务事件跟踪视图	SvcV-1系统接口表述视图 SvcV-2系统资源流表述视图 SvcV-3系统-系统矩阵 SvcV-4系统功能矩阵 SvcV-5a系统功能与作战活动矩阵 SvcV-5b系统与作战活动跟踪矩阵 SvcV-6系统资源流矩阵 SvcV-7系统度量矩阵 SvcV-8系统演变表述视图 SvcV-9系统技术与技能预测 SvcV-10a系统规则视图 SvcV-10b系统状态转换视图 SvcV-10b系统事件跟踪视图
项目视角PV			
PV-1项目与机构关系视图；PV-2 项目实现时段视图；PV-3项目与能力映射视图			
标准视角StdV			
StdV-1标准概要视图；StdV-2标准预测视图			
数据与信息视角DIV			
DIV-1概要数据视图；DIV-2逻辑数据视图；DIV-3物理数据视图			

图 2-5　DoDAF 的 8 个视角和 52 个视图

3）作战视角（Operational Viewpoint）：描述了执行作战所需的任务、活动、作战要素和资源流交换等，集中反映了国防领域组织机构、使命任务、作战行动彼此之间必须交

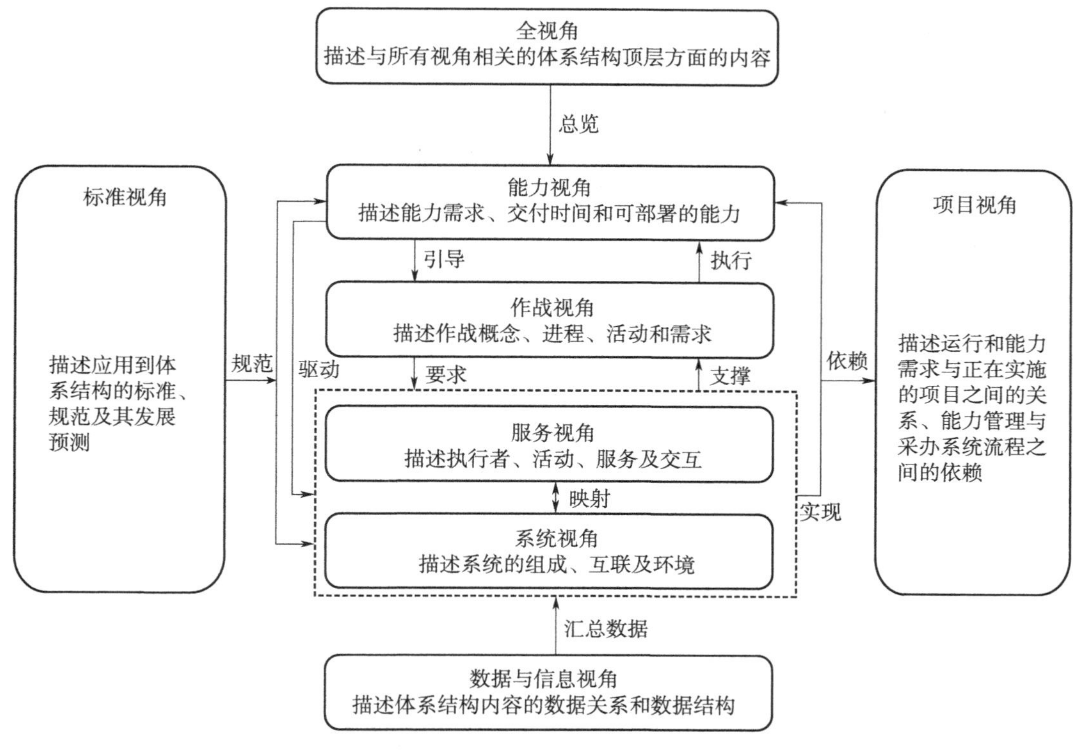

图 2－6　DoDAF 视角结构与关系

换的信息，包括信息交换的种类、交换的频率、信息交换支持哪些任务和活动以及信息交换的性质。

4）系统视角（System Viewpoint）：描述了提供或支持国防领域职能的系统及其相互关系。系统模型建立系统资源与作战要求及能力需求的关联，这些系统资源支持作战活动，并促进信息的交互。

5）服务视角（Service Viewpoint）：描述了国防领域内各类服务及其相互关系，服务模型将服务资源与作战要求的能力相互关联，说明服务对作战活动的支持。

6）数据与信息视角（Data and Information Viewpoint）：描述了组织在业务活动中管理并用于组织业务活动的操作和业务信息要求与规则，集中反映了架构描述中的业务信息需求、数据需求等。

7）项目视角（Project Viewpoint）：描述了组织是如何规划、管理与实现项目、工程、工作包和计划交付的能力以及能力与项目之间的依赖关系的。

8）标准视角（Standard Viewpoint）：描述了适用于架构的作战、业务、技术和工业标准、指南与约束集，确保架构方案能够满足特定的作战和能力需求。

DoDAF 的视角是对同一个复杂体系不同维度的描述，各视角之间是相互关联的，如图 2－6 所示，视图以及元模型数据是相互引用的，例如作战视角（OV）是从作战组织的角度对体系进行描述，系统视角（SV）是从装备运用的角度对体系进行描述，装备的运用是为了达成作战任务，因此作战视角对系统视角具有牵引作用，系统视角对作战视角具有支撑作用。

联合能力集成开发系统（JCIDS）是美国国防部采办的三大决策支持流程之一，它以国家安全战略、国防战略和联合作战概念为指导，以发展面向联合作战的全谱军事能力为核心，形成一整套成体系的军事能力需求分析方法和流程。它采用一种新的基于能力的方法来确定部队在执行联合作战任务过程中目前或未来存在的能力差距，从抽象到具体，从宏观（战略方针、作战概念）到中观（能力），再到微观（技术装备），不断深入细化，建立需求分析谱系图，确保需求提案符合未来联合作战需要，指导国防部和有关机构做出正确决策，以获得满足联合部队作战需要的武器系统。JCIDS 装备需求论证中常用的体系架构视图如表 2－1 所示。

表 2－1 装备需求论证中常用的体系架构视图

视图	描述信息
AV－1 综述和概要信息视图	描述体系架构的范围、用途、预期用户、背景、分析和结论等
AV－2 综合词典	描述体系架构采用的全部术语及其定义
CV－1 愿景视图	描述体系的主要能力愿景、发展战略构想等
CV－2 能力分类视图	提供某个特定时段内，某个领域所需要的各种能力和子能力的结构化列表，描述能力的分类、组成、子能力划分与从属关系，以及能力的定义
CV－4 能力依赖视图	描述能力与能力之间、同一能力的子能力之间的依赖、协同、支持等关系，确定能力的逻辑分组
CV－6 能力与作战活动映射视图	描述能力与作战活动的支持与实现关系，确定能力分析与作战活动分析的连接关系
OV－1 高层级作战概念视图	提供顶层作战概念的图形和文本描述
OV－2 作战资源流描述视图	提供作战节点及节点间信息交换连接关系描述
OV－4 组织关系视图	描述指挥体系构成及组成部分之间的关系
OV－5b 作战活动视图	描述作战活动、作战活动分解以及作战活动之间的输入输出关系
SV－1 系统接口描述视图	描述系统、系统组件的层次关系，描述系统、系统组件之间的链接关系
SV－2 系统资源流描述视图	描述系统、系统组件之间资源流交换的连接关系
SV－4 系统功能描述视图	描述系统的功能以及功能之间的数据流和输入输出关系
SV－5a 作战活动到系统功能映射视图	描述系统功能对作战活动的支撑关系
SV－7 系统测度视图	描述系统在某个时段内的性能特性、战技指标
SV－10b 系统状态转换描述视图	描述系统对事件的响应过程，以及系统状态的转换过程
DIV－2 逻辑数据视图	描述逻辑数据，以及作战视图的抽象交换数据
DIV－3 物理数据视图	逻辑数据的物理实现

2.3.1.1 全景视角（AV）

全景视角主要描述体系架构的范围、背景和术语等综述方面的内容，是体系架构开发的基础和依据。

全景视角包括两种视图，即 AV－1 综述和概要信息视图以及 AV－2 综合词典。

（1） AV－1 综述和概要信息视图

①视图定义

AV－1 综述和概要信息视图描述体系架构的全局综述信息。该视图在体系架构开发的初始阶段主要用于提供计划指导性信息；在体系架构完成后，用于提供该体系架构设计的结论信息。AV－1 能够使用户快速地了解体系架构，并从中选取所需的内容。

②视图描述

AV－1 主要描述开发体系架构的目的、意义、项目背景、开发组织等基本情况，该视图将有助于高层决策过程。

AV－1 由体系架构的摘要和背景信息组成，包括项目的标识、背景、项目基本情况、开发要求以及结论等内容。在具体的体系架构设计项目中，可根据需要对上述内容进行剪裁。

1） 背景问题：描述体系架构的背景信息，包括使命、条令、目标和设想、作战概念、想定、信息安保、地理威胁、其他威胁条件等内容，还需确定体系架构设计必须遵守的规则、标准或惯例等的来源。

2） 项目情况：主要包括项目名称、项目标识、项目论证单位及论证经过、项目承研单位和用户、项目与其他项目或机构的关系、开发团队等，还包括项目的完成时间和所需费用。

3） 设计要求：对体系架构开发提出的基本要求，包括需要开发的视图和模型、开发进度计划、开发所采用的工具、体系架构数据文件格式等。

4） 结论：阐述通过体系架构工作得到的结论和建议。结论部分还包括已经确认的不足，推荐的系统实现方案等。

在具体的体系架构设计项目中，可根据需要对上述内容进行剪裁。

（2） AV－2 综合词典

①视图定义

AV－2 综合词典定义体系架构开发中采用的全部术语、缩略语，记录体系架构开发中的所有设计要素及属性。AV－2 便于用户和设计人员阅读、理解已完成开发的体系架构。AV－2 是其他视图的补充，可作为设计人员和用户的参考资料。

②视图描述

AV－2 相当于体系架构的数据词典，包含所有的设计要素及其属性、术语和缩略语。

AV－2 定义体系架构中采用的所有专用术语，但它比一个简单的术语表更详细，可包含术语名称、详细定义和元数据等内容。设计要素及其属性来源于各视图设计数据，这些数据在 AV－2 中采用表格的形式描述。

2.3.1.2　能力视角（CV）

能力视角从顶层提出对装备作战体系能力发展的要求，确定能力需求、能力结构以及能力关系等，用于支持军事能力的规划、确定作战使命和任务，以及统筹装备和系统的建设发展。

常用的能力视图包括 4 种：CV－1 愿景视图、CV－2 能力分类视图、CV－4 能力依赖视图、CV－6 能力到作战活动的映射视图。

(1) CV－1 愿景视图

①视图定义

CV－1 愿景视图描述体系的主要战略发展构想、作战保障能力需求等。CV－1 为体系架构设计提供宏观能力需求，体现体系建设的顶层目标，为体系架构所涉及的各种能力提供一个高层描述。

②视图描述

CV－1 概括性地描述顶层能力愿景。能力愿景一般从分析顶层构想开始，然后描述作战使命和顶层作战任务的能力需求，进一步补充相关概念。

CV－1 中的信息可来自作战概念或引自研究报告。这些信息将对未来能力分析提供指导，使装备能力研究专家能够确定未来需求。在体系综合集成、系统升级改造实施的逆向工程中，能力愿景主要用于确定体系初始能力构想以及通过整合和升级实现的能力。

(2) CV－2 能力分类视图

①视图定义

CV－2 能力分类视图提供了某个特定时间内，一个能力域所需要的各种能力和子能力的结构化列表，描述能力的定义、能力的分类、子能力划分与从属关系。

CV－2 用于能力分类、分解、分析及审查。此外，还可用作装备建设规划和系统总体设计的顶层应用和关键需求的源文档。

②视图描述

CV－2 主要描述能力的定义与组成、分类、子能力划分与从属关系描述（根节点为能力、分支节点或叶节点为子能力），用于获取和组织能力构想所需的具体能力，形成一个结构化能力列表。

CV－2 中的各种要素不是针对单个装备或单个系统的，而是一组系统共同达到的效果，某个装备或系统也可能满足不止一种能力。

在能力定义中，尽可能包含定量属性和度量标准，例如需达到的处理速度、前进速度、最大探测距离等。表示的量值与特定时间段有关，或是当前值，或是未来目标。

(3) CV－4 能力依赖视图

①视图定义

CV－4 能力依赖视图描述各种能力之间的关系，确定能力的逻辑分组。CV－4 用于分析各种能力以及各种能力之间的依赖关系。这些依赖关系和逻辑分组可以说明为获得体系能力，不同建设项目之间的联系，为体系的设计、采办和阶段能力发展提供信息。

②视图描述

CV－4 针对 CV－2 中定义的能力列表，描述能力之间除从属关系之外的其他关系，如能力之间的依赖关系、支持关系等。能力从属关系一般在 CV－2 中定义，有时为详细说明能力之间的关系，也可以在 CV－4 中展现能力从属关系。

能力相互关系描述以最底层能力为主，重点描述叶能力之间的关系。上层能力之间的关系可以通过叶能力之间的关系体现。

(4) CV－6 能力与作战活动映射视图

①视图定义

CV－6 能力与作战活动映射视图描述能力与任务之间的支撑关系，确定任务的能力需求，便于决策人员和用户快速浏览，快速确定作战任务与能力需求间的差距，可作为分析能力定义或结构划分、验证能力规划或设计的合理性与完整性、审查规划或计划能力是否满足作战需求等的依据。

②视图描述

CV－6 是作战视图和能力视图之间的桥梁，它描述完成所承担的作战任务需要哪些能力支持。这种对应关系反映任务需要某种能力的支持来达到预期的目标。

CV－6 中的能力来自 CV－2 中的定义，作战活动来自 OV－5 中的定义。

CV－6 用矩阵的形式描述了能力到作战活动的对应关系，能力和作战活动分别作为矩阵的列和行，用符号对每个单元格进行标识，用以表示某个任务对某项能力的要求。为区分不同支持关系，可采用不同标识图标或采用文本说明来区分不同关系。

2.3.1.3　作战视角（OV）

作战视角描述任务或活动、作战元素以及支撑作战过程所需要的信息交换，纯粹的作战视图与系统无关。但是，作战活动及作战活动之间的关系可能会受到某些采用新生技术的系统的影响，为说明这种系统可能促进作战过程的改进，应以文档的形式说明作战实施过程中会受到现有系统的限制。作战视图应标注一些顶层的系统视图，或是在作战视图上增加一些对相关内容的说明。

常用的作战视图包括 4 种：OV－1 高层级作战概念图、OV－2 作战资源流描述视图、OV－4 组织关系视图、OV－5b 作战活动视图。

(1) OV－1 高层级作战概念图

①视图定义

OV－1 高层级作战概念图简要描述主要作战使命是什么，谁来完成这些使命任务、如何完成、在哪里完成等内容。它的主要用途是为高层级决策人员（如指挥员）提供关于使命的直接、宏观描述以支持决策。

②视图描述

OV－1 概述性地给出待开发体系架构项目的宏观信息，描述该项目所覆盖的使命，描述关注该项目的各级指挥员、主要参谋机关以及其他相关支撑组织等部门和人员的观点。OV－1 勾画出了作战概念，如完成什么任务、由谁完成该任务、完成任务的顺序以及达到的目的等内容，还包括与环境及其他外部系统的交互关系。

OV－1 是体系架构视图中最简练的视图，没有固定的格式要求，由于对作战使命的描述是非常抽象的，故可用一张或多张图表示并加以文字说明。

(2) OV－2 作战资源流描述视图

①视图定义

OV－2 作战资源流描述视图，描述体系架构中发挥重要作用的作战节点、作战节点的主要作战活动、作战节点间的信息交互以及信息交换的细节。其用途是用图形和文字勾画出作战节点及其之间作战信息交换的逻辑连接关系，但不描述节点之间的物理连接关系。

②视图描述

OV－2 确定起关键作用的作战节点以及为完成 OV－5 中的作战活动而必需的信息交换，作战节点间存在的作战信息交换关系可抽象为节点间的需求线，作战节点既包括这个体系架构内的作战节点，也包括不属于这个体系架构但与其相关的外部节点。每个作战节点应属于 OV－4 中的某个指挥机构。

根据需要，可以分层描述 OV－2，即可以用多张不同层次的图来勾画 OV－2。在描述 OV－2 时，应尽量避免把实际的物理设施作为作战节点，而应根据作战任务或使命建立逻辑作战节点。

在勾画需求线时，用箭头表示信息流向，并用特殊标识或短语对其说明。需求线上以文字形式给出节点之间需求要交换的信息以及对所交换信息的要求，但并不需要说明如何实现信息交换。需求线与信息交换间的关系是多对多的关系。

必要时，可在图上给出每个作战节点完成的作战活动，这些活动与 OV－5 中的作战活动一致。

(3) OV－4 组织关系视图

①视图定义

OV－4 组织关系视图描述体系架构设计中涉及的组织以及组织间可能存在的各种关系，主要是在体系架构中起关键作用的作战对象、组织或作战单元间的指挥结构，以及它们间的指挥关系、协作或协同关系。

②视图描述

OV－4 用图形描述一个体系中的组织间可能存在的多种关系。为满足体系架构设计目的，可以按需定义任何需要的或重要的关系。OV－4 中的组织关系说明作战体系中的基本角色及其管理关系，从指挥的角度反映 OV－2 中的作战节点如何连接。

(4) OV－5b 作战活动视图

①视图定义

OV－5b 作战活动视图主要描述完成一项任务所执行的作战活动间的层次分解关系，以及作战活动间的输入和输出信息流。

②视图描述

OV－5b 可以采用包含活动间信息流输入输出关系的流程图的形式来描述。在描述 OV－5b 时，应考虑完成作战活动的作战节点，重点描述不同作战节点所完成活动间存在的信息流关系。

2.3.1.4　系统视角（SV）

系统视角为各相关方提供对系统的描述或相互连接关系的说明，它关注的是特定物理

（地理）位置下的特定物理系统。将系统视图与作战视图结合，可以说明支持组织或作战节点的系统的实现和部署问题。

常用的系统视图包括6种：SV-1系统接口描述视图、SV-2系统资源流描述视图、SV-4系统功能描述视图、SV-5a作战活动到系统功能映射视图、SV-7系统测度视图、SV-10b系统状态转换描述视图。

（1）SV-1系统接口描述视图

①视图定义

SV-1系统接口描述视图用于描述为OV-2中作战节点提供支撑的系统及其组成元素，并且描述这些系统间的接口。

②视图描述

SV-1描述支持作战节点完成作战活动的系统组成元素。系统是为完成某种功能或功能组而组织起来的组件集合。根据需要，可以细化描述系统的内部组成，说明其中包含的系统组件。系统组件作为系统的功能模块，可以是物理零部件、软件构件和软件服务等。

必要时，可以在SV-1中给出每个系统对应的系统功能，这些系统功能应与SV-4中的系统功能一致。

（2）SV-2系统资源流描述视图

①视图定义

SV-2系统资源流描述视图描述支持接口实现的通信网络或其他资源流交换信息，描述系统如何通信以实现OV-2中提出的信息交换要求。

②视图描述

SV-2描述特定的资源流的详细配置，包括接口如何实现的详细描述。可以通过SV-2对通信的物理实现，如对协议、带宽、频率等进行说明。

（3）SV-4系统功能描述视图

①视图定义

SV-4描述系统功能、系统功能的层次性以及其间的输入输出数据流，确保功能分解到合适的粒度以及功能间的数据关系完整。

②视图描述

系统功能是指按照业务规则，系统将输入转换为输出所采取的操作。SV-4从系统功能和数据流的角度描述了系统，SV-4中的系统功能应由SV-1中的系统来实现。

（4）SV-5a作战活动到系统功能映射视图

①视图定义

SV-5a用于描述作战活动与系统功能之间的对应关系，是OV和SV的连接桥梁，支持用户快速浏览系统功能对作战的支持，便于决策人员快速确定与作战能力的差距，确定烟囱式系统、冗余系统或重复建设系统。

②视图描述

SV-5a用矩阵形式描述了系统功能对作战活动的支持，系统功能和作战活动作为矩阵的行列，用符号对每个单元格进行标识，有标识的单元格表示系统功能对作战活动提供支持。

（5）SV－7 系统测度视图

①视图定义

SV－7 系统测度视图对系统、软件与硬件及功能特性进行定量描述。这种模型详细规定了每个系统、接口或系统功能的性能参数，以及在未来某个特定时间段预计或要求的性能参数。

SV－7 的主要目的是描述并分析一些对于系统完成某一使命任务来说至关重要的特征，称之为关键性能参数。通过对比这些系统性能参数的当前值与目标值，为决策人员提供决策依据，在支持系统分析和仿真中同样扮演着重要的角色。

②视图描述

SV－7 建立在 SV－1 和 SV－4 的基础上，定量描述系统、系统功能的关键性能。性能参数包括可能开发的所有系统的全部性能特征，在开发、试验、部署以及使用等阶段，这些参数也会随之改变。

SV－7 采用表格的形式来说明各项性能参数，主要对所关注的系统属性及其性能阈值进行描述。

（6）SV－10b 系统状态转换描述视图

①视图定义

SV－10b 系统状态转换描述视图描述系统对于改变其状态的不同事件的响应，描述造成系统、系统组件或系统功能状态转移的事件，每个转移都要指定一个事件和一个动作。

SV－10b 有助于理解和描述系统功能的边界和顺序。SV－10b 有利于快速分析系统运行规则的完整性，在系统分析初始阶段检测并发现可能影响系统运行的错误。

②视图描述

SV－10b 是对 SV－4 的补充，因为 SV－4 不能完全清楚地表达系统功能对外部事件和内部事件的响应情况。

SV－10b 与状态、事件和动作有关。状态及其相关动作确定了一个系统对事件的响应。当一个事件出现时，系统的下一个状态变换取决于现有状态、事件和规则集或条件。

2.3.1.5 数据与信息视角（DIV）

数据与信息视角描述体系架构设计中涉及的数据和信息，定义信息的类型、属性、关系及实现形式。

常用的数据与信息视图包括 2 种：DIV－2 逻辑数据视图、DIV－3 物理数据视图。

（1）DIV－2 逻辑数据视图

①视图定义

DIV－2 逻辑数据视图定义体系架构范围内的逻辑数据类型、数据属性或特征，以及它们之间的相互关系，为体系架构描述中的各种数据提供数据词典，是实现跨体系架构项目进行互操作的关键。通过 DIV－2，不同组织在开发体系架构时可以采用统一的逻辑数据类型，以保持数据设计的一致性，有利于用户和设计人员的理解，并降低互操作风险。

②视图描述

DIV-2定义了体系架构的逻辑数据类型以及这些数据类型间的关系。逻辑数据包括：OV-1中的信息，OV-2需求线上交换的信息，OV-5b中作战活动之间的信息交换对象。

DIV-2定义逻辑数据，但不规定数据的物理实现形式。

（2）DIV-3物理数据视图

①视图定义

DIV-3物理数据视图定义体系架构中系统采用的各种类型系统数据结构。DIV-3详细描述系统或系统组件间交换的系统数据元素，有助于降低互操作性带来的风险，同时在必要时可提供系统设计过程中使用的系统数据结构。

②视图描述

DIV-3是DIV-2的物理实现，描述DIV-2中提出的逻辑数据如何实现。DIV-3中的物理数据包括SV-2中系统间的数据交换、SV-4功能间交换的数据流、SV-10b中的事件的数据实现。

2.3.2　基于DoDAF的装备体系架构设计步骤

在DoDAF 2.02中，规定了DoDAF开发的六个步骤（如图2-7所示）。

第一步，确定体系架构用途。体系架构必须根据用途的设定来构建。在开始构建体系架构之前，要尽可能明确并详尽地说明体系架构设计的目的，即期望利用体系架构解决什么问题，问题有哪些方面及基本观点，需要采用的分析方法，并给出其体系架构用途。例如，对体系架构的用途作需求分析。

第二步，确定体系架构范围。体系架构范围包括开展体系架构设计的背景、使命、活动、组织机构、时间跨度、作战想定、态势、地理范围、经费以及在特定时间范围内专业技术的可用性背景，以及其他一些相关条件说明，如计划、可用资源、专家以及体系架构数据的可用性等。例如，选择作战视图中的OV-2、OV-5a对体系架构范围进行描述。

第三步，确定体系架构开发所需的数据。确定体系架构设计所要用到的数据信息及元模型至关重要，为能够准确地描述开发的体系架构以及其应当具有的属性，应考虑确定体系架构的评价标准。其中，作战能力应当作为主要的数据，在CV-2中描述。例如，数据建模研究。

第四步，采集、组织、关联和存储体系架构数据，建立体系架构模型。综合前三步获得的可用信息，确定需要设计的模型，以及设计这些模型必须获得的体系架构数据，并按照规范化的方法组织使用这些数据，开发组织机构模型、动态特征模型、数据模型和活动模型等体系架构模型，并尽可能将这些数据和产品以知识库的形式提供用户使用。重点选择SV-4、CV-6、SV-5a进行体系设计。

第五步，开展体系架构分析。分析体系架构数据和产品是否满足既定的体系架构用途和设计目的，并对不满足要求的数据和产品进行修正。分析的内容主要包括：与预期结果的偏差、能力差距、互操作性评估和业务过程分析等，并对设计结果的完整性和准确性进行测试。例如，利用仿真系统对体系架构模型进行静态分析和动态分析。

第六步，生成符合决策者需求的体系架构文档。系统体系架构设计的最后一步是编制文档。一般情况下，体系架构文档包括体系架构产品、数据以及分析结论等。

六个步骤中前三个主要是构建体系架构的目的、体系架构的范围、确定体系架构所需的数据及元模型，并决定要设计的体系架构模型，后三步是开发符合需求的体系架构模型。

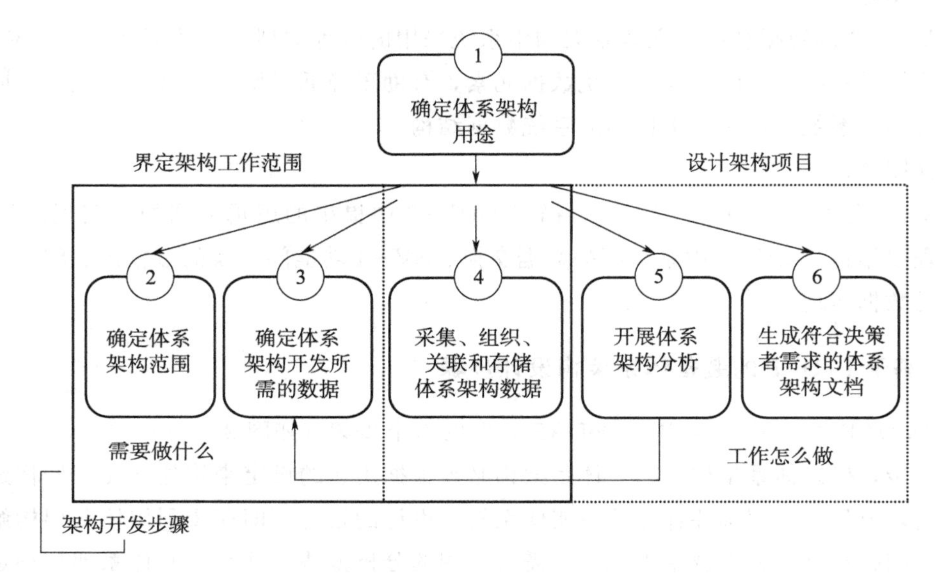

图 2-7 DoDAF 的开发步骤

DoDAF 开发六步骤过程是以数据为中心，而非以产品为中心。在此基础上，结合装备体系架构产品设计的需求，本书作者提出装备体系架构设计十二步法，可作为装备体系架构设计的过程指南。该方法采用模型化的体系架构视图指导和规范体系架构设计过程，提高体系设计的可读性、可验证性以及完备性。需要注意的是，本方法设计过程所使用的视图模型仅为推荐参考，设计者可根据项目实际做适当裁剪或扩充。

2.3.2.1 背景环境分析

根据军事需求等实际业务需求开展背景环境分析，确定体系架构用途，体系架构范围以及所需的相关数据等体系架构开发的初始设计约束，采用 AV-1 对经过背景环境分析形成的项目总体构想、愿景、目标等顶层概述内容进行记录整理，作为牵引体系设计的源头；项目设计过程中 AV-1 可形成多个版本。

2.3.2.2 作战使命与任务定义

在背景环境分析的基础上，识别面临的威胁，确定作战目的，定义使命任务，确定打击目标等，采用 OV-1 视图对作战目的、使命任务和作战节点等顶层信息进行结构化描述，并通过关系线进一步表达使命任务的达成与各作战节点和相关的作战部门/单位之间的关系。

2.3.2.3 典型作战场景设计

采用OV－1对AV－1中的总体构想进行图形化表达，结合使命任务，明确典型的作战场景，可根据具体需求确定多个场景，即多个OV－1模型。可在OV－1中定义体系级时空类战术技术指标。

2.3.2.4 体系组成设计

采用OV－2根据作战使命与任务建立虚拟/逻辑作战节点，分析确定的作战单位间的信息协同关系，火力支援关系以及指挥控制关系等；OV－2中定义的作战单位、组织机构等必须包含作战使命与任务设计中识别出的重要作战节点和相关作战部门/单位。

2.3.2.5 作战活动定义

采用OV－5b针对使命任务，根据其中各作战节点的相关条例和规定，确定其所需执行的标准作战活动，以及活动间的输入和输出关系。

采用CV－6建立能力需求与作战活动之间的映射关系，分析作战活动对能力需求的覆盖程度。CV－6分析的前提是完成CV－2和OV－5b。

2.3.2.6 作战过程设计

采用OV－6a根据特定使命与任务以及典型作战场景，分析各作战节点完成其承担的作战活动应遵循的约束条件或业务规则。

采用OV－6c针对特定使命与任务，在尽可能详细考虑作战过程中各种不确定因素的基础上，对作战节点间引起信息交互动作的关键事件及其时序进行分析。

采用OV－6b根据对作战节点执行的作战活动，触发事件的分析，确定作战节点的状态，以及状态转移条件/规则，表达作战节点对外部事件的响应顺序。

鉴于作战规则较为抽象而难以预先完整构建，可以在完成OV－5建模后，在特定作战想定下，依次进行OV－6c、OV－6b的建模，建模过程中逐步完成作战规则分析和设计，最终完成OV－6a的建模。

OV－6a、OV－6b、OV－6c的建模顺序可采用以上两种流程，每种流程三种模型均需通过不断迭代后最终完成。OV视角的作战过程设计以标准作战活动为主体，是面向组织的作战过程设计。

2.3.2.7 作战能力需求分析

采用CV－1根据体系作战的任务场景需求，对体系作战周期进行分段，确定各阶段所需具备的各项一级能力。

采用CV－2将CV－1中的一级能力分解为二级或更低层级能力，通过层层向下分解直至将能力分类、层级关系与组成表达清晰为止。

采用CV－4对能力之间的依赖关系进行描述，对能力进行逻辑分组。

基于CV视角的建模分析从纵向细化和横向相关两个角度开展能力需求分析工作，形成较为完善的基于体系的能力目录。

2.3.2.8 装备组成定义

采用 SV－1 将 OV－2 中定义的虚拟/逻辑作战节点实体化，即根据各作战节点承担的作战活动分析定义与之匹配的物理装备实体，并进一步定义实体系统间的交互关系。SV－1 分析的前提是完成了 OV 视角下的作战过程设计。

2.3.2.9 装备运用设计

采用 SV－4 根据 SV－1 中确定的系统结构、参考 OV－5 中作战节点的作战活动，对 SV－1 中的各系统执行的功能/活动进行综合分析，确定系统功能。

采用 SV－5a 建立作战活动与系统功能之间的映射关系，分析装备系统功能对作战活动的覆盖程度，与 CV－6 综合起来形成能力需求-作战活动-系统功能的完整分解路径，确保体系功能设计的完备性。SV－5a 分析的前提是完成 SV－4 和 OV－5b。

采用 SV－10a 根据特定使命与任务，分析系统为支持其所属作战节点完成相关作战活动而需遵循的运行规则、约束条件等，明确系统作战过程中事件间的过渡条件。

采用 SV－10c 针对特定使命与任务，在尽可能详细考虑作战过程中各种不确定因素的基础上，对系统、系统功能/活动间引起信息交互动作的关键事件及其时序进行分析。

采用 SV－10b 根据对系统、系统功能、触发事件的分析，确定系统的状态及状态转移条件/规则，明确系统对相关事件的响应顺序。

鉴于系统规则较为抽象难以预先完整构建，可以在完成 SV－4 建模后，针对特定使命与任务，依次进行 SV－10c、SV－10b 的建模，建模过程中逐步完成系统规则分析和设计，最终完成 SV－10a 的建模；

SV－10a、SV－10b、SV－10c 的建模顺序可采用以上两种流程，每种流程三种模型均需通过不断迭代后最终完成。SV 视角的作战过程设计以系统功能为主体，是装备运用的作战过程设计。

2.3.2.10 系统战术技术性能定义

采用 SV－7 根据对系统完成某一使命任务、功能/活动时期特征进行定量分析，确定系统关键的性能指标。

2.3.2.11 模型仿真与定量分析

采用 DoDAF 方法、应用建模仿真工具完成体系各类 DoDAF 视图建模后，应首先基于已有 DoDAF 视图开展逻辑自洽验证，对体系作战逻辑、系统作战逻辑设计协调性、完整性、正确性进行验证，具体验证过程为：

1）根据体系作战、系统作战过程设计体系、系统的作战事件队列，形成相应的测试用例；

2）通过建模仿真工具读取、处理事件队列中的事件，形成事件触发信息；

3）各 DoDAF 视图接收相应的事件触发信息，根据设计的作战流程触发后续逻辑运行；

4）通过建模仿真工具对各类视图的动态变化情况进行图形化展示，对设计的正确性等进行判断；

5）通过记录数据事后分析设计的正确性；

6）测试过程中可实时控制测试过程的暂停或终止；

7）应首先对体系作战逻辑进行测试，然后对系统作战逻辑进行测试。

在逻辑自洽验证基础上，通过建模仿真工具将系统视角的 DoDAF 视图与战场时空仿真软件构建的作战场景开展联合仿真，对系统视角的 DoDAF 视图进行外部他洽验证，进一步验证系统作战逻辑的协调性、完整性与正确性，外部他洽验证过程为：

1）通过战场时空仿真软件构建体系作战场景，并模拟生成系统作战事件；

2）系统视角的 DoDAF 视图与作战场景数据接口对接；

3）外部他洽验证过程中，作战场景在达到时空约束阈值后触发并发送事件信息，系统视角 DoDAF 视图接收事件触发信息；

4）通过建模仿真工具对各类系统视角 DoDAF 视图中的作战逻辑进行实时动态图形化展示；

5）通过实时分析和事后对记录数据分析，对系统视角 DoDAF 视图设计的正确性等进行判断；

6）测试过程中可实时控制测试过程的暂停或终止；

7）随着体系设计过程的进行，可以采用置信度更高的仿真系统与系统视角 DoDAF 视图进行外部他洽验证，对实际设计的正确性进行验证。

根据仿真分析的结果对装备功能指标、体系能力指标进行定量分析，综合评价能力差距，并通过能力视角-作战视角-系统视角之间的关联关系，将能力要求逐层分解为任务要求及装备功能及性能要求。

2.3.2.12　体系架构设计产品形成和迭代演化

编制体系架构设计产品文档，包括全视角（AV）、能力视角（CV）、系统视角（SV）、数据与信息视角（DIV）等，整理和存储设计过程中形成的模型和数据，完成体系设计逻辑验证和仿真验证分析报告，并随着面临威胁、使命任务的变化迭代设计和验证体系架构设计产品集，支持体系的迭代演化。

2.4　典型体系建模工具

随着基于模型的系统工程方法论被广泛应用，相关的支撑工具也如雨后春笋，层出不穷，目前国外以及国产体系架构建模工具均有应用，较为典型的有法国达索公司的 Catia Magic 工具集，其中 Magic Systems of Systems Architect 工具产品具有体系架构建模功能，支持 DoDAF 2.0，MODAF，NAF 和 UAF 1.0 多种架构框架，该工具在提供全部视图框架的基础上，能够根据架构数据自动或部分生成视图，具备图表的自定义功能，工具具备灵活的可拓展性。架构元数据的设计上，由于该工具的开发商深度参与了 OMG 组织开展的统一架构框架配置文件标准（ISO/IEC 19540-2：2022）的设计与制定，因此该工具完整地支持最新的 UAF 标准，兼容 DoDAF、MODAF 和 NAF，支持不同的架构模型的相互转换。其他比较著名的体系建模工具有 IBM 公司的 Rational Rhapsody，Vitech 公司的 VitechCORE 2.0，以及 No Magic 公司的 MagicDraw 等。

国产化工具也得到了广泛的发展和应用，常用的有煊翊科技的源图，神州普惠的 ArchModeler，凌瑞智同的 TD-CAP 等，这些工具都具备对 DoDAF 框架的较为完整的支持能力和图形化建模功能，扩充了部分本地化体系建模功能，对国产化基础软硬件支持较好。

2.5 本章小结

本章主要介绍了体系工程和体系模型方法论，讨论了体系模型，研究了 DoDAF 体系架构框架的内涵，剖析了 DODAF 框架的应用，分析对比了国内外多种建模软件工具。最后，结合体系设计业务过程提出了装备体系架构设计过程。

体系具有高动态性、非线性、复杂性等特征，采用以模型为中心的数字化研究手段，以业务应用为目的、以模型及数据为核心，实现体系正向设计和知识积累，建立虚实互动、灵活高效的作战研究与体系设计新范式，贯通体系研制流程，有效应对体系需求的蠕变性、功能的涌现性、边界的动态性。

参考文献

[1] 宋琦，苗冲冲．基于 DoDAF 的装备体系结构建模方法研究 [J]．国防技术基础，2014（1）：8.

[2] 胡晓峰，张斌．体系复杂性与体系工程 [J]．中国电子科学研究院学报，2011（5）：446－450.

[3] 吕卫民，张天琦，臧恒波，等．DoDAF 建模与效能评估综述 [J]．兵器装备工程学报，2021（9）：26－31.

[4] 罗承昆，陈云翔，项华春，等．装备体系贡献率评估方法研究综述 [J]．系统工程与电子技术，2019，41（8）：1789－1994.

[5] 李大喜，张强，李小喜，等．基于 DoDAF 的空基反导装备体系结构建模 [J]．系统工程与电子技术，2017，39（5）：1036－1041.

[6] 蒋蕊，卢志周，王磊．基于 UML 的空中防御复杂系统体系结构框架实现 [J]．系统仿真学报，2006，18（9）：2585－2587.

[7] J Abulawi. Personal communication. 2014（2）：12.

[8] ACKOFF R L. Creating the corporate future：Plan or be planned for，copyright [C]．New York：John Wiley & Sons，1981.

[9] S Aeschbacher，S Eisenring，D Endler，M Frikart，N Krüger，J G Lamm，M Walker. Eine einfache Vorlage zur Architekturdokumentation. In M. Maurer and S. －O. Schulze，editors，Tag des Systems Engineering，Bremen，12－14 November 2014，pages 85－92，München，Germany，2014. Carl Hanser Verlag.

[10] ALEXANDER C. Notes on the synthesis of form [M]．Cambridge：Harvard University Press，1971.

[11] ALEXANDER C. A pattern language [M]．New York：Oxford University Press，1977.

[12] ALLENT J. Managing the flow of technology：Technology transfer and the dissemination of technological information within the R&D organization [M]．Cambridge：MIT Press，1984.

[13] ALTSHULLER G S. Innovation algorithm worcester [M]．MA：Technical Innovation Center，1999.

[14] AMBLER S W. Agile modeling [M]．New York：John Wiley & Sons，2002.

[15] MOHLIN. Model simulation in rational software architect：simulating UML models. IBM，2010.

[16] BASS L. CLEMENTS P. KAZMAN R. Software Architecture in Practice（3rd ed） [M]．Boston：Addison－Wesley Professional，2012.

[17] BAYLIN E. N. Functional Modeling of Systems [M]．New York：Gordon and Breach，1990.

[18] BEASLEY R，CARDOW I，HARTLEY M，et al. Structuring requirements in standard templates [C]．Systems engineering－exploring new horizons. INCOSE，2014.

[19] BLANCHARD B S. System Engineering Management [M]．New York：John Wiley & Sons，2004.

[20] BLUME H，FELDKAEMPER H T，NOLL T G. Model－based exploration of the design space for heterogeneous systems on chip [J]．Journal of VLSI Signal Processing，2005（40）：19－34.

[21] BOEHM B W. Guidelines for verifying and validating software requirements and design specification [C]. In Proceedings of the European Conference on Applied Information Technology of the International Federation for Information Processing (Euro IFIP) . 1979 (1): 711 - 719.

[22] BOEHM B W. A spiral model of software development and enhancement [J]. Computer, 1988 (5): 61 - 72.

[23] COCKBURN A. Crystal Clear: A Human - Powered Methodology for Small Teams [M]. Boston: Addison - Wesley, 2005.

第 3 章　复杂系统仿真建模理论和方法

仿真是基于模型的活动（Orën，1984）。要完成仿真，核心是寻找研究对象的“替身”，即模型。模型是对研究对象组成、功能性能和工作过程的数学（或物理）和逻辑的描述，其详细程度和精度必须与仿真目的相匹配。事实上，针对同一个研究对象，当研究目的不同时，可以有不同的模型。本章讨论集中在复杂系统的建模方法及其数学模型描述。

3.1　概述

复杂系统由于其涌现性、自适应性、不确定性、非线性等特殊性质，很难建立起精确的模型来描述它，以至于传统的机理分析等方法难以适用于复杂系统的研究，同时由于复杂系统存在实验难的问题，使得计算机仿真技术成为复杂系统研究中主要的科学实践方法和工具。仿真是基于模型的活动，要实现仿真，对于复杂系统而言，难点在于建立映射关系准确、符合仿真需求的模型，目前主要有两种研究途径：一种是把研究重点放在研究演化动力学的机理上，研究演化算法和建立演化模型；另一种是将研究重点放在研究具体对象的建模与仿真应用方法上，对于系统的演化过程则通过人机交互，迭代实现模型的修正和演化。装备领域的复杂系统仿真多采用第二种研究途径，多是基于研究目的利用先验知识建立近似（几何相似、物理相似、环境相似、行为相似等）模型，同时在研究过程中不断将新的概念和运行结果纳入修改后的模型，再进一步通过修正的模型运行和结果分析阐明复杂系统的问题，对此的研究过程与常规数学仿真的三要素和三项基本活动类似，不同之处在于研究目的直接影响了相似模型的建立过程。

3.1.1　仿真三要素和三项基本活动

数学仿真的三个基本要素是系统、模型、计算机，三项基本活动是数学模型建立（一次建模）、仿真模型建立（二次建模）和仿真实验，其工作过程一般是：首先建立系统的数学模型，然后建立系统的仿真模型，主要是设计算法，并转换为计算机程序，使系统的数学模型能为计算机所接受并能在计算机上运行，最后对仿真模型进行仿真实验，再根据仿真实验的结果，进一步修正数学模型和仿真模型。

3.1.2　仿真建模要求和形式化描述

建模指的是根据对实际系统的认识，在忽略次要因素和不可检测变量的基础上，用物理或数学的方法进行描述，从而获得实际系统的简化近似模型。模型的建立不是“原型的复现”，而是按照研究目的的实际需要和侧重面，寻找一个便于进行系统研究的“替身”。因此，在复杂系统的研究中，针对同一个研究对象，当研究目的不同时，可以具有不同的模型。

在复杂系统中，建模的实质是对于一个难于描述清楚的问题，如何用形式化的方法来描述它的一部分或者全部，由于复杂系统本身的特点和人类认识的局限性等原因，用形式化的方法来完全来描述一个具体的复杂系统是不可能的，因此建模只可能是某种形式或者某种程度上对复杂系统中感兴趣的部分的认识。

对于系统的形式化描述而言，一个系统可以被定义成下面的集合结构：

$$S = < T, X, \Omega, Q, Y, \delta, \lambda > \tag{3-1}$$

式中，T 是时间基；X 是输入集；Ω 是输入段集；Q 是内部状态集；Y 是输出集；δ 是状态转移函数；λ 是输出函数。其含义与限制如下：

（1）时间基

T 是描述时间和事件排序的一个集合。通常，T 为整数集 $\mathbf{I}$ 或实数集 $\mathbf{R}$ ，则 S 也就分别被称为离散时间系统或连续时间系统。

（2）输入集

X 代表接口的一部分，外部环境通过它作用于系统，例如通过信息流和物质流作用于系统。因此，可以认为系统在任何时刻都受着输入流集合 X 的作用，而系统不直接控制集合 X ，通常选取 X 为 $\mathbf{R}^n$ ，其中 $n \in \mathbf{I}^+$ ，即 X 代表 n 个实值的输入变量，还有一种常用的 X ，即 $X_m \cup \{\varnothing\}$ ，其中 X_m 是外部事件的集合，$\varnothing$ 是空事件。

（3）输入段集

一个输入段描述了在某时间间隔内系统的输入模式。一个输入段集是这样一个映射：ω：$< t_0, t_1 > \to X$ ，其中 $< t_0, t_1 >$ 是时间基中从 t_0（初始时刻）到 t_1（终止时刻）的一个区间，所有上述输入片段所构成的集合都记作（X，T），输入片段集 Ω 是（X，T）的一个子集。

（4）内部状态集

内部状态集 Q 表示系统的记忆，即过去历史的遗留物，它影响着现在和将来的响应。集合 Q 是前面提到的内部结构建模的核心。

（5）状态转移函数

状态转移函数是一个映射 δ：$Q \times \Omega \to Q$ 。它的含义是：若系统在时刻 t_0 处于状态 q ，并且施加一个输入段 ω：$< t_0, t_1 > \to X$ ，则 $\delta(q, \omega)$ 表示系统在 t_1 的状态。因此，任意时刻的内部状态和从该时刻起的输入段唯一地决定了段终止时的状态。

（6）输出集

集合 Y 代表着接口的另一部分，系统通过它作用于环境。除方向不同外，输出集的含义和输入集完全相同。如果系统嵌套在一个大系统中，那么，该系统的输入（输出）部分恰是其环境的输出（输入）部分。

(7) 输出函数

输出函数的最简单的形式是映射 $\lambda: Q \rightarrow Y$ 。它使假想的系统内部状态与系统对其环境的影响相关联。但是，上述的输出映射通常并不允许输入直接影响输出，因此，更为普遍的一个输出函数是如下一个映射 $\lambda: Q \times X \times T \rightarrow Y$。

根据上面提出的形式化的定义，我们可以给出关于系统行为的概念。一个系统的行为是其内部结构的外部表现形式，即在叉集（X，T）×（Y，T）上的关系。

这个关系可做如下计算：对于每一个状态 $q \in Q$ 和在 Ω 中的输入段 $\omega < t_0, t_1 > \rightarrow X$ ，存在一个相关联的状态轨迹：

$$\mathrm{STRA}\ J_{q,\omega} < t_0, t_1 > \rightarrow Q \tag{3-2}$$

使得

$$\mathrm{STRA}\ J_{q,\omega}(t) = q \tag{3-3}$$

$$t \in < t_0, t_1 > \tag{3-4}$$

上述的状态轨迹是一个可检测的结果，或者可在计算机仿真过程中被计算出来。这个轨迹的可观侧投影是和 $q \in Q$，$\omega \in \Omega$ 相关的输出轨迹：

$$\mathrm{OTRA}\ J_{q,\omega} < t_0, t_1 > \rightarrow Y \tag{3-5}$$

例如，使用简单的输出函数形式 $\lambda(q)$ ，则存在

$$\mathrm{OTRA}\ J_{q,\omega}(t) = \lambda(\mathrm{STRA}\ J_{q,\omega}(t)) \tag{3-6}$$

这时，系统的行为就可通过输入-输出关系 R_s 表现出来：

$$R_s = \{(\omega, \rho \mid \omega \in \Omega, \rho = \mathrm{OTRA}\ J_{q,\omega}, \text{对于某一个 } q \in Q)\} \tag{3-7}$$

我们称每一个（ω，ρ）$\in R_s$ 的元素为输入输出段对，并用来表示一个有关系统的实验结果或观测结果，在该系统中 ω 是系统的输入，ρ 是观测到的输出。由于一个系统在初始时可能处于任意一个状态，因此对于同一个输入段 ω 可对应多个输出段 ρ 。

3.1.3 建模方法概述

针对简单系统，目前已经形成了比较完备的数学建模方法体系，在复杂系统建模中，传统基于还原论的方法也是建立在这一方法体系基础上，在实际建模时，一般采用组合建模方法。组合建模方法主要是将系统分解为若干子系统甚至再细分为若干分子系统，然后考虑它们之间的关联，建立关联模型，并将各子系统（或分子系统）有机集成起来，形成系统总模型。对其细分部分一般独立或混合采用面向时间的系统建模方法、面向随机现象的建模方法、面向自然环境的建模方法和行为建模方法等，在虚拟空间中建立随时间变化物理相似、功能相似、性能相似、行为相似和环境相似的仿真对象。

3.2 面向时间的系统建模方法

在对系统建模时，往往按照系统中起主要作用的状态随时间的变化类型将仿真对象分为连续系统和离散事件系统，状态随时间连续变化的系统称作连续系统，状态的变化在离

散的时间点上发生，且往往又是随机的，这类系统称作离散事件系统。

3.2.1　连续系统建模

连续系统是指状态随时间连续变化的系统。连续系统可以分为线性连续系统和非线性连续系统。

连续系统的数字仿真技术是在连续系统数学模型的基础上，将这些系统数学模型通过一定的仿真算法转换成适合于计算机运行的模型，即计算机仿真模型。工程领域常用微分方程、状态方程和传递函数等描述连续系统的动态特征，使用的仿真算法包括数值积分法、离散相似法和近年来发展的间断非线性系统仿真算法及分布参数系统仿真算法等。

（1）数值积分法

数值积分法就是对常微分方程或方程组建立离散形式的数学模型——差分方程，从而求出其数值解，这种方法也叫做数值解法。在连续系统的数字仿真中，主要的数值计算工作是对一阶微分方程或状态方程的求解。

常用的数值积分方法包括欧拉（Euler）法、龙格库塔（Runge－Kutta）法、线性多步法及梯形法等。

（2）离散相似法

离散相似法主要运用于离散相似模型，由于连续系统经常需要进行离散化，因此可以使用离散相似法将连续系统数学模型进行离散化处理，求得其等价的离散模型。离散相似法是基于离散相似模型的仿真方法，通过对连续系统的离散化，对传递函数做离散化处理得到离散传递函数，对状态空间模型进行离散化，得到离散状态方程。

（3）传递函数建模法

建立系统传递函数的主要方法是拉氏变换法，即对系统微分方程在零初始条件下进行拉氏变换。除此之外，还可以由状态空间模型求传递函数、由方块图求传递函数和由信号流图求系统的传递函数。

（4）状态空间模型的建立方法

系统的状态空间模型可以在演绎法的基础上，通过适当选取系统的状态变量来建立。用该方法的困难在于确定系统状态变量的个数，对复杂系统更是如此。所以一般不用这种直接方法，而是用间接法，常用的有由微分方程推导状态空间模型和由传递函数推导系统的状态空间模型。

（5）变分原理的建立方法

我们知道，许多物理现象和过程除了直接用数理方程描述外，还可以间接用一定的变分原理（即某一泛函的极值条件）来描述。与数理方程描述相比，变分原理具有表达形式单一紧凑、内涵丰富、对问题的连续性要求低和便于数值求解等特点。建立变分原理有两个基本途径，一种是物理途径，即利用物理学和力学中的某些极值原理，如弹性力学中的最小位能原理和最小余能原理、热力学中的最小熵产生率原理、流体力学中的最大功率消耗原理等。另一种是数学途径，即从描述系统的数理方程出发，采用一定的方法（如拉格朗日乘子法）反推出系统的变分原理。这属于变分学反问题，比变分学正问题要困难得多，迄今尚无通用途径可循。

3.2.2　离散事件系统建模

离散事件系统是指受事件驱动、系统状态跳跃式变化的动态系统，系统状态的迁移发生在一连串的离散时间点上。这种系统往往是随机的，具有复杂的变化关系，难以用常微分方程、差分方程等来描述，一般情况下只能采用面向活动、面向事件、面向进程等离散事件系统建模方法。

研究离散事件系统的理论基础是经典的概率及数理统计理论、随机过程理论，但只能求得一些简单系统的解析解。至于实际中对包含大量离散事件的系统，只能借助于计算机采用离散事件系统仿真才能完成。

离散事件系统包括以下要素：

1）实体：组成系统的具体对象称为实体，实体是属性的集合，分为临时实体和永久实体两类，临时实体是在仿真全过程中按照一定的规律不断到达系统或不断产生、满足条件后离开的对象，永久驻留在系统中的实体称为永久实体。

2）事件：引起系统状态发生变化的行为称为事件。它是在某一时间点的瞬间行为，事件不仅用来协调实体之间的同步活动，还用于实体间的信息传递。

3）活动：两个相邻的、可区分的事件之间的过程称为活动，它是实体在两个事件之间保持某一状态的持续过程，也是系统状态转移的标志。

4）进程：进程是由与某类实体相关的事件以及若干活动组成的一个相对完整的过程，描述了这些事件和活动之间的相互逻辑和时序关系。

5）仿真时钟：仿真时钟是离散事件系统仿真中的基本组成部分，随着仿真进程不断推进，用来表示仿真事件的变化和系统状态的更新。在连续系统仿真中，仿真事件的变化是基于仿真步长确定的，可以是定步长，也可以是变步长。在离散事件系统仿真中，由于引起状态变化的事件发生时间的随机性，仿真时钟的推进步长完全是随机的。此外系统的状态在两个相邻发生的事件之间不会发生任何变化，这使仿真时钟可以由一个事件发生时刻一步推进到下一个事件发生时刻，即仿真时钟的推进可以呈现跳跃性。

6）控制逻辑：逻辑控制设定事件在怎样的条件、怎样的方式和怎样的时间状况下激活，为系统如何运作提供信息和决策控制。

7）随机变量：复杂的现实系统常常包含有随机的因素。对于有随机因素影响的离散事件系统进行仿真时，首先要建立随机变量模型，即确定系统的随机变量以及这些随机变量的分布类型和参数。对于分布类型是已知或者是可以根据经验确定的随机变量，只要确定它们的参数就可以了。

离散事件系统常用的建模方法有进程交互法和活动扫描法，需要指出的是，离散事件系统与连续系统在表现形式上有密切的联系，离散事件系统中包括连续系统，连续系统中包括离散事件系统，因此，对实际系统作连续系统和离散事件系统划分完全是由我们的研究目的和研究对象决定的。没有绝对的离散事件系统，也没有绝对的连续系统。

3.2.2.1 进程交互法

进程交互法描述所研究系统中临时实体产生、在系统中活动、接收永久实体“服务”以及离开系统全过程。采用进程交互法要求对所研究系统的工作过程有较深刻的认识和理解，特别是对事件、状态及其变化、活动和队列等概念要有很好的掌握，并能将其灵活运用于建模过程中。值得注意的是，进程交互法是以临时实体在系统中的流动过程为主线建立的模型，永久实体浓缩于表示状态和事件的图示符号之中，要将队等列看作一种特殊的实体（状态为队列长度），以临时实体的流动为主线，最后要给出模型参数的取值、参变量的计算方法、属性描述变量的取值方法、排队规则和服务规则等。除此之外，没有什么特别的理论与技巧可言。进程交互法可以表示事件、状态变化与实体间相互作用的逻辑关系，对离散事件系统的描述比较全面，由于与计算机程序流程相近而易被人们所接受。

3.2.2.2 活动扫描法

活动扫描法中实体的行为在有限的几种模式之间周而复始地变化，表现出特定的生命周期形式。活动扫描法正是基于这一思想而发展起来的离散事件系统的一种建模方法。活动扫描法将实体的状态分为激活和静止两种，状态之间用箭头线相连。该建模法首先要分析系统的实体及其属性，然后按照交替原则和闭合原则建立每个实体（不含队列）的活动周期图，再将各个实体活动周期图连成系统活动周期图，并标明活动发生的约束条件和占用资源的数量，最后给出模型参数的取值、参变量的计算方法、属性描述变量的取值方法、排队规则和服务规则等。活动扫描法将系统的状态变化以“个体”状态变化的集合方式表示出来，可以较好地表示系统中众多实体的并发活动及其协同，便于协同分析与理解。

3.2.2.3 Petri 网法

Petri 网的概念是德国 Carl Adam Petri 博士于 1962 年提出的。经过几十年的发展，Petri 网建模方法已在制造系统、计算机通信系统、交通系统等许多领域得到广泛应用，经不断改进，产生了不同类型的 Petri 网。

定时 Petri 网（Timed Petri Net，TPN）：考虑事件发生到结束所需的时间，TPN 将每一时间标在对应的库所旁，这样，库所中的令牌要经过一段时间才能参与 Petri 网的运行。也可以将时间标在变迁上，这样，授权发生的变迁需延迟一段时间后才能发生；或者变迁发生后立即从输入库所移走相应数量的令牌，但要延迟一段时间才在输出库所产生令牌。高级 Petri 网（High level Petri Net）给令牌赋予某种属性，以丰富 Petri 网的模型语义。

着色 Petri 网（Colored Petri Net，CPN）：CPN 是把系统中具有同类行为的元素归属到一个节点中，并通过对所属标识颜色的不同来进行区分，从而简化了 Petri 网的结构。CPN 网是研究复杂系统常采用的方法，简化了的结构可以避免 Petri 网分析因过多的位置和变迁节点而导致复杂性提升。

随机 Petri 网（Stochastic Petri Net，SPN）：SPN 是建立在定时 Petri 网基础上的，当定时 Petri 网中的延迟时间是一个随机变量时，便得到随机 Petri 网模型。当 Petri 网随机延迟时间服从负指数分布时，可证明 Petri 网状态可达图同构于一个马氏链，借助马氏理论可得到系统有关性能指标。

Petri 网是一种可用图形表示的组合模型，具有直观、易懂和易用的优点，对描述和分析并发现象有它独到的优越之处。

3.2.2.4　离散事件描述规范

离散事件描述规范（Discrete Event System Specification，DEVS）是美国 Arizona 大学的 Zeigler 教授在研究一般系统论的基础上创建的一种离散事件系统仿真理论。它不仅可用于构造离散事件系统的仿真模型，还使离散事件系统的模型可以与连续系统的微分方程模型一样进行数学化操作，通过定义端口通信机制和抽象的系统行为函数来实现系统间的互操作和系统行为描述。它把每个子系统都看作是一个具有独立内部结构和明确 I/O 接口的模块，若干个模块可以通过一定的连接关系组成组合模型，组合模型可以作为更大的组合模型的元素使用，从而形成对模型的层次化、模块化描述。它具有表达所有动态系统的能力，支持递阶、模块化的模型开发，在工业生产系统已经有了很多成功的应用[5]。

另外，DEVS 作为一种描述离散事件形式化的方法，是一种正式的 M&S（Modeling - and - Simulation）结构。DEVS 可以在以下领域得到应用：模型互操作和重用、混合系统描述、建模与仿真工程化方法、建模与仿真自动化工具、高性能/分布式仿真等。此外，DEVS 的一个重要性质是结构的耦合封闭性，因此，它可以高效地实现模型的重用。

（1）DEVS 模型定义

DEVS 模型有两种：DEVS 原子模型（AtomicDEVS）和 DEVS 耦合模型（CoupledDEVS）。

原子模型描述了离散事件系统的自治行为，包括系统状态转换、外部输入事件响应和系统输出等。原子模型可以通过连接形成耦合模型。耦合模型中包含多种成员，每个成员既可以是原子模型，也可以是耦合模型。

①DEVS 原子模型

一个 DEVS 原子模型定义如下，其应包含如下信息：

$$\text{AtomicDEVS} = < x, y, s, t_a, \delta_{\text{int}}, \delta_{\text{exit}}, \lambda > \tag{3-8}$$

其中，x 为输入端口的集合，通过它们接收外部事件；y 为输出端口的集合，通过它们发出事件；$Q=(s,\ e)$ 为状态变量与参数的集合；t_a(s) 为时间推进函数，用于控制内部转移的时间；δ_{int}(s)：$S \rightarrow S$ 为内部转移函数，定义在时间推进函数给定的时间流过后，系统将转移到的状态；δ_{exit}(s)：$Q \times X \rightarrow S$ 为外部转移函数，定义接收到输入后，系统如何改变其状态；$\lambda(s)$：$S \rightarrow y$ 为输出函数，在内部转移发生前产生一个外部输出。

X 是外部输入事件集，S 是系统状态集，Y 是输出集，模型的时间基 T 连续且 $T=R$ 。$t_a(s)$ 是时间推进函数，$t_a(s)$：$s \rightarrow \mathbf{R}^{+}_{0,\infty}$ 。$t_a(s)$ 表示在没有外部事件到达时系统状态保持为 s 的时间，特别地 $t_a(s)=+\infty$的状态称为静止的，如无外部事件到达，系统将一直停留在该状态；$t_a(s)=0$ 的状态称为瞬时的，瞬时状态表达了不消耗时间的即时运算，即在该状态执行时，仿真时钟不推进。

定义系统的总状态集合为 $Q=\{(s,\ e)/s \in S,\ 0 \leqslant e \leqslant t_a(s)\}$，其中 e 表示系统在状

态 s 停留的时间，(s, e) 表示总状态。$\delta_{\text{int}}(s)$ 是内部转移函数。如无外部事件到达，系统经过 $t_a(s)$ 时间后，状态 s 将转移到 $\delta_{\text{int}}(s)$，同时将 e 置为 0。$\delta_{\text{exit}}(s)$ 是外部转移函数，$\delta_{\text{exit}}(s)$：$Q \times X \rightarrow S$。若有一外部事件 $x \in X$ 到达，系统在状态 s 已停留时间为 e，则它立即转移到 $\delta_{\text{exit}}(s)(s, x, e)$，并置 e 为 0。λ 是输出函数，λ：$S \rightarrow Y \cup \{\varnothing\}$。输出事件在系统内部状态转移时产生，且状态转移前的状态 s 用于产生输出 $\lambda(s)$，其他非内部状态转移时的输出为 $\varnothing$。DEVS 原子模型结构图如图 3 - 1 所示。

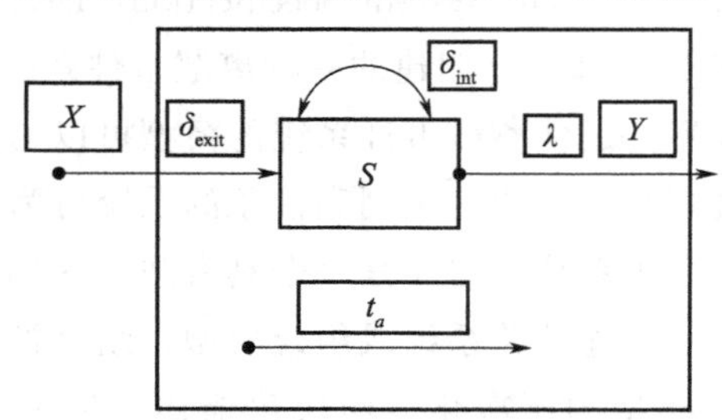

图 3 - 1　DEVS 原子模型结构图

②DEVS 耦合模型

一个 DEVS 耦合模型可以定义为如下形式：

$$\text{CoupledDEVS} = < X_{\text{self}}, Y_{\text{self}}, D, \{M_d / d \in D\}, \{I_i\}, \{Z_{i,j}\}, \text{select} > \quad (3-9)$$

式中，X_{self} 为输入端口集；Y_{self} 为输出端口集；D 为基本模型成员集；对 $\forall d \in D$，M_d 是一个 DEVS 模型；对 $I_d \subseteq D \cup \{N\}$，$I_d$ 是对模块 d 有影响的模块集合，即 $d \in D \cup \{N\}$，$d \notin I_d$；对 $\forall i \in I_d$，$Z_{i,d}$ 是一个描述从 i 到 d 的输出转换函数；耦合关系，包括外部输入耦合，外部输出耦合和内部耦合等。

1) $Z_{i,d}$：$X \rightarrow X_d$，if $i = N$；表示耦合模型的外部输入与其模块的输入的连接；

2) $Z_{i,d}$：$Y_i \rightarrow Y$，if $d = N$；表示模块的输出与耦合模型的输出的连接；

3) $Z_{i,d}$：$Y_i \rightarrow X_d$，if $d \neq N$ and $i \neq N$；表示模块之间的连接；

选择函数，其中包含从下一事件发生时间最早的成员中选择当前成员的规则，用于选择耦合模型的下一事件；有时也将耦合关系中的三个函数分别称为：EIC，EOC，IC：

1) EIC（external input coupling）：Coupled - DEVS. IN × M. IN 外部输入耦合关系。从耦合模型的输入端连接到内部的成员模型 $m \in M$ 的输入端；

2) EOC（external output coupling）：M. OUT × CoupledDEVS. IN 外部输出耦合关系。从内部的成员模型 $m \in M$ 的输出端联接到耦合模型的输出端。

3) IC（internal coupling）：M. IN × M. OUT 内部耦合关系。从内部的成员模型 $m_1 \in M$ 的输出端连接到内部的成员模型 $m_2 \in M$ 的输入端。

耦合 DEVS 模型结构图如图 3 - 2 所示。

（2）DEVS 模型的仿真实现

在 DEVS 中，模型的执行是通过抽象仿真器实现的。抽象仿真器是一种算法描述，用以说明怎样将执行指令隐含地传送给模型，从而产生模型的行为。抽象仿真器与模型之间存在一一对应的关系。每个模块或组合模型都有一个与之对应的抽象仿真器，它负责收发

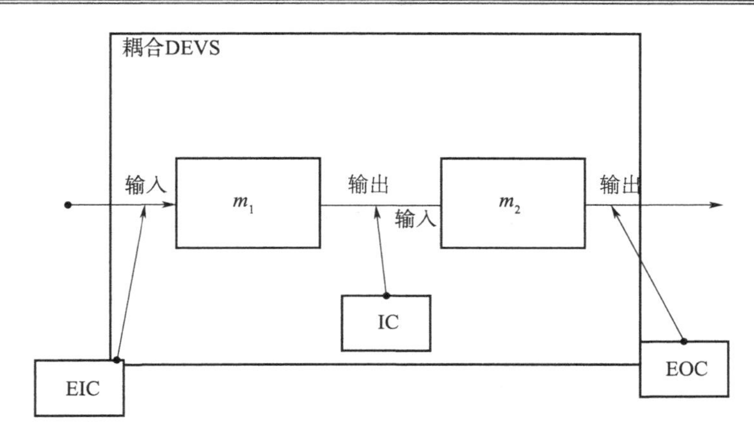

图3-2 耦合DEVS模型结构图

消息，调用模块的转移函数，并修改本地的仿真时钟。

①DEVS描述的系统运行机制

系统由输入端口接收输入事件 X，触发外部转移函数 $\delta_{ext}(s)$，改变系统状态，触发时间推进函数 $t_a(s)$；时间推进函数控制系统的内部转移时间间隔；内部转移时间间隔满足后，系统先触发输出函数 $\lambda(s)$，由输出端口发送输出事件，系统立即触发内部转移函数 δ_{int}，改变系统状态，再触发时间推进函数。

②仿真算法消息传递说明

DEVS仿真器算法是基于如下的消息形式进行交互运行的：

1) t：当前时刻仿真时间；

2) t_l：最近一次事件（外部事件或内部事件）发生的时间；

3) t_n：下一次事件发生的时间；

4) 消息（x，t）：表示在 t 时刻有一外部输入事件 x 发生；

5) 消息（y，t）：表示在 t 时刻将有一输出事件 y 发生；

6) 消息（*，t）：表示在 t 时刻有内部事件 * 发生；

7) 消息（i，t）：表示初始化消息，仿真初始化时刻从根协调器依次发送到每个子模型。

③DEVS仿真器交互机制

DEVS仿真结构中包括三种角色，分别为：根协调器（Root coordinator）、协调器（Coordinator）和仿真器（Simulator）。仿真结构最顶层的耦合模型为Root coordinator，中间层次的耦合模型为Coordinator，基本模型为Simulator。每一层次的上一层为该层的主协调器（Parent coordinator），如图3-3所示。

3.2.3 离散/连续混合系统建模

系统本身包含离散事件系统和连续系统，且两者又相互作用的系统称混合系统。由于混合系统中连续与离散动态特性的共存和相互作用，要求混合系统的模型能够正确、统一地描述两种动态行为及其相互关系。因此，对混合系统进行建模和描述，最有效的方法之一就是将连续系统的模型和描述与离散系统的模型和描述有机地结合起来，充分利用现有

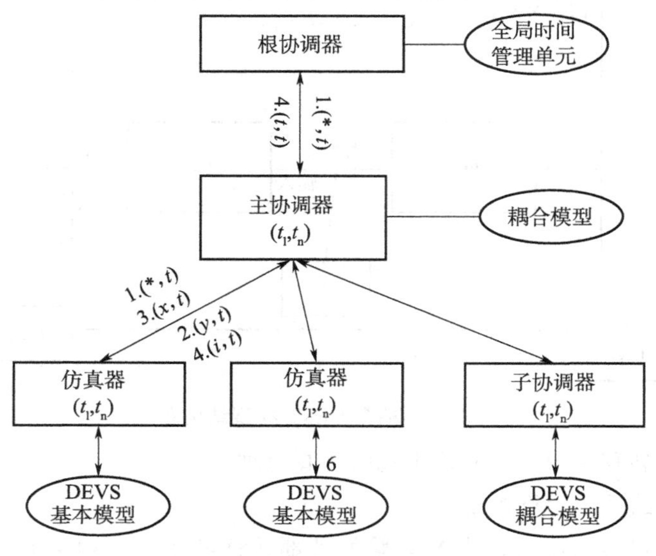

图 3-3 DEVS仿真交互结构图

模型的特长。这就需要将连续动态系统的模型嵌入到离散行为描述中去，或者将离散行为描述嵌入连续动态系统的模型中。

第一种思路是在原来描述逻辑变量的符号系统中引入对连续变量的描述，因此，多倾向于阶段转移形式的模型结构，在每一个阶段，连续变量遵循由微分方程描述的物理规律，不同阶段的迁移在满足一定约束条件下瞬间完成，如混合自动机、混合 Petri 网、时段演算技术等。另一种思路是在连续系统理论中嵌入突发事件，就是将混合系统中的离散特性转化为连续动态系统的参数特性，使连续模型中某些参数具有逐段连续的特性，从而建立完整的混合系统模型。这方面的代表有 Tavanini 模型、Nerode-Kohn 模型等。

3.2.3.1 混合自动机

混合自动机（Hybrid Automata，HA）是混合动态系统的一个形式化模型，以其对离散和连续混合特性描述的直观性和可验证性，日益为广大工程应用人员和理论研究人员所接受，成为当前混合系统研究应用最为广泛的模型。混合自动机模型是有限状态自动机的推广，它将描述连续动态行为的微分方程嵌入到传统的离散状态机模型中，从而使自动机模型兼具描述连续行为的能力。在混合自动机中，将状态看作在一组微分方程控制下，一组连续变量的连续变化过程，而将状态的转移看作是事件的驱动。混合自动机最早是由美国 R. Alur，T. A. Hensinger 和 Z. Maznna 等在 20 世纪 90 年代以后提出，并给出了一些相关理论结果，如可达性问题的不可判定性，受限的线性混合自动机的相关性质等。

3.2.3.2 混合 Petri 网

混合 Petri 网就是在传统的离散 Petri 网基础上进行扩展，以便可以处理连续的要素，J. Bail 等早在 20 世纪 90 年代初就提出了混合 Petri 网的形式结构，之后一些学者对混合 Petri 网的应用进行了系列研究，如 Petterason 讨论了混合 Petri 网在间歇过程建模中的应用；在我国，东北大学的徐心和教授等对混合 Petri 网进行了系列研究，并提出了广义 Petri 网等一类混合系统建模的方法。混合 Petri 网将位置和变迁区分为连续的和离散的两种类型，以表征连续变量过程和离散事件过程。混合 Petri 网可以用图表示，它表示位置的图形分为离散和连续两种，一般采用双圈表示连续位置，单圈表示离散位置；对表示变迁的图形而言，也有离散和连续之分，用空心条表示连续变迁，实心条表示离散变迁；对其他入输入输出弧，权重标记，变迁标记等描述中都有一些比传统的离散 Petri 网更深刻的内容，用以描述连续变迁，离散变迁，连续到离散，离散到连续等等状态演变。

3.3 面向随机现象的建模方法

社会中有很多现象，例如银行顾客到达间隔时间、排队时间、掷硬币出现正面反面等等都是随机的。我们把这类具有随机现象的系统称为随机系统，其状态转移的时间是随机的，事件的发生时间也是随机的，系统的持续时间是随机的，系统的执行结果也是随机的，因此需要对这些随机性进行系统建模，常用的方法是蒙特卡洛仿真法。

3.3.1 概率论术语

样本空间：对于一次随机试验，我们把所出现的每一个基本可能结果称之为样本点，所有的样本点构成的集合称为样本空间。

随机事件：对于一个随机试验，我们经常考虑某个试验结果是否会发生，这里称随机试验的可能结果为随机事件，简称事件。

概率：对于一个随机试验，我们不仅要知道它可能会出现哪些结果，更重要的是研究各种结果发生的可能性大小，从而揭示随机现象内在的规律。对随机事件发生的可能性大小的数量描述即为概率。

随机变量：对于一个随机试验，把定义在其样本空间上的实值单值函数，称为随机变量，对于可取到有限个或者可列无限多个值的随机变量称为离散型随机变量，对于离散型和非离散型随机变量通常都使用分布函数来描述。

数学期望：它反映随机变量平均取值的大小，对于离散型随机变量，若其取值和概率乘积的求和在样本空间内收敛，则称这个乘积的求和为该随机变量的数学期望；对于连续性随机变量，若随机变量的取值和其概率密度的乘积在样本空间内的积分绝对收敛，则称该积分的值为随机变量的数学期望。

大数定律：大数定律是指当随机变量的样本空间足够大时，样本均值会收敛到其总体均值。

中心极限定理：中心极限定理是指样本空间足够大时，样本均值会逼近于正态分布。

3.3.2 蒙特卡洛仿真

在数学上，处理概率问题的经典方法常常是把它变换为某个确定性问题去求解。蒙特卡洛方法正好与这种经典处理方法相反，它把确定性问题与某个概率模型相联系，通过统计试验求得的统计值作为原始问题的近似解。蒙特卡洛仿真方法如图 3-4 所示。

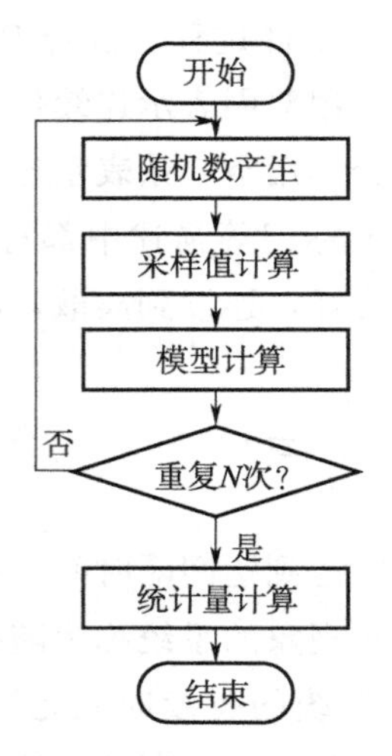

图 3-4　蒙特卡洛仿真方法

蒙特卡洛仿真的主要步骤如下：

第 1 步：分析问题构造概率模型。主要是构建概率模型，实现对系统随机现象的描述。

第 2 步：实现已知概率分布的采样。为实现仿真，必须进行随机变量的采样，进而得到符合已知概率分布的样本。

第 3 步：建立各种统计量的估计。作为问题的解，可能是概率或期望。对于前者使用频率代替，对于后者用样本平均值代替。

例 3.1　射击精度问题

设某武器射击弹着点的分布密度函数为 $f(r)$ ，其中 r 为射击弹着点至目标的距离，它是一个随机变量，又若射中 r 处的相应毁伤概率为 P，P 与 r 的关系用 $g(r)$ 来表示，即有 $P=g(r)$ ，则 P 也是随机变量，其数学期望为

$$E(P)=\int_0^{\infty} P \cdot f(r)\,\mathrm{d}r=\int_0^{\infty} g(r) \cdot f(r)\,\mathrm{d}r \tag{3-10}$$

$E(P)$ 可说明该武器的射击精度。若共实弹射击 N 次，其弹着点分别为

$$r_1, r_2, \cdots, r_n$$

则 N 次射击的平均值为

$$\overline{P}=\frac{1}{N}\sum_{i=1}^{n} p_i=\frac{1}{N}\sum_{i=1}^{n} g(r_i) \tag{3-11}$$

显然，该武器 N 次射击，实质上为从分布密度函数为 $f(r)$ 的总体中获取的 N 个简单样本，即有

$$R_f=(r_1, r_2, \cdots, r_n) \tag{3-12}$$

将它们代入 $g(r)$ 中即可得到 N 个 P 的简单样本，即有

$$G_f = [g(r_1), g(r_2), \cdots, g(r_n)] \tag{3-13}$$

若将式（3－13）代入式（3－11），同样可以求得 $\overline{P}$ 值。当有足够多样本量 N 时，式（3－11）即可作为式（3－10）的近似值。

3.3.2.1 概率收敛性

根据大数定律设 x_1，x_2，…，x_N 是 N 个独立随机变量，它们有相同的分布，且有相同的有限期望 $E(x_i)$ 和方差 $D(x_i)$，$i=1$，2，…，N。则 $\forall \varepsilon > 0$，有

$$\lim_{N\to\infty} P\left\{\left\| \frac{\sum_{i=1}^{N} X_i}{N} - E(X_i) \right\| \geqslant \varepsilon \right\} = 0 \tag{3-14}$$

由伯努利定理说明，设随机事件 A 的概率为 $P(A)$，在 N 次独立试验中，事件 A 发生的频数为 $W(A)=n/N$，则 $\forall \varepsilon > 0$，有

$$\lim_{N\to\infty} P\left\{\left| \frac{n}{N} - E(x_i) \right| < \varepsilon \right\} = 1 \tag{3-15}$$

蒙特卡洛方法从总体 ξ 抽取简单子样做实验，根据简单子样定义，x_1，x_2，…，x_N 为具有相同分布的独立随机变量。由式（3－14）和式（3－15）可知，当 N 足够大时，$\sum_{i=1}^{N} x_i/N$ 依概率 1 收敛于 $E(X)$，而频率 n/N 依概率 1 收敛于 $P(A)$，这就保证了使用蒙特卡洛方法的概率收敛性。

由于蒙特卡洛方法的理论基础是概率论中的基本定律——大数定律，因此，此方法的应用范围，从理论上说没有限制。

3.3.2.2 误差

由中心极限定理可知，只要随机变量 X 的方差有限且非零，则 $\forall c > 0$，有

$$\lim_{N\to\infty} P\left\{ \frac{\sqrt{N}}{\sigma} \left| \frac{\sum_{i=1}^{N} x_i}{N} - E(x_i) \right| < c \right\} = \frac{1}{\sqrt{2\pi}} \int_{-c}^{c} \exp\left(-\frac{x^2}{2}\right) \mathrm{d}x \tag{3-16}$$

因此，当 N 足够大时，可以认为近似等式

$$P\left\{ \left| \frac{\sum_{i=1}^{N} x_i}{N} - E(x_i) \right| < \frac{C_a \sigma}{\sqrt{N}} \right\} \approx \frac{1}{\sqrt{2\pi}} \int_{-C_a}^{C_a} \exp\left(-\frac{x^2}{2}\right) \mathrm{d}x = 1 - a \tag{3-17}$$

成立，其中，a 为置信度；$1-a$ 为置信水平。于是，可以根据问题的要求确定置信水平，利用正态分布表来确定 C_a，从而得到蒙特卡洛估计 $\dfrac{\sum_{i=1}^{N} X_i}{N}$ 与真值 $E(X_i)$ 之间的误差

$$\left| \frac{\sum_{i=1}^{N} X_i}{N} - E(X_i) \right| < \frac{C_a \sigma}{\sqrt{N}} \tag{3-18}$$

通常取 $C_a=0.6745$，1.96 或 3，相应的置信水平依次为 0.5，0.95 或 0.997。

3.3.2.3　特点

与一般计算方法相比，蒙特卡洛仿真有如下突出优点：

1）简单，易操作，易实现。蒙特卡洛方法从原理到整个的实施过程都不是很复杂，简单易学；同时，实现蒙特卡洛方法所用的程序结构也比较简单。

2）收敛速度与问题的维度无关。蒙特卡洛方法收敛是概率意义下的收敛，由蒙特卡洛仿真误差公式可以看出，在置信水平一定的情况下，它的误差只和所解问题的标准差和样本容量相关，而与样本中元素所在的空间没有关系，即蒙特卡洛方法的收敛速度和问题的维数是没有关系的，这也使得蒙特卡洛方法更能够适合解决多维情况下的问题。

3）具有直接处理随机性问题的能力。对于实际情况，蒙特卡洛仿真不需要把随机性问题转化为确定性问题而求解，可直接根据要求解的问题出发，建立模型，产生随机数，进行抽样，进而得出问题的解，使求解问题的整个过程更加直观形象。

4）误差容易确定。对于普通的计算方法，由于真值不可知，导致误差不可求，可以根据实际情况，按照近似的方法对误差进行求取。蒙特卡洛方法的核心内容通过计算机执行预先编写好的程序来实现，若想求解整个过程产生的误差，仅需要在程序的结尾加上求取误差的公式即可，方便的同时，也保证了计算的精度。

5）具有处理连续性问题的能力。蒙特卡洛仿真不像其他计算方法，要对连续问题离散化而求解。

3.3.3　随机变量仿真建模

用蒙特卡洛方法仿真某一过程时，需要产生各种概率分布的随机变量。最简单、最基本、最重要的随机变量是在［0，1］上均匀分布的随机变量。为了方便，通常把［0，1］上均匀分布随机变量的抽样值称为随机数，其他分布随机变量的抽样都是借助于随机数来实现的，因此，可以说随机数是随机抽样的基本工具。在仿真过程中通常采用数学公式产生随机数，如果生成随机数的算法、种子以及相应的参数确定了，那么这个随机数序列也就确定了，所以不是在概率意义下的真正的随机数，而只能称为伪随机数。但是只要伪随机数通过一系列测试检验，而且其有足够长的周期，那么在一定范围内，还是可以把它当作真随机数来使用。

在计算机上利用数学方法产生随机数的第一个随机数发生器是20世纪40年代出现的“平方取中法”；以后又出现“乘积取中法”、位移法、线性同余法、组合同余法、反馈位移寄存器方法等等。目前较流行的也是多数统计学家认为较好的随机数发生器为后三种。

3.3.3.1　线性同余发生器

目前应用最广泛的随机数发生器之一是线性同余发生器，简称LCG（Linear Congruence Generator）方法，它是由Lehmer在1951年提出的。此方法利用数论中同余运算来产生随机数，故称为同余发生器。它包括混合同余发生器和乘同余发生器，它是目前使用最普遍、发展迅速的产生随机数的数学方法。LCG方法的一般递推公式为：

$$X_n = (a \cdot X_{n-1} + c) \pmod M$$

$$R_n = \frac{X_n}{M}(n = 1, 2, 3, \cdots, X_0 \text{ 为初值})$$

式中，M 为模数；a 为乘数，且 X_n，M，a，c 均为非负整数 。

显然由上式得到的 $X_n(n=1, 2, 3, \cdots)$，满足 $0 \leqslant X_n < M$，从而 $R_n \in [0, 1]$，应用上式产生均匀随机数时，式中参数 a，c，X_n，M 的选取十分关键。产生的数列 X_n 的周期 T 与 a，c，M 有关系。当参数 a，c 和 M 取得合适，周期 T 可达到最大值；若进一步优化 X_n 的统计性质，这也与参数 a，c 和 M 的选取有关。

定义：对初值 X_0，同余法 $X_n = (a \cdot X_{n-1} + c)\ (\mathrm{mod} M)$ 产生的数列 $X_n(n = 1, 2, 3, \cdots)$，其重复数之间的最短长度（循环长度）称为此初值下 LCG 的周期，记为 T 。若 $T = M$，则称为满周期。

为了得到大量不重复的均匀随机数，M 取越大越好，并且应适当选取参数 a，c，X_n，M 才能得到周期长且均匀性、随机性好的数列，以下分别讨论如何选取参数，使得由此产生的数列周期长，统计性质好且产生的速度快。

1966 年 Hutchinson 提出用素数模作为乘同余法的模。可以证明，若正确选择参数，则其最大周期为 $T = M - 1$，即在 $[M - 1]$ 区间中每一个整数都会在全周期中出现一次，都可以被利用。

（1）素数模乘同余发生器概念

设 M，a 为正整数，$(a, M) = 1$(互素) 。

定义：称满足 $a^V \equiv 1(\mathrm{mod} M)$ 的最小整数 V 为 a 对 M 的阶数（或次数），简称为 a 的阶数。

定义：若 a 对素数模 M 的阶数 V 满足 $V = M - 1$，则称 a 为 M 的素元（或原根）。

（2）素数模乘同余发生器中参数的选择

在乘同余发生器中，参数 M 和 a 的选取方法如下：

1) M 为小于 2^L 的最大素数（L 为计算机做大位数）；

2) 当选取 a 为 M 的素元，这样可保证周期 $T = M - 1$；

3) 使 X_n 的统计性能优，要求 a 值尽量大；且 a 的二进制表示尽可能无规律。

这样选取 M 和 a 后，我们就可以在每一循环周期内确切地得到 $1, 2, \cdots, M - 1$ 中的每一个整数。初值 X_0 可选取 1 到 $M - 1$ 间任何一个整数，且保证周期 $T = M - 1$。这样的乘同余发生器就称为素数模乘同余发生器。

3.3.3.2　反馈位移寄存器法

用线性同余法产生均匀随机数，几十年来发展迅速，应用普遍。但在大量使用过程中，也发现 LCG 方法的一些缺点，主要是用 LCG 方法产生 $M(M > 1)$ 维均匀随机向量时，其相关性很大；其次是用 LCG 方法产生的均匀随机数列的周期 T 与计算机的字长有关。在整数的尾数字长为 L 位的计算机上，不可能得到 $T > 2^L$ 的均匀随机数列。因此，在 1965 年，以 Tausworthe 发表的论文为基础的几种十分有趣又很有希望的发生器出现了。它们是通过对寄存器进行位移（递推），直接在存储单元中形成随机数，称这类方法为反馈位移寄存器法（Feedback Shift Register Methods），简称 FSR 方法或 FSR 发生器。公式如下：

$$\alpha_k = (c_p \cdot \alpha_{k-p} + c_{p-1} \cdot \alpha_{k-p+1} + \cdots + c_1 \cdot \alpha_{k-1}) (\bmod 2)$$

对寄存器中的二进制数码 α_k 作递推运算，其中 p 是给定正整数，$c_p=1$，$c_i=0$ 或 $1(i=1, \cdots, p-1)$ 为给定常数 。

给定初值 $(\alpha_{k-p}, \alpha_{k-p+1}, \cdots, \alpha_{k-1})$，由上式产生的 0 或 1 值组成二进制数列 $\{\alpha_n\}$ 。截取数列 $\{\alpha_n\}$ 中连续的 L 位构成一个 L 位二进制整数；接着截取 L 位又形成一个整数，以此类推，即得：

$$X_1 = (\alpha_1, \alpha_2, \cdots, \alpha_L)_2$$

$$X_2 = (\alpha_{L+1}, \alpha_{L+2}, \cdots, \alpha_{2L})_2$$

$$\vdots$$

一般地

$$X_n = (\alpha_{(n-1)L+1}, \alpha_{(n-1)L+2}, \cdots, \alpha_{n \times L})_2 \quad (n=1,2,\cdots)$$

令 $R_n = X_n / 2^L (n=1, 2, \cdots)$ ，则 R_n 即为 FSR 方法产生的均匀随机数列。

如果 L 与 2^p-1 互素，且初值 X_0 取自 0 到 2^L-1 间任一整数的概率相等；则用 FSR 方法产生的随机数列 $\{R_n\}$ 具有性质：1）期望近似为 $\frac{1}{2}$ ；2）方差近似为 $\frac{1}{12}$ ；3）自相关系数近似为 0；4）当 $mL \leqslant p$ ，且 mL 与 2^p-1 互素时，可构成 m 维均匀随机数。

通过改变 p 及 $c_1, c_2, \cdots, c_p$ 的值，将得到不同的 FSR 发生器。

3.3.3.3 组合发生器

在实际应用中，如果希望得到的周期更长，随机性更好的均匀随机数，常常先用一个随机数发生器产生的随机数列为基础，再用另一个发生器对随机数列进行重新排列得到的新数列作为实际使用的随机数。这种把多个独立的发生器以某种方式组合在一起来产生随机数，希望能够比任何一个单独的随机数发生器得到周期更长、统计性质更优的随机数，这就是组合发生器。

迄今为止，有两种控制方法使用的比较广泛。第一种方法：首先从第一个发生器产生 K 个 $Z_i(U_i)$ ，得到数组 $U=(U_1, U_2, \cdots, U_K)$ 或 $Z=(Z_1, Z_2, \cdots, Z_K)$ ；然后用第二个随机数发生器产生在 $[1, K]$ 区间上均匀分布的随机整数 $\boldsymbol{I}$ ；以 $\boldsymbol{I}$ 作为数组 $\boldsymbol{U}$（或 $\boldsymbol{Z}$ ）的元素下标，将 U_I 或 Z_I 作为组合发生器产生的随机数，然后从第一个发生器再产生一个随机数来取代 U_I 或 Z_I ，依次下去。

第二种方法：设 $Z_i^{(1)}$ 与 $Z_i^{(2)}$ 分别是由第一个与第二个线性同余发生器产生的随机数，则令 $Z_i^{(2)}$ 的二进制表示的数循环移位 $Z_i^{(1)}$ 次，得到一个新的位于 0 到 $m-1$ 间的整数 $Z_i^{\prime(2)}$ ；然后将 $Z_i^{(2)}$ 与 $Z_i^{\prime(2)}$ 的相应二进制位“异或”相加得到组合发生器的随机变量 Z_i ，且令 $U_i = Z_i / m$ 。

组合发生器的优点是，它大大减小了自相关，提高了独立性；还可以加长发生器的周期，提高随机数的密度，从而提高均匀性。而且它一般对构成组合发生器的线性同余发生器的统计特性要求较低，得到的随机数的统计特性却比较好。组合发生器的缺点是速度慢，因为要得到一个随机数，需要产生两个基础的随机数，并执行一些辅助操作。

3.3.3.4 随机变量的检验

所有随机数发生器产生的随机数当初值给定时实际上都是完全确定的，我们只是希望这些发生器产生的随机数看起来好像是相互独立同分布 $U(0, 1)$ 的随机变量。本节介绍几种检验方法，可用来检验产生的随机数列 $\{R_n\}$ ，与真正 $U(0, 1)$ 的独立同分布随机变量抽样值的相似程度。

一般有两种不同的检验方法——经验检验和理论检验。经验检验是一种统计检验，它是以发生器产生的均匀随机数列 $\{R_n\}$ 为基础的，根据 $[0, 1]$ 上均匀总体简单随机样本 $\{u_i\}$ 的性质，如特征值、均匀性、随机性和组合规律性等，研究随机数列 $\{R_n\}$ 的相应性质，进行比较、鉴别、视其差异是否显著，决定取舍。若各类统计检验的差异并不显著，则可接受 $\{R_n\}$ 为均匀随机变量的简单子样。理论检验从统计意义上说并不是一种检验，它是用一种综合的方法来评估发生器的数值参数，而不必产生任何随机数 R_n 。例如对 LCG 发生器通过分析其参数 a，c，M 的方法，指出某个 LCG 的性能如何。与经验检验的另一个不同点是：理论检验是全面的，亦即它检验了发生器的整个周期的性质。但这并不是说全面检验就比局部检验好，全面检验固然需要，但它并不能指出一个周期中某个特定段的实际情况如何。

由于理论检验方法需要专门学科的知识，数学上又相当难，我们这里只讨论经验检验的几种常见的方法，经验检验习惯称为统计检验，一般有参数检验、均匀性检验和独立性检验等。

(1) 参数检验

均匀随机数的参数检验是检验发生器产生的随机数列 $\{r_i\}$ 的均值、方差或各阶矩等与均匀分布理论值是否有显著差异。

若随机变量 $R \sim U(0, 1)$ ，则 $E(R)=\frac{1}{2}$ ，$\mathrm{Var}(R)=\frac{1}{12}$ ，$E(R^2)=\frac{1}{3}$ 。若 R_1，R_2，…，R_n 是均匀总体 R 的简单随机样本，即 R_1，R_2，…，R_n 相互独立同 $U(0, 1)$ 的分布。记

$$\bar{R}=\frac{1}{n}\sum_{i=1}^{n} R_i, \bar{R^2}=\frac{1}{n}\sum_{i=1}^{n} R_i^{\,2}, s^2=\frac{1}{n}\sum_{i=1}^{n}\left(R_i-\frac{1}{2}\right)^2$$

则有：

$$E(\bar{R})=\frac{1}{2}, \mathrm{Var}(\bar{R})=\frac{1}{12n}$$

$$E(\bar{R^2})=\frac{1}{3}, \mathrm{Var}(\bar{R^2})=\frac{4}{45n}$$

$$E(s^2)=\frac{1}{12}, \mathrm{Var}(s^2)=\frac{1}{180n}$$

设 r_1，r_2，…，r_n 是某个发生器产生的随机数。首先对特征量作统计检验。在

$\{r_i\}$ 均匀总体的简单随机样本的假设下，用 u 检验公式，相应的检验统计量分别为

$$u_1=\frac{\bar{r}-E(\bar{r})}{\sqrt{\mathrm{Var}(\bar{r})}}=\sqrt{12n}\left(\bar{r}-\frac{1}{2}\right)$$

$$u_2=\frac{\bar{r}-\frac{1}{3}}{\sqrt{\frac{4}{45n}}}=\frac{1}{2}\sqrt{45n}\left(\bar{r^2}-\frac{1}{3}\right)$$

$$u_3=\frac{s^2-\frac{1}{12}}{\sqrt{\frac{1}{180n}}}=\sqrt{180n}\left(s^2-\frac{1}{12}\right)$$

渐进服从 $N(0,1)$。给定显著水平 α 后，查标准正态数值表得 λ：$P\{|u_i|>\lambda\}=\alpha$，（$u_i\sim N(0,1)$，否定域 $W_i=\{|u_i|>\lambda\}(i=1,2,3)$）。由随机数列 $\{r_i\}$ 计算 u_1，u_1，u_3 的值，若 $|u_i|<\lambda$，则认为产生的随机数的特征量与均匀总体的特征量没有显著差异；否则，$\{r_i\}$ 的特征量与均匀总体特征量有显著差异，故不能认为 $\{r_i\}$ 是均匀总体的简单样本（若取显著水平为 0.05，则 u 检验拒绝域为 $|u_i|>1.96$）。

（2）均匀性检验

均匀性检验又称为频率检验，它用来检验由某个发生器产生的随机数列 $\{r_i\}$ 是否均匀地分布在［0，1］区间上，也就是检验经验频率与理论频率的差异是否显著。

① χ^2 检验

设 r_1，r_2，…，r_n 是待检验的一组随机数，假设 H_0：r_1，r_1，…，r_n 为均匀总体的简单样本。将［0，1］区间分为 m 个区间，以 $\left[\frac{i-1}{m},\frac{i}{m}\right)$ 表示第 i 个区间，设 $\{r_i\}$，$(j=1,2,\cdots,n)$ 落入第 i 个小区间的数目为 $n_i(i=1,2,\cdots,n)$。

根据均匀性假设，r_j 落入每个小区间的概率为 $\frac{1}{m}$，第 i 个小区间的理论频数 $\mu=\frac{n}{m}(i=1,2,\cdots,m)$，统计量

$$V=\sum_{i=1}^{m}\frac{(n_i-\mu_i)^2}{\mu_i}=\frac{m}{n}\sum_{i=1}^{m}\left(n_i-\frac{n}{m}\right)^2$$

渐进地服从 $\chi^2(m-1)$。给定显著水平 α，查 χ^2 分布表的临界值后，即可对经验频率与理论频率的差异做显著性检验。

②K－S 检验（柯氏检验）

K－S（柯尔莫哥洛夫一斯米尔诺夫）检验是连续分布的拟合性检验。它检验样本的经验分布函数与总体的分布函数间的差异是否显著。K－S 检验不用把数据分组，因此避免了选择子区间数的麻烦，且不损失数据中的信息。K－S 检验可用于小样本情况，而 χ^2 检验则一般只在渐进意义上成立，即只适用于大样本情况。

设随机数为 r_1，r_2，…，r_n，从小到大排序后为 $r_{(1)}$，$r_{(2)}$，…，$r_{(n)}$，记经验分

布函数为 $F_n(x)$；将 $F_n(x)$ 与均匀分布的分布函数 $F(x)=x$，$0<x<1$ 相比较，其最大偏差即 K－S 检验统计量为：$D_n=\max(D_n^+, D_n^-)$，

其中

$$D_n^+=\max_{1\leqslant i\leqslant n}\left[\frac{i}{n}-F(r_{(i)})\right]=\max\left[\frac{i}{n}-r_{(i)}\right]$$

$$D_n^-=\max_{1\leqslant i\leqslant n}\left[F(r_{(i)})-\frac{i-1}{n}\right]=\max\left[r_{(i)}-\frac{i}{n}\right]$$

利用 D_n 渐进地服从柯尔莫哥洛夫-斯米尔诺夫分布进行显著性检验。对于参数已知的 K－S 检验，K－S 检验统计量为：

$$\left(\sqrt{n}+0.12+\frac{0.11}{\sqrt{n}}\right)D_n$$

若其值大于显著水平 a 的临界值则应在显著水平下拒绝假设（当 $a=0.05$，临界值为 1.358）。

③序列检验

序列检验实际上是用于多维均匀分布的均匀性检验，它也间接地检验序列的独立性。

已知随机数列 $r_i(i=1,2,\cdots,2n)$，将容量为 $2n$ 的随机数依次配对为

$$v_1=(r_1,r_2),v_2=(r_3,r_4),\cdots,v_n=(r_{2n-1},r_{2n})$$

如果 $\{r_i\}$ 是均匀随机数序列，它们应构成平面上正方形内的二维均匀随机向量的样本。将单位正方形分成 k^2 个等面积的小正方形，n_{ij} 表示 $\{v_i\}$ 落入第 (i,j) 个小正方形的频数；理论频数 $\mu_{ij}=\frac{n}{k^2}$。则检验统计量

$$V=\frac{k^2}{n}\sum_{i=1}^{k}\sum_{j=1}^{k}\left(n_{ij}-\frac{n}{k^2}\right)^2$$

当 $\{r_i\}$ 为均匀分布的独立抽样序列时，V 渐进地服从 $\chi^2(k^2-1)$。

将以上二维的序列检验可以推广到三维、四维直至一般的 d 维。即对 $\{r_i\}$，依次用不相交的阶组合：

$$v_1=(r_1,r_2,\cdots,r_d)$$

$$\vdots$$

$$v_k=(r_{(k-1)d+1},r_{(k-1)d+2},\cdots,r_{kd})$$

$$\vdots$$

它们应该是在单位 d 维超立方体 $[0,1]^d$ 中均匀分布的独立随机样本。把 $[0,1]$ 区间分成 m 个相等的小区间，相应地把单位 d 维超立方体分成 m^d 个小超立方体，用 $n_{j_1j_2\cdots j_d}$ 表示 $\{v_k\}$ 落入第 $(j_1,j_2,\cdots,j_d)$ 个超立方体的个数。统计量

$$V=\frac{m^d}{n}\sum_{j_1=1}^{k}\cdots\sum_{j_d=1}^{k}\left(n_{(j_1j_2\cdots j_d}-\frac{n}{m^d}\right)^2$$

渐进服从 $\chi^2(m^d-1)(n\to\infty)$。这种 d 维均匀分布的检验（序列检验）间接地检验了 $\{r_i\}$ 的独立性。

(3) 独立性检验

独立性检验主要检验随机数列 χ^2 之间的统计相关性是否显著。常见的检验方法有相关系数检验。两个随机变量的相关系数反映它们之间线性相关程度，若两个随机变量独立，则它们的相关系数必为零（反之不一定），故可以利用相关系数来检验随机数的独立性。设给定一个容量为 n 的均匀随机数样本，r_1，r_2，…，r_n，是一组待检验的随机数，假设 H_0：相关系数 $p=0$。考虑样本的 j 阶自相关系数

$$\rho(j)=\frac{\frac{1}{n-j}\sum_{i=1}^{n-j}(r_i-\bar{r})(r_{i+j}-\bar{r})}{\frac{1}{n}\sum_{i=1}^{n}(r_i-\bar{r})^2}\quad(j=1,2,\cdots,m)$$

当 $n-j$ 充分大，且 $p=0$ 成立时，$u_j=\rho_j\sqrt{n-j}$ 渐进服从 $N(0,1)$ 分布($j=1$，2，…，m)；

在实际检验中，自相关函数可表示为

$$\rho_\tau=\frac{1}{\sigma^2(n-\tau)}\sum_{i=1}^{n-\tau}(r_i-\bar{r})(r_{i+\tau}-\bar{r})=\frac{1}{\sigma^2(n-\tau)}\sum_{i=1}^{n-\tau}r_i r_{i+\tau}-(\bar{r})^2$$

式中 $\bar{r}$ 和 σ^2 分别为样本均值和样本方差，τ 为时滞。当 n 充分大时，例如 $n-\tau>50$，下列统计量

$$u_\tau=\sqrt{n-\tau}\,\rho_\tau\approx\frac{\rho_\tau}{\sqrt{n}}$$

渐进服从标准正态分布。若取显著水平 $a=0.05$，则当 $|u_\tau|<1.96$ 时可认为相关函数 ρ_τ 与零无显著差别，即随机数 r_i 与 $r_{i+\tau}$ 之间不相关。

在实际检验时，通常取开始的 20 个相关函数（$\tau=1\sim20$），若它们当中至多有一个相关函数与零有显著差别，则可在显著水平为 0.05 下接受随机数不相关的假设。

同样也可以利用 χ^2 检验来检验相关函数，检验统计量 $\chi^2=N\sum_{\tau=1}^{m}\rho_\tau$，近似服从 $\chi^2(m-1)$ 分布。

3.4 面向自然环境的建模方法

环境模型是在一定的战场空间内，对作战有影响的环境要素的抽象化描述，现代战争的战场环境是一个多维的作战空间，在空间上覆盖陆地、海洋、天空、临近空间和太空，其要素则包括地理环境、气象环境、水文环境、电磁环境等等。

3.4.1 战场综合自然环境分类

战场综合自然环境的要素组成关系如图 3-5 所示。

战场综合自然环境具有多维性、互动性的特点。多维性的含义：一是战场环境是由多个具有自身变化规律的客观环境构成的，战场气象环境、战场地理环境、战场水文环境、

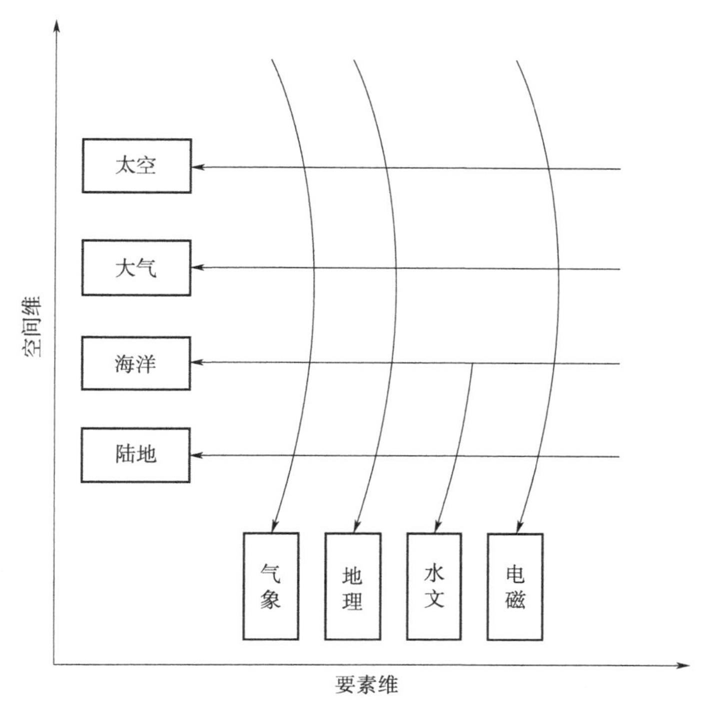

图 3-5 战场环境要素

战场电磁环境分属于不同的学科领域；二是这些客观环境的空间形态是随作战过程而演变的。互动性的含义是组成战场环境的各环境之间互有影响，其中地理环境是其他环境的物理依托，是可以进行空间定位和加载各种作战信息的基础，战场环境各组成部分之间的关系如图 3-6 所示。

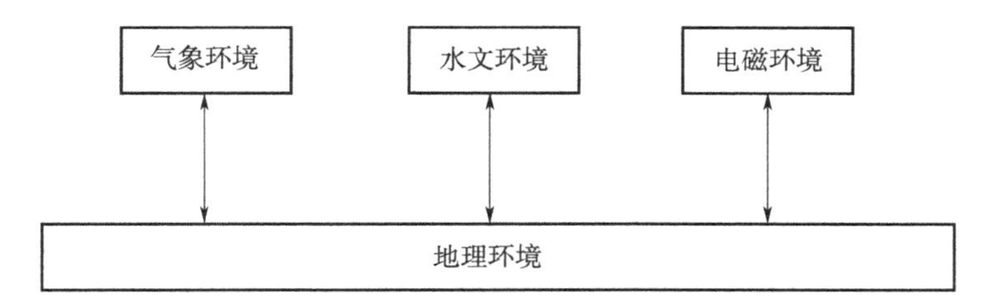

图 3-6 综合自然环境各组成部分之间的关系

结合国防领域装备体系仿真中对环境的需求，在此只针对陆地环境、海洋环境、大气环境和太空环境共四类展开描述。其中，陆地环境主要包括陆地基本要素、陆地曲面要素等；海洋环境包括海洋水文、海洋气象环境等；大气环境包括气候气象、可见度等；太空环境包括中高层大气、电离环境等。

3.4.2 战场综合自然环境建模方法

3.4.2.1 陆地环境建模

陆地环境是指地球表面的没有被海洋覆盖的部分，不包括海洋、大气及沿地面运动的非永久性物体。针对陆地环境的特点，把陆地环境要素主要分为三个类别：陆地基本要素、陆地曲面要素和陆地统计要素。而对于其中的一些要素，主要通过更下层的要素来描述。陆地基本要素主要有：地点、地表温度（参考点温度和温度指数）、地表湿度指数、太阳辐射度、地表阻力指数和地表坚固程度。陆地曲面要素主要有：高程、高差（绝对高差和相对高差）和坡面参数（坡度和坡向）。陆地统计要素主要有：高程数据（平均高程、平均高程差、高程标准差及高程偏差）、坡向数据统计（平均坡向）和趋势面，见表 3－2。

表 3－2　陆地环境信息要素

要素类别	要素层次 1	要素层次 2
陆地基本要素	地点	位置信息
		地形地貌
	地表温度	参考点温度
		温度指数
	地表湿度指数	
	太阳辐射度	
	地表阻力系数	
	地表坚固程度	
陆地曲面要素	高程	
	高差	绝对高差
		相对高差
	坡面参数	坡度
		坡向
陆地统计要素	高程数据	平均高程
		平均高程差
		高程标准差
		高程偏差
	坡向数据统计	平均坡向
	趋势面	

在现代战争中，陆地环境要素既可能提供有利的条件，又可能造成意想不到的困难，从而引发采取不同攻防战术以及导致不同的对抗结果。例如无线电通信系统，在确定实际通信距离、覆盖范围和无线电干扰影响范围时，同时还要考虑在传播路径上存在着各种各样的环境效应。这是因为电磁波在传播过程中会遇到如森林环境中的树木、山区环境中起

伏的山包等地貌环境要素的影响，而这势必会使传输信号发生反射、绕射及散射等传播现象，造成接收端接收到的信号来自不同路径，不同路径的电磁波在接收端处相叠加后，会使接收到的信号幅度和相位发生剧烈变化，导致出现无线电通信的多路径效应。实际上，当陆基雷达探测低空目标时，也要考虑类似的多路径效应和地杂波等陆地环境效应。

表3-3给出了陆地环境要素对有关装备的影响。

表3-3　陆地环境要素对有关装备的影响

装备	运行状态	主要陆地环境要素
地面装备	部署、机动	地形地貌、坡度、高程、地表阻力系数、地表坚固程度、位置空间信息
	隐蔽	地形地貌、地面温度
地空通信网络	工作	地形地貌、地球曲率等
雷达设备	遥感、检测、识别	地形地貌、地点、高程
巡航导弹	飞行	地形地貌、高程、地球曲率

3.4.2.2　海洋环境建模

海洋环境是指濒临海洋和海洋区域的自然环境，包括海洋气象、海洋水文、海洋地理和海洋物理场等。现代战争已经从传统的单兵种作战向陆海空天一体、前方后方一体、攻防一体的联合作战样式转化。海战场的范围也经历了由近到远、再由远及近，即从最初的近海作战到公海、远洋作战，而后到把战场由公海、大洋转向第三世界各国的近海沿岸，并由沿岸向内陆推进的转变过程。从预警雷达到通信设备，从水面舰艇、各型潜艇到各类战机都会受到海洋环境要素的影响。

海洋环境数据信息主要包含以下要素：

1）海洋水文，海洋水文数据内容包括浮标和台站等调查手段所采集的湿度、盐度、水色、透明度、海浪、海流等数据。

2）海洋气象，海洋气象数据内容包括气温、湿度、气压、风、云、雨、雪、雾、能见度等数据。

3）海洋物理，海洋物理数据内容包括海水表观光学量、海水固有光学量、噪声、声传播损失及声速剖面、底质声学特征五类数据。

4）悬浮体，悬浮体数据内容包括悬浮体浓度、水温、盐度、浊度等。

5）海洋地球物理，海洋地球物理数据内容包括海洋重力、海洋磁力、国际海洋重磁、浅地层剖面和地震五类数据。

6）海洋基础地理信息：主要包括不同比例尺（1∶100万、1∶50万、1∶25万、1∶5万系列比例尺）的与海洋相关的基础地理信息。

现代武器装备的作战效能与海洋环境关系密切，部分装备受海洋环境影响状况表3-4。

表 3-4 海洋环境要素对有关装备的影响

装备	运行状态	主要海洋环境要素
舰艇	航行、抛锚	海洋基础地理信息、水文、气象
潜艇	水面航行	海洋基础地理信息、水文、气象
	水下航行、悬停	海洋基础地理信息、水文、气象、悬浮体
水面导航设备	工作	海洋基础地理信息、气象、海洋地球物理
雷达、电子对抗设备	工作	海洋基础地理信息、气象、海洋物理、海洋地球物理
鱼雷	追击目标	海洋基础地理信息、水文、悬浮体、海洋地球物理
水雷	识别目标、打击目标	海洋基础地理信息、水文、悬浮体、海洋地球物理
光电探测与对抗设备	工作	海洋基础地理信息、气象、海洋物理等
飞机	海上平台起飞与降落、飞行	海洋基础地理信息、水文、气象

3.4.2.3 大气环境建模

大气环境是指构成和反映大气状态与大气现象的物理环境，大气一般分为5层，即对流层（海平面或地表至约10 km高度）、平流层（约10～40 km）、中间层（约40～80 km）、热成层（约80～370 km）和外大气层（370 km以上），本节大气环境特指对流层和平流层环境。大气环境是战场自然环境的重要组成部分。一般将大气环境分为四个要素：地点、高程、气候和可见度。地点、高程和可见度都只有单级层次，气候要素具有多级性。描述气候的要素有：季节、大气温度（参考点温度及温度指数）、大气湿度（参考点相对湿度及湿度指数）、降雨/降雪量、风力（风级及风向）、大气压（参考大气压及大气压指数）和大气密度等。

在地球大气层中飞行的导弹，需要借助其相对于空气运动产生的空气动力飞行，因而导弹的运动特性不可避免地受到大气的影响。同时大气环境的传输、辐射特性影响红外、微光仪器成像观测，红外辐射、可见光和电磁波在大气中传输时受到大气分子与气溶胶吸收和散射、大气湍流散射等大气传输效应的影响，影响装备的观测质量。

装备受大气环境的影响见表3-5。

表 3-5 大气环境要素对有关装备的影响状况

装备	运行状态	主要大气环境要素
飞机	飞行，起飞，降落	风级、风向、降雨、能见度、气流
导弹	飞行，出入大气层	大气密度、气压、风级、风向、气流
卫星	在轨飞行，目标探测	大气密度、大气透过率、大气辐射和传输(温度、湿度、气压)
临近空间飞行器	飞行，目标探测	大气密度、压强、大气透过率、大气辐射
地面观测装备	目标探测	温度、湿度、气压、风力、风向、云雨天气
坦克、汽车等陆地装备	运行	温度、湿度、气压、风力、风向、云雨天气

3.4.2.4 太空环境建模

太空是指距地面100 km以外的外层空间，构成太空环境的要素一般包含中高层大气环境（包含中间层、热成层大气环境）、电离环境、空间辐射信息、流星体和碎片信息以及星空信息等。

（1）中高层大气

中层大气包括中间层和部分热成层，高层大气主要包括热成层。中高层大气是与人类生存环境有着密切关系，同时又较易受到太阳活动影响的空间区域。其中，中层顶区是空间飞行器发射、回收的重要区域，其状态和扰动特性对再入飞行器的主动加热、回落精度和宇航员过载等都有着很大影响。中层大气风切边可能是造成运载火箭谐振破坏的重要原因。高层大气是近地卫星和空间站运行的主要场所，它的结构和变化特性对保障空间飞行器安全、延长轨道寿命、提高遥感器探测精度和效益都有着重要意义。表征中高层大气状态的参量主要有大气温度、密度、钠层位置以及风场的状态等。

（2）电离环境

在太阳的紫外线、X 射线、微粒辐射和流星电离的作用下，高层大气场处于电离状态。大气中处于电离状态的区域叫做“电离层”。电离层处于 50 千米到几千千米的高度间，温度范围为 180～3 000 K。电离层中的等离子体是由电子、离子等带电粒子及中性粒子（原子、分子、微粒等）组成的，宏观上呈现准中性，且具有集体效应的混合气体。电离层的结构可用电离层特性参量电子密度、离子密度、电子温度、离子温度等的空间分布来表征。

（3）空间辐射

主要包括自然辐射环境和人为辐射环境。自然辐射环境包括地球辐射带（俘获辐射）、太阳辐射及银河宇宙线等，人为辐射环境包括敌对辐射环境信息等。自然辐射受太阳活动的调制明显，太阳活动峰年对空间辐射环境的影响主要表现为太阳质子事件增多和太阳电磁辐射增强等。

（4）流星体和碎片

流星体是指一种小块的天体物质，围绕太阳运行，它们或来自彗星，或是由小行星间的相互碰撞产生。碎片主要来源于废弃的在轨人造物体，如废弃的火箭箭体、螺母螺栓、用于消旋的线缆、金属碎片、油漆、火箭废弃推进系统及运载火箭和航天器爆炸后的残余物等。流星体与轨道碎片的相对运动速度非常大，它们引起的超高速碰撞能够损坏甚至毁灭航天器，对空间飞行构成严重威胁，甚至会造成载人航天器“机毁人亡”。

太空环境对航天器有着极其重要的影响，其中中高层大气、空间辐射影响航天器的轨道与寿命和姿态；地球辐射带、太阳宇宙线、银河宇宙线、太阳辐射对航天器材料与涂层等造成辐射损伤；流星体和碎片对航天器的光学镜头、机械结构造成损伤；电离环境中的等离子体和太阳电磁辐射影响航天器表面电位；电离环境影响航天器的通信与测控：太阳电磁辐射、高层大气的真空环境影响航天器的热状态。

表 3－6 给出了太空环境要素对有关装备的影响。

表 3－6　太空环境要素对有关装备的影响

装备	运行状态	主要太空环境要素
弹道导弹	飞行	中高层大气环境、电离环境、流星体和碎片、空间辐射等

续表

装备	运行状态	主要太空环境要素
火箭	飞行	中高层大气环境、电离环境、流星体和碎片、空间辐射等
卫星等轨道飞行器	近地轨道飞行	中高层大气环境、流星体和碎片、空间辐射等
	中地轨道和地球同步轨道飞行	流星体和碎片、空间辐射等
	传感器运用	中高层大气环境、电离环境、空间辐射等
地面通信与测控设备	工作	中高层大气环境、电离环境、空间辐射等

3.4.3　战场综合自然环境数据表示及交换规范

为解决综合自然环境数据的表示与交换问题，美国 DMSO、STRICOM、DARPA 于 1994 年共同资助和发起了 SEDRIS 计划，通过多年的技术研究和开发，从 1996 年开始，SEDRIS 经过了数据建模、API 原型开发、格式原型开发 3 个阶段的研究工作，于 2000 年完成了标准化工作。SEDRIS 提供了一种通用的环境数据表示方法，并充当不同数据相互转换的中介，为综合战场环境的建模和仿真提供了技术基础。

3.4.3.1　SEDRIS 的概念与组成

SEDRIS 发展的目的是提供一种强有力的数据描述与表达方法，能够对环境数据及其相互关系进行清晰而完整的表达；提供一个标准的分布式环境数据交换机制，以提高异构系统数据库的重用；支持跨不同空间范围，包括太阳系、月地系统、地球系统、地球的不同圈层及海陆系统等，支持不同的环境领域应用，包括大气、海洋和陆地等。

SEDRIS 提供一种环境数据的表示模型，通过对环境数据的编码规范和空间参考模型的支持，一方面精确地表达环境数据，另一方面使其他人能精确地理解环境数据的含义。

SEDRIS 提供一种环境数据的交换机制，因为一种数据模型仅仅用于数据的表达和描述是不够的，它还要提供一种能够高效利用及与他人共享数据的方法，即通过环境数据表示模型来实现各种环境数据之间的交换。SEDRIS 提供了一些 API、标准格式、辅助工具等来实现环境数据交换和共享，并且在语义和数据表示模型上形成对偶关系。

SEDIRS 很像一个描述环境的语言或方法，它和表达的环境内容并没有必然的关系。不管表达的环境是真实的地理环境，还是虚拟假想的地理环境，其数据之间交换的基础就是共享描述数据的机制。因此，可以将 SEDRIS 理解为一种基础架构技术，是一种提供给信息技术应用的可以进行表达、理解、共享和重用的环境数据技术。SEDRIS 的体系结构如图 3－7 所示。

SEDRIS 包括两个关键的方面：环境数据的表示和环境数据集的交换。实现这两个目标，SEDRIS 依赖于 5 项核心技术，分别为 SEDRIS 数据表示模型（SEDRIS Data Representation Model，DRM），环境数据编码规范（Environmental Data Coding Specification，EDCS），空间参考模型（Spatial Reference Model，SRM），SEDRIS 接口规范（SEDRIS Interface Specification，API），SEDRIS 传输格式（SEDRIS Transmittal Format，STF）。

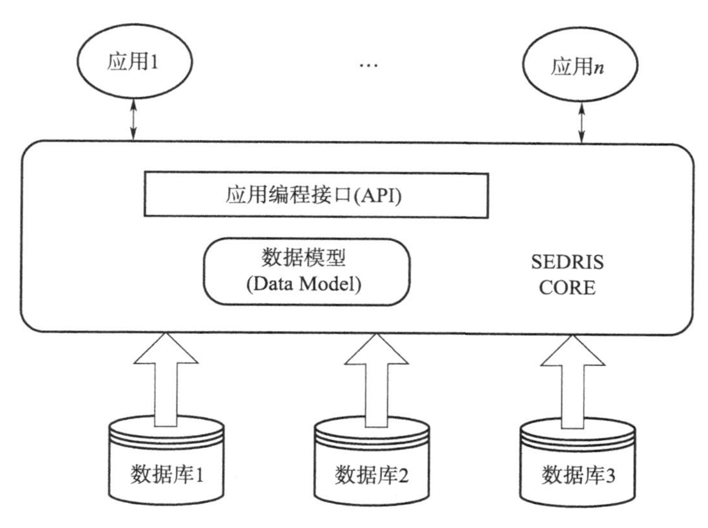

图 3-7　SEDRIS 的体系结构

DRM，EDCS 和 SRM 这三项技术的组合用于完成环境数据的表示，可以类似地看作一种描述环境数据的语言，使人们能够领会并传达环境数据的意义和语义。环境数据集的交换基于环境数据的表示，提供了对环境数据进行交换和共享的能力，SEDRIS API 和 STF 用于实现这种能力。这 5 个 SEDRIS 技术组件构成了一个完整的系统，可以处理数据转换、数据分析、可视化和其他方面的一系列应用，面向海量数据集，服务于各种应用领域。

3.4.3.2　数据表示模型（DRM）

SEDRIS DRM 提供了一种通用表示模型，可使用户清晰地表达自己的环境数据，也可以理解其他用户的环境数据。为了实现该目标，DRM 明确了一组分类，包括对象建模的概念和属性、对象间的关系及关联对象的适当的参数。因此，DRM 使用 UML 的一个子集，如图 3-8 所示。

DRM 支持环境数据集，包括用于描述仿真中的共用综合环境特征的数据集。这些数据必须不仅能支持这些环境对象的可视化（为所有参与者提供显示），也能协调隐含的建模活动，同时允许用户将环境的效果作用于仿真应用的具体行动上。因此，DRM 将语义（建模对象）与描述（表示方式）分离。这种方式提供了初始数据，使用 SEDRIS 所有的应用都可共享和理解。

DRM 中涵盖了 300 种类型，可用于对环境建模并在应用中进行共享。本书不详细介绍类型，而重点关注这些类型中的高级别种类。

第一类由早期处理的原始类型构成。这些原始类型包括：点、线、多边形、图像、声音、点特征、线特征、面特征。

第二类由元数据构成。如前所述，它是关于数据的数据，能够更好地描述对象，并给出上下文信息（这些信息不是直接来自环境对象的结构或描述环境对象的标签）。这些元

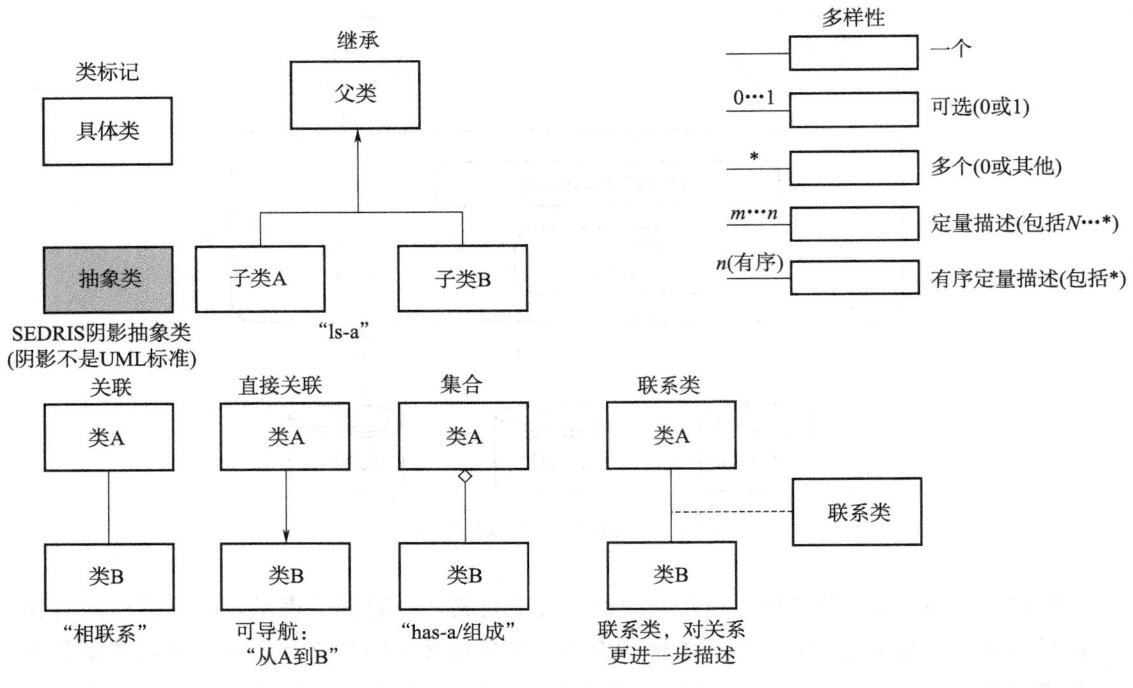

图 3-8　DRM 中使用 UML 标记

数据构成包括：关键字、描述。

第三类由修饰语句构成，它在构建环境对参与者或用户的行动影响模型时使用。修饰语句包括：属性值、颜色、分类数据、影像映射函数。

最后，第四类及最高级别的类型包括组织者及容器。这些类型以相似的方式将环境对象模型组合成为结构化的图表，同时将描述环境对象的字典进行组合，包括：传输根、库、环境根节点、特征等级、几何等级。

DRM 的第四类及 EDCS 的 9 种词典描述了使用 EDCS 中标准和可控的词汇表示何种对象可以建模，使用 DRM 中定义的类别如何建模。

3.4.3.3　环境数据编码规范（EDCS）

EDCS 提供了一种环境对象分类（命名、标记、标识等）的方法，同时将这些环境对象的属性（特征）关联在一起。EDCS 不依赖于任何模型，也不依赖于 SEDRIS 的其他技术，EDCS 相当于 DRM 的数据词典。

EDCS 实现了环境对象的分类，并将环境对象的属性进行阐明和相关联。可以理解为，EDCS 为 DRM 定义了相应的语义，明确地将 EDCS 的语义和 DRM 的语法分离，提供了环境数据描述和表示的标准编码方案。DRM 以类为核心，EDCS 则明确指定在一个特定的类中对一个具体对象的表示，以及对象的意义、属性和状态等信息的表示。这种灵活的表示方式和编码易于限定于编程语言和交换格式中，满足了编码完整、明确、标准、易扩充等要求，同时保证了到其他编码标准的映射。

EDCS规范由9种环境相关的EDCS词典支持，每个EDCS词典由许多不同特性且又有相同主旨的词典条目组成，见表3-7。

表3-7　EDCS词典定义

词典名称	词典定义概念
分类词典 EC (EDCS Classification Dictionary)	环境对象的类型
状态属性词典 EA (EDCS Attribute Dictionary)	环境对象的状态(即属性值)
属性值特征词典 EV (EDCS Attribute Value Characteristic Dictionary)	环境对象属性值的特征
属性枚举词典 EE (EDCS Attribute Enumerant Dictionary)	环境对象属性值的枚举表示
度量单位词典 EU (EDCS Unit Dictionary)	环境对象属性值的度量单位
度量单位比例词典 ES (EDCS Unit Scale Dictionary)	环境对象属性值的单位比例
单位转换词典 EQ (EDCS Unit Equivalence Dictionary)	环境对象属性值的单位转换
分组词典 EG (EDCS Group Dictionary)	一个EDCS组群对象代表一类主题， 实现一次编码任务中EDCS快速查询
组织表词典 EO (EDCS Organizational Schema Dictionary)	EDCS的组织计划,EDCS组群是 其成员

3.4.3.4　空间参考模型（SRM）

空间参考模型将建模对象无二义地置于公共综合环境中，它为空间位置信息的表达以及随后的使用提供统一的方法。设计SRM是为了对空间位置信息提供完整和准确的处理，并准确定义不同空间参考框架之间的关系。

空间数据描述几何属性，如位置、方向及距离。SRM确保多种方法描述的上述信息可在系统间进行交流转换。为描述SRM的功能，最好的方式是描述典型的问题如何被解答：

1）在综合环境中我在哪里（位置）?

2）我感兴趣的其他目标在哪里?

3）我可以对谁打击？谁可以打击我?

a）位置；

b）范围；

c）方向（方位角、倾斜角等）；

d）几何关系（视线等）。

需要指出的是，不同空间参考框架间的转换不能自动保存所有信息。只有使用的参考框架是相同的，所有信息才可以对应映射。SRM的必要性在于不同的团体使用不同的地球模型，如地球参考模型（ERM）、其他参考模型（ORM），即使是使用 ERM，也有多种坐标系。除此之外，使用的空间参考框架是相对运动系统而言的，如飞机，经常需要同时维护多个空间参考框架。

为了解决空间参考框架的转换，SRM 使用对象空间的概念，它是包含空间对象的真实或抽象的宇宙。这是一个三维矢量空间，该空间定义了参考点及各个轴的方向。空间对象（真实物理对象或抽象对象）置于这个对象空间中，对象空间可在位置空间中进行一般化，位置空间在所有方向建立了对象空间的逻辑扩展，其他对象的位置和方向将在对象空间定义的位置空间中描述，对象嵌入位置空间中。因此，如果描述对象的位置和方向，通常必须参考位置空间。所得结构将位置、方向和位置空间进行结合，称为对象参考模型模板（ORMT），它构建了 SRM 的骨架。总之，空间参考框架（SRF）用于在多维矢量空间中定位坐标，ORM 是嵌入 SRF 的参考对象的几何描述或模型，坐标系是一个空间范围。地心模型、体心模型分别使用 ERM、ORM 作为它们的参考对象。

不同空间参考框架的校准可在矢量空间之间等精度地完成。如果两个矢量空间是等价的，在两个空间参考框架中的对象不会丢失任何信息。如果它们不等价，ORMT 通过句法可发现出现的问题。详细来说，坐标转换（Coordinate Conversion）是在对象参考模型相同而坐标系不同的情况下，确定 SRF 中一个点的等同空间位置的过程；坐标变化（Coordinate Transformation）是在坐标系相同而对象参考模型不同的情况下，确定 SRF 中一个点的等同空间位置的过程。

这种方法可方便地将不同组织使用的等价坐标系进行基于标准的转换。它还可以使用简化的坐标系，如不考虑地球曲度或使用不同投影算法的地图。在基于 SRM 的链接库中会提供一些坐标转换方程。

3.5 体系行为建模方法

对体系行为建模，其本质是人类决策行为的建模，但其工程应用中的目标是刻画兵力在虚拟作战环境中的决策行为输出。目前在决策行为建模的实践中，大致可以分为传统基于知识工程的建模方法以及基于机器学习的建模方法等。

3.5.1 基于规则的行为建模方法

基于规则的行为建模方法通过对行为规则库的构造和决策算法的设计，为仿真实体赋予了自主推理和决策的能力。规则系统已经在人工智能领域得到了广泛的使用，其简单的逻辑结构易于军事作战仿真人员的理解和维护。

所谓规则就是事物发展过程中所遵循的规范与法则。用规则表示行为模型，主要分为两部分，一是条件，二是结果，即要采取的动作。当条件与已知的事实相匹配时，就执行规则的结果，其基本形式为：$c \rightarrow a$，或 if c then a ，其中 c 表示条件，是规则的输入；a 表示动作，是规则的输出。规则的条件和动作通常不止一个，而是若干条件和动作的合成，则规则的一般形式为：

$$<C, f_c(*)> \rightarrow <A, f_a(*)>, \text{或if} <C, f_c(*)> \text{ then } <A, f_a(*)> \tag{3-19}$$

其中 $C=\{c_1, c_2, c_3, \cdots, c_n\}$ 表示条件的集合，$f_c(*)$ 表示条件的合成公式；$A=\{a_1, a_2, a_3, \cdots, a_n\}$ 表示动作的集合，$f_a(*)$ 表示动作的合成公式。

由于规则的行为建模方法具有知识表达容易，推理逻辑简单，决策效率较高的特点，有利于知识的添加和修改，具有良好的可扩展性。但是这种方法同样存在以下不足之处：一是随着作战规模的扩大，规则库系统将变得更加庞大，复杂，不易于管理；二是推理的过程是静态的，行动的智能性不足；三是缺乏对不确定性知识的表达方法，导致一些模型不适用于规则的表达。

3.5.2　基于有限状态机的行为建模方法

有限状态机（Finite State Machine，FSM），是为研究有限状态的计算过程和某些语言类而抽象出的一种计算模型，有限状态机输入集合和输出集合都是有限的，并只有有限数目的状态。在计算机领域，FSM 是一个在自动机理论和程序设计实践中很常用的方法，简单来说，有限状态机表示的是系统根据不同输入/不同条件在各个状态之间进行跳转的模型。如图 3-9 所示，有限状态机用来表示有限个状态以及在这些状态之间发生的转移、变化等行为。有限状态机将系统生命周期划分为不同的状态，每个状态都有各自的行为且执行不同的计算过程，系统根据输入及状态的变化在不同的状态间进行状态转移。

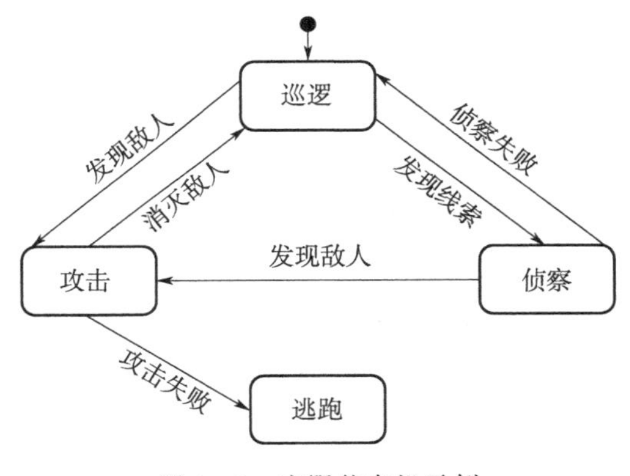

图 3-9　有限状态机示例

3.5.2.1　有限状态机的形式化描述

有限状态机的工作原理可以解释如下：给定一组状态集 S 和输入集 X，在 t 时刻，当输入和状态确定的情况下，通过状态迁移映射和输出映射，我们就可以确定有限状态机下一时刻的状态以及当前时刻的输出 $y(t)$。在开展计算机生成兵力（Computer Generated Force，CGF）的行为建模工作的过程中，如果我们明确了 CGF 实体行为模型的所有状态以及状态进行转移的所有触发条件，那么使用有限状态机就可以赋予 CGF 根据环境的变化和自身状态自主推理和决策下一步所采取行动的能力。这也是早期大多 CGF 作战仿真系统所采取的行为建模方法。

一个有限状态机一般包括以下几个部分：一个有限状态集，用于描述系统中的不同状态；一个输入集，用于表示系统所接受的不同输入信息；一个状态转移规则集，用于表述系统在接收不同输入时从一个状态转移到另一个状态的规则。有限状态机定义如下：

有限状态机是一个五元组

$$FSM = \left(Q, \sum, \delta, q_0, F\right) \tag{3-20}$$

其中，Q 是有限状态机中所有状态的有穷集合；Σ是能被识别的所有事件的集合；δ：$Q \times \sum \rightarrow Q$ 是状态转移函数；$q_0 \in Q$ 是起始状态；$F \in Q$ 是终结状态集合。

3.5.2.2　程序设计中的 FSM

由上面的表述我们得知，FSM 是对系统的建模，是将问题/解决方案以一种条理化系统化的方式表达出来，映射到人的认知层面，而要在程序中表达 FSM，也需要一定的建模工具，即用某种代码编写的方式（或称之为 FSM 模式），将 FSM 以一种条理化系统化的方式映射到代码层面，下面介绍一下常见的几种 FSM 实现模式。

（1）嵌套 if - else/switch 模式

if - else/switch 具有形式嵌套，代码集中化的特点，它只适合用来表达状态个数少，或者状态间跳转逻辑比较简单的 FSM。嵌套意味着缩进层次的叠加，如果状态间的逻辑变得复杂，所需要的缩进不断叠加，代码在水平方向上会发生膨胀；集中化意味着如果状态个数增多，输入变复杂，代码从垂直方向上会发生指数级别的膨胀。即使通过简化空分支，抽取逻辑到命名函数等方法来“压缩”水平/垂直方向上的代码行数，依然无法从根本上解决膨胀问题，代码膨胀后造成可读性和可写性的急剧下降。

（2）状态表

另一个比较流行的模式是状态表模式。状态表模式是指将所有的状态和跳转逻辑规划成一个表格来表达 FSM。以下表为例，系统中有两个状态 S1 和 S2，不算自跳转，S1 和 S2 之间只有两个跳转，我们用不同行来表示不同的状态，用不同的列来表示不同的输入，那么整个状态图可以组织成一张表格，见表 3 - 8。

表 3 - 8　状态表

State/Input	Zero	One
S1	δ ,S2	Null
S2	δ ,S1	Null

对应 S1 行，Zero 列的“δ，S2”表示当处于状态 S1 时，如果遇到输入为 Zero，那么就执行动作，然后跳转到状态 S2。在具体实现时它要求程序员将状态的划分和跳转逻辑细分到一定的合适大小的粒度，事件驱动的过程查找是对状态表的直接下标索引，性能也很高。状态表的大小是不同状态数量 S 和不同输入数量 I 的一个乘积 $S * I$，在常见的场景中，这张状态表可能十分大，占用大量的内存空间，然而中间包含的有效状态跳转项却

相对少，也就是说状态表是一个稀疏的表。

(3) 状态模式

状态模式一般基于面向对象编程（Object - oriented Programming，OOP）中的代理和多态实现。父类定义一系列通用的接口来处理输入事件，作为状态机的对外接口形态。每个包含具体逻辑的子类各表示状态机里面的一个状态，实现父类定义好的事件处理接口。然后定义一个指向具体子类对象的变量标记当前的状态，在一个上下文相关的环境中执行此变量对应的事件处理方法，来表达状态机。状态模式将各个状态的逻辑局部化到每个状态类，事件分发和状态跳转的性能也很高，内存使用上也相当高效，没有稀疏表浪费内存的问题。它将状态和事件通过接口继承分隔开，实现的时候不需要列举所有事件，添加状态也只是添加子类实现，但要求有一个 context 类来管理上下文及所有相关的变量，状态类与 context 类之间的访问多了一个间接层，在某些语言里面可能会遇到封装问题。

3.5.2.3 分层有限状态机（Hierarchical Finite State Machine，HFSM）

上节描述的 FSM 实现模式中，状态之间都是相互独立的，状态图没有重合的部分，整个状态机都是平坦的。然而实际上对很多问题的状态机模型都不会是那么简单，有可能问题域本身就有状态嵌套的概念，有时为了重用大段的处理逻辑或代码，我们也需要支持嵌套的状态。这方面一个经典的例子就是图形应用程序的编写，通过图形应用程序的框架（如 MFC，GTK，Qt）编写应用程序，程序员只需要注册少数感兴趣的事件响应，如点击某个按钮，大部分其他的事件响应都由默认框架处理，如程序的关闭。用状态机来建模，框架就是父状态，而应用程序就是子状态，子状态只需要处理它感兴趣的少数事件，大部分事件都由向上传递到框架这个父状态来处理。

这种事件向父层传递，子层继承了父类行为的结构，我们将其称为行为继承，以区别 OOP 里面的类继承，并把这种包含嵌套状态的状态机称为分层有限状态机。加上了对嵌套状态的支持之后，状态机的模型就可以变得任意复杂了，大大地扩大了状态机的适用场景和范围，如此一来用状态机对问题建模就好比用 OOP 对系统进行编程：识别出系统的状态及子状态，并将逻辑固化到状态及它们的跳转逻辑当中。

3.5.2.4 有限状态机的适用性

基于有限状态机的行为建模方法具有逻辑结构清晰、实现方法简单等特点，但是这种方法存在以下不足之处：

1）将 CGF 的存在形式表示成有限的、独立的状态，当作战的规模不断扩大以及作战逼真度不断提高时，必然会面临状态数量的指数暴增，这导致了系统难以监控从初始状态到最终状态的历史执行流，也难以从最终状态反向寻径返回到初始状态。这与早期高级编程语言的 GOTO 语句类似，属于对执行流的“一步控制”，不利于对仿真执行流进行监控和调试。

2）限制了行为的自主性，行为智能的智能性较低，通过有限状态机设计的行为模型难以映射到 CGF 实体自主智能行为的实现。

3.5.3 基于行为树的行为建模方法

行为树（Behavior Tree，BT）是一种形式化的建模语言，主要用于系统和软件工程，其概念最初由 Dromey 提出，并于 2001 年首次发表。它以模块化的方式描述有限任务之间的转移。行为树的强大之处在于用简单任务创建非常复杂的任务的能力，而不用考虑底层简单任务的执行过程。行为树的表达能力与分层有限状态机相似，但关键的不同点在于，行为树的主要构成要件是行为而非状态，同时行为树的构建方式易于人类理解，使其更不容易出错。

行为树最早用于计算机游戏产业中建立非玩家角色（Non - Player Characters，NPC）的行为，是商业游戏领域提出的 NPC 行为建模方法。行为树本质上是一个执行控制流，与状态机将系统划分为各个状态不同，行为树是将系统的原子行为节点和控制节点组织成一棵树，一个行为树就是一个特定逻辑的执行控制流。行为树通过父节点控制子节点的执行，可以选择执行哪个节点，也可以决定子节点的遍历顺序，叶子节点实现系统的原子行为。不论是叶子节点还是非叶子节点，执行过后都会将执行流控制权返还给父节点，由父节点决定控制流的走向，这类似于高级编程语言中的函数调用返回过程，属于“两步控制”方法。由于节点执行过后不需要控制执行流的走向，所以行为树中行为模块实现过程中不需要了解其他行为的信息，这提高了行为模块的模块化程度，便于系统的开发、维护、升级。

3.5.3.1 行为树形式化定义

行为树通常被定义为一个具有根节点的有向树 $BT=\langle V, E, \tau\rangle$，其中 V 表示行为树的所有节点集合，E 表示连接树节点的边的集合，$\tau \in V$ 为行为树的根节点。对于每一对连接的节点，定义发出节点为父节点，进入节点为子节点。根节点没有父节点，叶节点没有子节点。行为树的叶节点通常被认为是所表示任务的原子行为，根节点与叶节点之间的节点通常表示复合行为，由原子行为或其他复合行为组合而成，复合行为的分解可以理解为对行为的分层。

除了根节点，通常其他行为树节点可以分为选择节点（Selector）、序列节点（Sequence）、并发节点（Parallel）、装饰节点（Decorator）、条件节点（Condition）及动作节点（Action）六类。其中选择节点、序列节点、并发节点、装饰节点是常用的控制节点，通常表示一定的复合行为，来控制其他复合行为或原子行为。条件节点和动作节点是常用的执行节点。这些节点类型的具体含义描述如下：

1）选择节点，选择节点按照从左到右的顺序选择其子节点执行。如果任何一个子节点返回成功或正在执行，则立即返回当前子节点状态结果，并终止继续选择子节点。如果所有子节点都返回失败，则选择节点返回失败。此处所描述的规则为最常用的优先级选择节点传播规则，当然用户还可以定义其他类型的选择节点传播规则，如随机选择节点或记忆选择节点等。

2）序列节点，序列节点按照从左向右的顺序选择其子节点执行。如果任何一个子节点返回失败或正在执行，则立即返回当前子节点状态结果，并终止继续选择子节点。只有所有的子节点返回成功，序列节点才能返回成功。

3）并发节点，并发节点同时选择所有子节点开始执行。如果大于 M 个子节点返回成功，则并发节点返回成功，如果超过 $N-M$ 个子节点返回失败，则并发节点返回失败，否则并发节点返回正在执行。其中 N 为并发节点所包含的子节点数目，M 为所定义的并发节点成功的最少成功节点数目。

4）装饰节点，装饰节点只能有一个子节点，装饰节点设置某些条件来操控子节点的返回状态或限制 tick 信号向子节点的传递，如设置延迟等待时间等。

5）条件节点，条件节点检测某一条件是否满足，如果满足返回成功，否则返回失败。条件节点永远不会返回正在执行。

6）动作节点，动作节点执行一个原子行为，如果该行为顺利完成，则返回成功；如果该行为不能完成则返回失败，否则返回正在执行。

表 3-9 给出了行为树节点描述。

表 3-9　行为树节点描述

节点类型	返回成功	返回失败	返回正在执行
选择节点	当有一个子节点返回成功	当所有子节点返回失败	当有子节点返回正在运行
序列节点	当所有子节点返回成功	当有一个子节点返回失败	当有子节点返回正在运行
并发节点	大于 M 个子节点返回成功	超过 $N-M$ 个子节点返回失败	当有子节点返回正在运行
装饰节点	—	—	—
条件节点	条件满足	条件不满足	当动作正在执行
动作节点	动作完成	动作不能完成	—

3.5.3.2　基于行为树的 CGF 行为建模

行为树作为一种 CGF 行为建模工具，兼具计划的表示、决策与控制功能。行为树采用序列、选择、并发等控制节点，可以灵活组织各种计划的表示。各种类型装饰节点的定义进一步增加了其对计划和策略表示的灵活性。行为树采用统一的接口规范，在每个运行周期，所有的节点都会返回成功、失败或正在执行的节点状态。这种机制一方面能够实时监控决策模型的运行，及时做出响应；另一方面，统一的接口使得每个行为子树都是自包含可独立运行的，子树的模块化是模型扩展的基础，能够有效地支持增量式的开发模式。总体而言，采用行为树作为 CGF 行为模型的表示方法，能够满足所生成的模型具有可解释性强，容易测试、调试和校验，可重用易扩展的需求。

采用行为树进行 CGF 行为建模，通常需要根据该实体的任务能力对其功能进行分类，构建一个主行为树作为实体的任务选择逻辑，为其他每个任务能力都构造相应的任务子树，被主树所调用。首先为 CGF 所构建的所有完成任务的行为树模型都被存储在知识库当中。当明确了 CGF 的任务目标后，CGF 会从知识库中选择完成该任务的行为树，并加载具体的模型参数，根据所感知的态势信息，完成该任务的行为树按照行为树的触发逻辑选择叶子节点。该行为树的叶子节点可能是 CGF 能够执行的原子行为，如机动或通信报告，也可能是复杂的子任务复合行为，如果是后者需要继续在知识库当中调用其他的行为子树直到输出可执行的原子行为。这种建模方式满足组件化的设计思想，支持模型的重用和模型粒度调整时的灵活可扩展。

3.5.4 基于人工智能的行为建模方法

随着武器装备等军事科技的快速发展，无论是作战行动实体，还是指挥决策人员，所面临的对抗环境越来越表现出复杂、动态、实时、决策空间大的特点，这使得基于仿真的实验和训练中，军事想定的复杂性在不断加大，致使传统基于知识工程方法所产生的 CGF 行为模型真实性越来越低，因而制约了仿真实验和训练的效果。随着机器学习（Machine Learning，ML）技术在机器人、游戏等领域的广泛研究和应用，采用学习方法进行智能体行为模型自主生成和优化已成为一种重要的知识获取方式。

不同于传统面向机理的建模方式，机器学习采用的是满足模型输入输出数据要求的统计性建模方式，将传统建模中对模型机理和参数进行探究描述的主要任务转移到反映模型输入输出的样本数据的获取。对于体系行为建模而言，采用机器学习方法具有以下优势：一是由于人脑内部认知逻辑本身的复杂性，构建机理模型困难，因此通过获取实际仿真对象的任务评估指标或实际行为轨迹数据，采用学习方法建模是有天然优势的；二是采用学习方法生成行为模型，可以对行为模型进行增量式演化，模型适应性更强。

数据是学习经验的源泉，根据样本数据的反馈类型，通常可以将机器学习分为监督学习、无监督学习、半监督学习等，如图 3－10 所示。监督学习与无监督学习是根据是否存在标签信息的训练数据来区分的，即如果每一个输入样本都对应一个标签信息，那就是监督学习，没有人工标签就是无监督学习，监督学习中，最常见的是分类问题，通过对标签数据的学习得到一种最优化模型，对输入做出判断或分类等；无监督学习，最常见的问题是聚类问题，在数据类别未知的情况下，根据样本间的相似性对样本分类并试图使类内差距最小化，类间差距最大化；半监督学习是介于监督学习和无监督学习之间的一种机器学

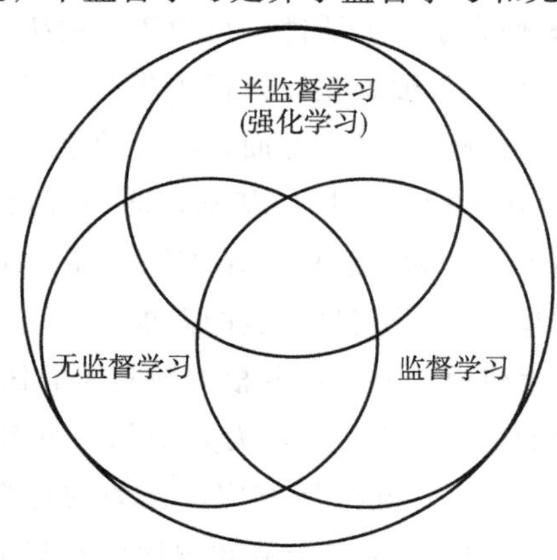

图 3－10 机器学习的分类

习方式，它同时利用有标签和无标签数据训练，强化学习（Reinforcement Learning，RL）是借助智能体与环境的交互获得奖励结果来训练，相当于通过与环境的交互获得数据的标签，因此通常也将强化学习收入半监督学习。针对体系行为建模，通常可采用强化学习方法，通过观察仿真对象的态势感知信息和决策行为表现，结合军事领域专家知识，实现行为的智能化建模。

强化学习有很多监督学习和无监督学习所不具备的特征，其一是强化学习要寻求广度和深度的平衡，智能体为了达到最高奖励，需要利用随机性来探索广度和深度的可能性；其二是要明确地考虑目标导向的智能体和不确定环境的相互作用问题。强化学习的发展和典型分类如图 3-11 所示。

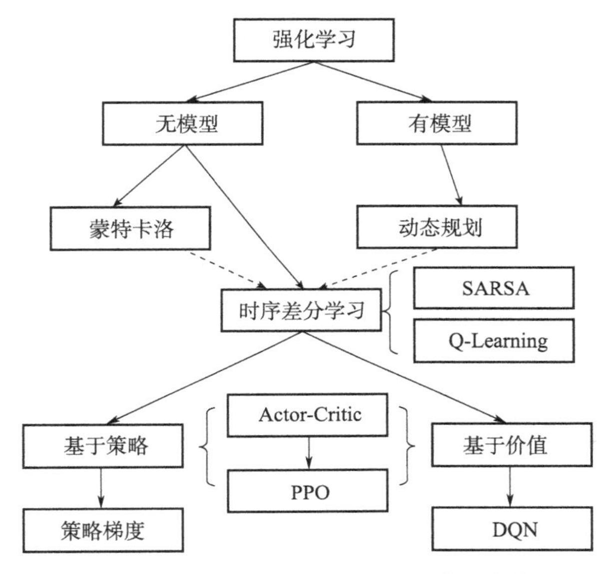

图 3-11　强化学习算法的发展和典型分类

强化学习有很多按不同角度进行分类的方法，例如按有无模型可分为有模型学习和无模型学习两大类，其中有模型学习比较典型的是动态规划方法，有完整、准确的状态转移函数和奖赏函数，无模型学习比较典型的是蒙特卡洛方法，不需要具体模型，通过对样本回报求平均的方法来解决强化学习问题；时序差分学习充分借鉴了蒙特卡洛和动态规划两种方法的思想，其所采用的价值函数迭代方式有两种策略，即在策略（on-policy）（例如 SARSA 算法）和离策略（off-policy）（例如 Q-Learning 算法）。同时，强化学习还可以按学习方法分为基于策略（Policy-Based）和基于价值（Value-Based），以及结合二者优势的行动者-评论家（Actor-Critic）等类型，其中基于策略的强化学习方法没有价值函数，直接对策略进行优化期望向着更好的策略更新，典型的如策略梯度（Policy Gradient）算法；基于价值的强化学习方法有价值函数，根据当前的状态计算下一步每个行为的价值，从而进行行为选择，典型的如 DQN（Deep-Q-Network）算法；行动者-评论家强化学习方法中，行动者、评论家分别采用基于策略、基于价值的学习方法，以兼顾动作空间求解和学习效率。

3.5.4.1 马尔可夫决策过程（Markov Decision Process，MDP）

在强化学习领域中，马尔可夫决策过程是一个关键和重要的概念，一般包含观察、行为和奖励等三方面。观察是指行为模型通过感知渠道获取一系列对环境的观察值，然后通过这些观察值得到当前环境状态信息；行为是指基于当前的环境状态信息，行为模型决策后所采取的行动；奖励是指行为模型完成动作后从环境中获得的奖赏或惩罚，在仿真中表征为对动作的评估。处于新环境下的行为模型将会继续获得新的观察值，做出新行动，从而得到行为模型一系列的状态-行动序列，行为模型的目标就是获得尽量多的奖励，从而获得最高的“分数”。

马尔可夫决策过程可以由一个五元组来描述 $MDP=\langle s, a, P, r, \gamma\rangle$，如图 3-12 所示。

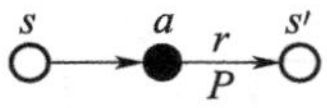

图 3-12 MDP 组成元组

其中，a 表示动作（Action），是行为模型所执行的动作，在环境中表现为行为模型所体现出来的各种行为选择；s 表示状态（State），是行为模型所处的状态，通常是以观察值表示或替代的数据集合；r 表示奖励（Reward），是行为模型在特定状态下执行特定行动所获得的量化环境反馈。对于奖励的定义有两种不同形式，一是表示在进入某特定状态时获得特定的奖励，二是表示当离开特定状态时获得的特定奖励，在仿真建模过程中通常结合军事领域专家对决策任务的评估准则来定义奖励函数，P 表示状态转移概率，是指行为模型在特定状态 s 下，采取特定动作 a 后，转换到状态 s' 的概率；γ 表示折扣因子，由于环境中状态数量庞大，并且通常会存在状态间的无限循环，因此利用折扣因子实现对环境反馈的计算收敛。

针对 MDP 问题，智能体要取得最大化的奖励，就需要将智能体与环境交互过程中所获全部即时奖励的和并乘上折扣因子，直观上降低未来的环境奖励对当前行动选择的影响，因此可以用来描述状态、动作对于算法目标的好坏程度，定义长期回报如下：

$$R(t)=\sum_{k=t+1}^{T}\gamma^{k-t-1}r_k \tag{3-21}$$

$R(t)$ 表示本次采样的回报值。为了量化行为模型选择行动的过程，将行为模型在不同状态下选择行动的概率定义为策略，一般使用 π 表示。策略将作为行为模型在不同状态下选择行动的依据，即为关于行动的概率分布。为便于描述问题中智能体的行动，可以将策略分成两类：随机策略和确定性策略。

随机策略定义如下：

$$\pi(a\mid s)=P[a_t=a\mid s_t=s] \tag{3-22}$$

式（3-22）表示在状态 s 下，每个动作都有被选择的概率。而确定性策略表示，在特定状态下，确定地指定要执行的行动：

$$a=\pi(s) \tag{3-23}$$

MDP 问题的目标是在交互中获得最大化的预期回报，采用价值函数量化不同状态或者行动对于完成目标所能提供的贡献大小，价值函数根据定义方式的不同，分为状态价值函数和行动价值函数。

状态价值函数定义如下：

$$V_{\pi}(s)=E[R(t)\mid s_t=s] \tag{3-24}$$

E 代表期望值，$V_{\pi}(s)$ 表示在状态 s 下，以策略 π 为选择行动的根据，所产生的长期回报的期望。

行动价值函数定义如下：

$$Q_{\pi}(s,a)=E[R(t)\mid s_t=s,a_t=a] \tag{3-25}$$

$Q_{\pi}(s,a)$ 行动价值函数，表示在状态 s 下，执行一个特定的行动 a 之后，以策略 π 为选择行动的依据，所产生的长期回报的期望。

通过上述描述可知，通过应用价值函数，就可以对任意行为状态进行描述。在实际解决强化学习问题时，就可以根据 $V_{\pi}(s)$，找到达到 $V_{\pi}(s')$ 最大的下一个状态的办法，或者根据 $Q_{\pi}(s,a)$ 值，在每个状态下，选择能使 Q 值最大的行动，即可解决强化学习 MDP 问题。因此，优化策略的问题被转化成了求解 $V_{\pi}(s)$ 和 $Q_{\pi}(s,a)$ 的过程。

3.5.4.2　动态规划方法（Dynamic Programming，DP）

动态规划是一种通过把原始的复杂问题划分为简单的子问题，对子问题求解，最后把子问题的解结合起来解决原问题的方法，并且动态规划是指可以用于在给定完整的环境模型是马尔可夫决策过程的情况下计算最优策略的算法集合。为简化环境，通常假设环境是有限的马尔可夫决策过程，即假设环境的状态、行为和奖励集合是有限的，并有一组概率 $p(s',r\mid s,a)$ 来决定转移概率。动态规划是用价值函数来组织构建一种搜索，从而找到好的策略，一旦找到最优价值函数，可以很容易地获得最优的行为策略。

3.5.4.3　蒙特卡洛方法

动态规划方法，是一种较为理想的状态，即所有的参数都提前知道，比如状态转移概率及奖励等等。然而仿真过程中由于战场环境的复杂性和实体要素的复杂性，使得很多时候真实情况是未知的，也就是说对环境的了解不是完全的，这时就可以使用蒙特卡洛方法。不同于动态规划方法中所用到的所有转移概率的完整分布函数，蒙特卡洛方法需要的仅仅是经验（与环境进行真实的或者模拟的交互所得到的状态、行为、奖励的样本序列），在相当多情况下很容易从目标的概率分布函数中进行抽样得到样本，可是很难获得这个分布的显式形式。

蒙特卡洛方法是基于对样本回报求平均的思想来解决强化学习问题的。为保证能够得到良好的回报，定义蒙特卡洛方法仅适用于回合制任务。假设经验被分成一个个的回合，且对每个回合而言，不管选择什么行为都会结束。只有在事件结束时，价值估计和策略才会改变，蒙特卡洛方法能够写成逐个回合的增量形式。

考虑在给定策略的情况下，用蒙特卡洛方法学习状态价值函数，一个状态的价值等于从这个状态开始的期望回报（未来折扣奖励累积的期望），一个显而易见的期望回报估计方法是对经验中的所有这个状态的回报求平均，随着更多的回报被观察到，这个平均值会收敛于它的期望值，即期望回报。

3.5.4.4 时序差分学习（Temporal - Difference Learning，TD）

时序差分学习方法是蒙特卡洛思想和动态规划思想结合所产生的方法，是强化学习方法中的核心。TD 和蒙特卡洛方法均使用经验来解决预测问题，蒙特卡洛方法需要回合结束才能确定价值函数的增量，TD 方法需要等到下一个时刻，并在下一个时刻使用观察到的奖励（R_{t+1}）进行更新。

蒙特卡洛方法如下：

$$V(s_t) \leftarrow V(s_t) + \alpha[R_t - V(s_t)] \tag{3-26}$$

其中，R_t 是跟随时间 t 的实际回报，α 是一个恒定的步长参数，将此方法称为恒定 α 的 MC 方法。

TD 方法如下：

$$V(s_t) \leftarrow V(s_t) + \alpha[R_{t+1} + \gamma V(s_{t+1}) - V(s_t)] \tag{3-27}$$

使用 TD 方法来解决决策控制问题，需要遵循广义策略迭代模式，与 MC 方法一样，也面临对广度和深度的权衡，有两个基本的类型：在策略和离策略。

在策略 TD 控制方法的第一步是学习行动价值函数，依据当前行为策略 π，由状态 s 和行为 a 估计 $Q(s, a)$。TD 下状态价值收敛的定理也适用于相应的行为价值算法，故存在如下关系：

$$Q(s_t, a_t) \leftarrow Q(s_t, a_t) + \alpha[R_{t+1} + \gamma Q(s_{t+1}, a_{t+1}) - Q(s_t, a_t)] \tag{3-28}$$

由于此规则使用五元组（s_t，a_t，R_{t+1}，s_{t+1}，a_{t+1}）来表征，因此该算法也被称为 Sarsa。

强化学习的早期突破之一是开发了一种名为 Q - Learning 的离策略 TD 控制算法，Q - Learning 主要用行动价值函数 $Q_\pi(s, a) = E[R(\tau) \mid s_t = s, a_t = a]$ 学习策略，其定义如下：

$$Q(s_t, a_t) \leftarrow Q(s_t, a_t) + \alpha[R_{t+1} + \gamma \max_a Q(s_{t+1}, a) - Q(s_t, a_t)] \tag{3-29}$$

在这种情况下，学习的行为价值函数 Q 直接近似 Q_*，即最优行动价值函数，这极大地简化了算法的复杂度并证明了其收敛性。

3.5.4.5 行动者-评论家算法（Actor - Critic，AC）

强化学习的一个核心问题是在动作空间和学习效率间寻找一个平衡点。AC 算法通过将基于策略的方法与基于价值函数的方法结合起来，兼具连续动作空间求解和学习效率方面的优势。AC 算法的基本思想是将算法分成了两个部分，其中一部分是行动者（Actor），作为算法中用来与环境进行交互更新的参数网络，基于策略梯度方法；另一部分就是评论家（Critic），利用带参数价值函数对状态的价值进行估计，从而指导策略的更新。AC 算法流程示意如图 3 - 13 所示。

智能体在交互环境中得到当前的状态 s，作为策略网络和价值网络的输入，策略网络输出当前策略的行动 a 对环境产生影响，得到当前状态-行动所对应的奖励 r，通过计算 TD 偏差，价值网络进行自身的迭代，使价值网络的输出更接近真实价值函数，同时对策略网络的更新进行指导，完成算法参数的更新。

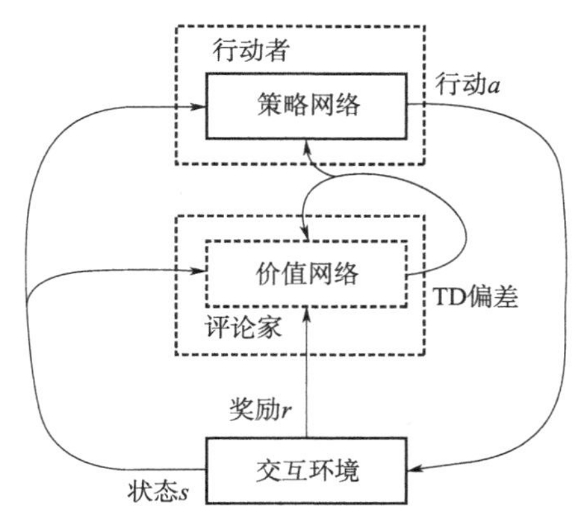

图 3-13　算法流程示意

在 AC 算法中，假设某一行为序列所有动作的奖励回报都是正的，会造成算法具有很高的方差，为了应对这一问题，在 AC 算法的基础上引入基线函数来解决这一问题，基线函数的特点是在不改变策略梯度的同时降低其方差，引入基线函数后的 AC 算法称为 A2C 即 Advantage Actor－Critic 算法。

A3C（Asynchronous Advantage Actor－Critic）算法在 A2C 基础上，采用多线程的方式进行训练，通过几个独立的副本网络去单独学习训练，然后将收集到的数据用于异步更新全局网络模型参数，全局网络再适时地将最新的参数分发给各个副本网络，使各副本网络拥有最新的知识。由于 A3C 通过在多个环境实例中并行的执行多个行为模型，各个环境实例由于探索的随机性，所产生的数据各不相同，从而打破数据的相关性，避免行为模型收敛到一个固定的策略中。

3.6　本章小结

复杂系统多表现为连续离散混合、定性定量混合的系统，由于其规模大、构成和行为复杂、相关知识不完善，行为具有模糊性、不确定性、难以量化、自适应、混沌、涌现、博弈等特点，很难建立起精确的模型来描述它，以至于传统的机理分析等方法难以适用于复杂系统的研究，同时由于复杂系统难以进行直接实验的性质，使得建模与仿真成为复杂系统研究中主要的科学方法和工具。本章从仿真的三要素和三项基本活动讲起，阐述了复杂系统仿真是如何利用先验知识建立近似（几何相似、物理相似、环境相似、行为相似等）模型，复杂系统建模过程中有哪些基本要素与基本考虑？即为了构造一个复杂系统的“替身”，我们要做些什么？

随着计算机、通信和人工智能技术的发展，建模与仿真方法学也一直致力于更自然地抽取事物的特征、属性和实现其更直观的映射描述，寻求使模型研究者更自然地参与仿真活动的方法，从单纯处理数学符号映射的计算机辅助仿真，到具有多维信息空间映射与处理能力的仿真，逐步形成人、信息、计算机融合的，且具有高度集成化、智能化、数字化等特征的仿真，以期在复杂系统研究中发挥更大的作用。

参 考 文 献

[1] SPRIET J A，VANSTEENKISTE G C. 计算机辅助建模和仿真 [M]. 北京：科学出版社，1991.

[2] 吴重光. 仿真技术 [M]. 北京：化学工业出版社，2000.

[3] 刘兴堂，刘力，宋坤，等．对复杂系统建模与仿真的几点重要思考 [J]. 系统仿真学报，2007 (8)：114 - 117.

[4] BERNARD P Z. Exploiting HLA and DEVS to promote interoperability and reuse in LockHeed' s corporate environment [J]. Simulation，1999 (5)：288 - 295.

[5] 胡晓峰．复杂系统建模仿真的困惑和思考 [M] //新观点新学说学术沙龙文集. 北京：中国科学技术出版社，2011.

[6] 肖田元．仿真是还原论与整体论建模的桥梁 [M] //新观点新学说学术沙龙文集．北京：中国科学技术出版社，2011.

[7] 肖田元，张燕云，陈加栋．系统仿真导论 [M]. 北京：清华大学出版社，2000.

[8] BERNARD P Z. DEVS representation of dynamical systems：Event - based intelligent control [C]. Proceedings of The IEEE，1989，77 (1)：72 - 80.

[9] HONG K J，KIM T G. Devsif：relational algebraic devs intermediate Format [A]. Sup Kwon，2002.

[10] GWSTALT A. Requirements for composable simulations [R]. Virginia：DMSO，2003.

[11] 金士尧，李宏亮，党岗，等．复杂系统计算机仿真的研究与设计 [J]. 中国工程科学，2002，4 (4)：52 - 57.

[12] MARIZINOTTO A，COLLEDANCHISE M，SMITH C，et al. Towards a unified behavior trees framework for robot control. IEEE International Conference on Robotics and Automation [C]. 2014：5420 - 5427.

[13] LINZ P. 形式语言与自动机导论 [M]. 北京：机械工业出版社，2005.

[14] COLLEDANCHISE M，ÖGREN P. Behavior Trees in Robotics and AI：An Introduction [J/OL]. CoRR，2017，abs/1709. 00084. http：//arxiv. org/abs/1709. 00084.

[15] 郝立山，等．基于规则的 CGF 实体行为建模技术 [J]. 火力与指挥控制，2015，40 (1)：96 - 99.

[16] 刘小玲，潘巨辉．FSM 在海军作战仿真 CGF 中的应用 [J]. 计算机仿真，2007，37 (8)：28 - 31.

[17] 吴扬波，贾全，王文广，等．基于规则推理的海战仿真实体决策方法 [J]. 火力与指挥控制，2009，34 (8)：30 - 33.

[18] 林敏，张传海．基于数学手段的复杂系统仿真方法研究概述 [C] //系统仿真技术及其应用（第 15 卷). 北京：中国科学技术大学出版社，2014.

[19] 王正中．基于演化的复杂系统建模与仿真研究 [J]. 系统仿真学报，2003，15 (7)：905 - 909.

[20] 李伯虎，等．现代建模与仿真技术发展中的几个焦点 [J]. 系统仿真学报，2004，16 (9)：1871 - 1878.

[21] 王国玉，汪连栋，等．雷达电子战系统数学仿真与评估 [M]. 北京：国防工业出版社，2004.

第 4 章　体系仿真模型框架与仿真平台

体系仿真模型框架与仿真平台是体系模型建模与仿真的重要组成基础。体系仿真模型框架是体系仿真模型的总体框架，描述了用于体系建模与仿真的仿真模型的基本组成、属性和信息交互关系等。体系仿真平台是支撑开展体系仿真的一系列基础性软件平台，具备仿真模型开发与管理、仿真模型调度与时间推进、仿真态势显示与仿真分析评估等体系仿真功能，一般由一系列软件工具组成。

体系仿真模型框架是体系仿真平台的重要技术基础，是对仿真系统中的基础仿真模型的层次化描述，结合模型继承、模型组合等方法，实现仿真模型组件的灵活装配和挂载，从而实现仿真模型的重用性，提升仿真模型应用的灵活性。仿真模型体系框架在扩展防空仿真系统（Extended Air Defense Simulation，EADSIM），柔性分析建模与训练系统（Flexible Analysis and Inission Effectiveness System，FLAMES）等国外主流推演仿真系统中应用较为广泛。

4.1　体系仿真模型框架

4.1.1　体系仿真模型框架概述

为了便于对体系仿真模型进行分类划分，支撑体系仿真模型框架的设计与构建，满足体系仿真应用建模的需求，可以从层次、形式、类型等三个维度，对体系仿真模型进行分类描述，如图 4－1 所示。

按体系级仿真模型的形态及其对描述对象的抽象程度，将仿真模型分为军事概念模型、数学逻辑模型和仿真程序模型三类。

1）军事概念模型是对现实世界复杂军事对象（实体）的概念化抽象，是以结构化和规范的语言对军事对象及其活动的定性文本化描述，目的是消除对同一问题的二义性理解，构建起军事人员与仿真技术人员之间的沟通桥梁，为模型及仿真的校核、验证和确认（VV&A）提供参照。

2）数学逻辑模型是对现实世界军事对象（实体）的数学化抽象，是以数学和逻辑语言对军事对象及其活动的定量化描述，本质是对军事概念模型中定性描述的概念和过程进一步抽象为定量表示的规则、知识、条件和约束，是仿真应用开发的基础。

3）仿真程序模型是在计算机上（编译）可运行且能反映仿真对象特征的仿真程序，是以数学逻辑模型为基础、以计算机程序语言对现实世界军事活动高度抽象化的描述，具体形式包含可执行文件、静态/动态链接库、源代码等。

按照模型对象及模型用途对仿真模型进行分类，可以将体系级仿真应用系统中的仿真

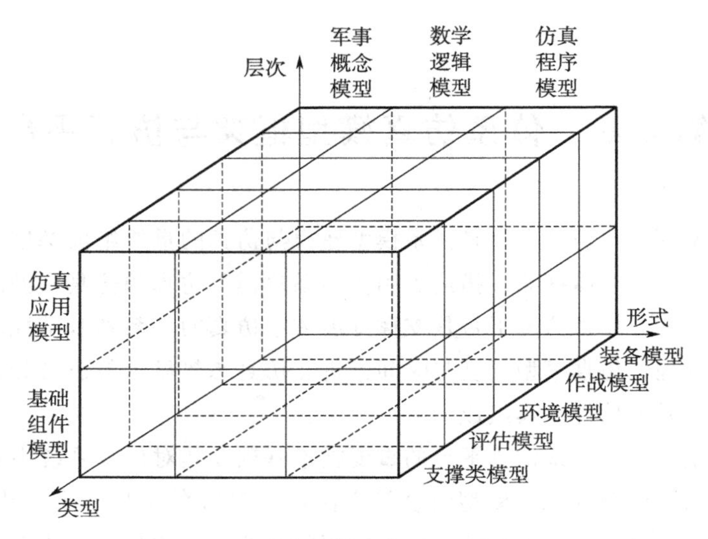

图 4－1 仿真模型体系三维框架

模型分为装备模型、作战模型、环境模型、评估模型以及支撑类模型五类。

1）装备模型，是对装备、装备组成单元及其之间关系、装备作战过程的抽象化描述，主要反映装备实际性能和关键作战流程。

2）作战模型，是对作战过程中，各级指挥所决策、指挥与控制活动、关系及规则的抽象化描述，主要考虑体系对抗仿真中各作战单元的运用原则以及指挥决策规则，执行作战任务的流程和规则。

3）环境模型，是在一定的战场空间内，对作战有影响的环境要素的抽象化描述，包括自然环境和人为干扰环境。自然环境主要考虑作战空间内的地理、气象、空间、海洋等因素，以及自然环境对装备作战的影响效应，人为干扰环境主要考虑电磁干扰、水声干扰等人为干扰因素。

4）评估模型，是为完成基于数据的系统/体系性能/效能评估任务，对评估过程中问题及方法的抽象化描述，主要考虑评估指标体系构建、评估方法描述和评估数据获取等内容。

5）支撑类模型，是指仿真应用中基础性、共用性模型，主要包括公用的坐标转换、通视分析、杂波计算、随机数生成、插值算法、相对态势计算、条件判断等，可以采用服务的形式由其他四类模型调用，并可以不断迭代积累。

根据仿真模型在仿真平台中的层次，可以将体系仿真模型分为基础组件模型和仿真应用模型。

1）基础组件模型是依据仿真模型框架实现的基础模型，是仿真平台中的共用仿真模型，可以通过继承、组合、装配等形式实现其他仿真应用模型。

2）仿真应用模型是以仿真模型框架和基础组件模型为基础，依据仿真应用系统建设需求，针对特定应用领域，专门开发的仿真模型。

4.1.2　体系仿真模型框架设计原则

体系仿真模型框架需要针对体系级仿真应用系统开发的现实需求，依据通用化、组件化、参数化、全要素、可组合、可重用的设计原则，采用分层分类的方式进行设计。

1）通用化。体系仿真模型框架应该具备一系列通用仿真模型组件，基础仿真模型组件。

2）组件化。体系仿真模型框架应该将通用仿真模型进行分类构建，形成模型组件，一般依据装备部件组成进行组件分类划分。

3）参数化。体系仿真模型框架中的仿真模型应包含可设值的参数，可以通过设定不同参数实现对不同装备型号的仿真。

4）全要素。体系仿真模型框架应覆盖全面，包含多个领域的基础模型，最大限度上满足不同领域、不同应用和不同装备模型的建设要求。

5）可组合。体系仿真模型框架应支持通过组合的方式实现模型复用，例如通过功能部件模型组合形成装备平台模型。

6）可重用。体系仿真模型框架应支持最大程度模型重用，可以采用组合、继承等多种方式进行重用。

4.1.3　国外典型仿真模型框架

4.1.3.1　扩展防空仿真系统

扩展防空仿真系统 EADSIM 是一个集分析评估、训练、作战规划于一体的作战仿真系统，包括空中、导弹、空间作战中所涉及的各种参演角色的实体模型和作战模型，能够满足以 C^4ISR 为中心的导弹战、空战、空间战以及电子战等作战样式，可以实现一对一到多对多的作战模拟。2021 年，EADSIM 发布了第 20 版，包含了模型和平台在内的新功能升级。

EADSIM 仿真系统模型采用层次化结构，其中上层为任务领域模型，下层支撑的是物理模型与行为模型。EADSIM 的仿真模型体系框架如图 4-2 所示，其模型信息交互关系如图 4-3 所示，模型推进关系如图 4-4 所示。

EADSIM 仿真系统的任务领域模型依赖物理模型作为支撑，其核心的物理模型包括机动模型、传感器模型、通信模型、干扰机模型、武器交战模型、地形/环境模型。

1）机动模型包括固定翼和旋转翼飞机、巡航导弹、弹道导弹、舰船、卫星和地面机动平台等。机动模型包含多种具体算法实现：按照空气动力学特性进行飞行路线计算、按照给定航路点差值拟合进行飞行路线计算、直接使用外部给定的飞行路线、通过外部分布式仿真接口获取其他仿真系统的飞行路线等。

2）传感器模型包括雷达、红外、被动式射频、雷达告警、信号情报等 9 类传感器模型。传感器模型首先检查与目标之间是否通视，然后通过检测函数计算目标探测结果。

3）通信模型包括网络模型、消息模型、通信装备模型等。网络模型可以指定相互通

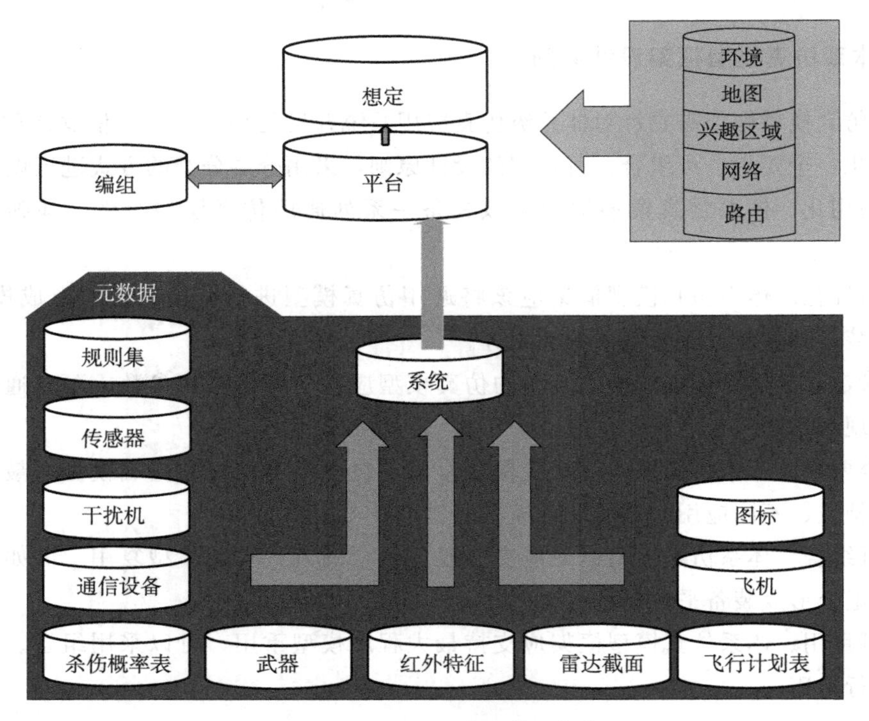

图 4-2　EADSIM 模型体系框架

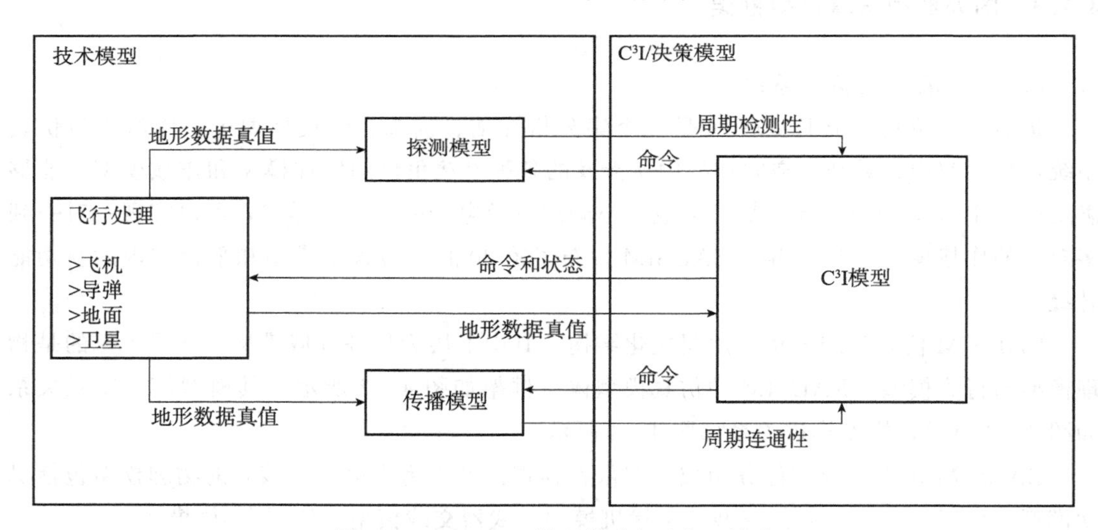

图 4-3　EADSIM 模型体系主要交互关系

信的对象和类型，用于网络发送和消息传输。通信装备模型考虑无线电传播、地形和地球几何曲率以及干扰的影响。

4）干扰机模型包括干扰机及其对传感器和通信的影响模型。干扰机模型主要模拟对主瓣、旁瓣和尾瓣的影响，并影响毁伤的概率。

EADSIM 按时间帧周期的方式推进模型的仿真时间，每个帧周期内处理运动、指控、探测、信号传输等，如图 4-4 所示。

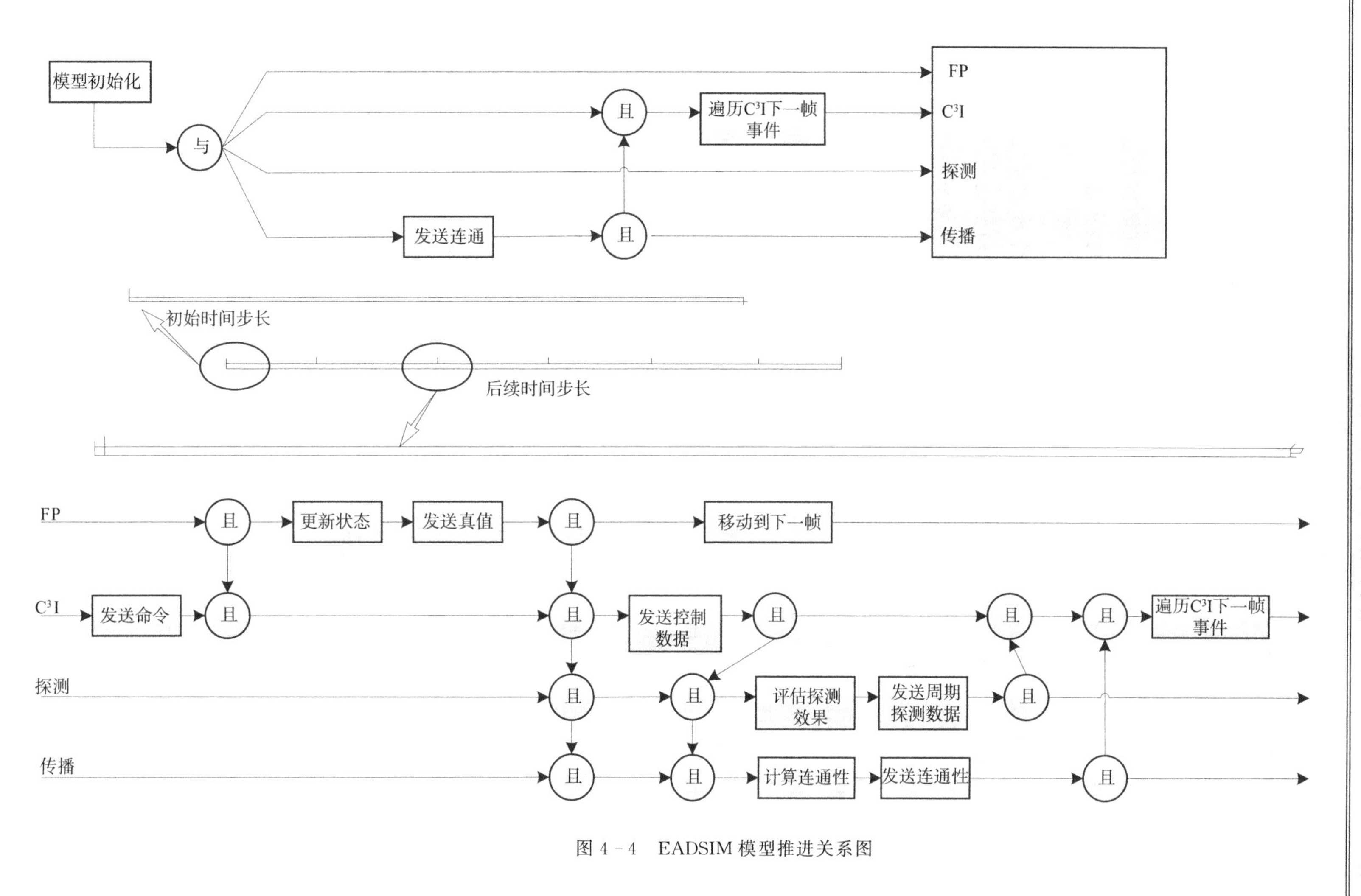

图4-4　EADSIM模型推进关系图

5）地形/环境模型包含地形、环境、气象等模型。地形模型主要基于地理高程数据（DTED）进行构建，地形模型可以对射程、运动、传感器探测区、通信能力产生影响。另外还包括标准大气环境模型及其对飞行和射频传播的影响模型。气象模型主要模拟整个想定区域范围内的大气层和电离层。

EADSIM 拥有空中、导弹、空间作战中所涉及的各种参演角色的实体模型和作战模型。其中实体模型包括陆、海、空、天系统等可实施进攻、侦察和防御行动的模型，具体涉及固定翼和旋转翼飞机、弹道导弹和巡航导弹，卫星等空间侦察和通信平台，执行攻防任务的地面平台，以及 C^4ISR 模型等。

EADSIM 按照交战中打击武器与目标之间的空间关系，为作战武器建立了各种武器系统的 4 类通用交战模型，分别是空对地、地对空、地对地、空对空交战模型。

1）空对地交战模型包括自由落体航弹、反辐射导弹、弹头及其他空对地导弹，交战过程既可按照预先制定好的计划执行，也可动态执行临机任务。需要注意的是，空对地交战模型也支持使用受控平台增加巡航导弹、无人机等某些特定类型武器系统交战过程的仿真度。

2）空对空交战模型包括半主动和“发射后不管”空对空导弹交战模型，前者需要维持飞机对目标的跟踪，后者由于不要求飞机对已发射的导弹进行跟踪，因此决定了飞机可连续对不同的目标进行交战。

3）地对空交战模型描述防空导弹、高炮系统对飞机和战术导弹的作战过程。

4）地对地交战模型包括弹道导弹和巡航导弹模型。地对空和地对地交战中，对目标的毁伤程度均由目标毁伤概率计算得出。

4.1.3.2 柔性分析建模与训练系统

美国 Ternion 公司 20 世纪 80 年代中期开发研制，并于 2001 年公布了一款仿真开发软件——柔性分析建模与训练系统 FLAMES。FLAMES 是基于行为仿真的开放式仿真框架软件，软件本身不能满足用户的具体仿真要求，它仅是一个仿真框架，用户可以在此仿真框架的基础上建立各种装备模型、行为模型和消息模型，形成符合自己需求的仿真软件。

为实现模型通用化和可重复性，FLAMES 中的仿真实体采用组件化的建模方法，仿真模型框架主要包括环境模型、实体模型和辅助模型三大类，实体模型又由装备模型组件和决策模型组件构成，如图 4－5 所示。

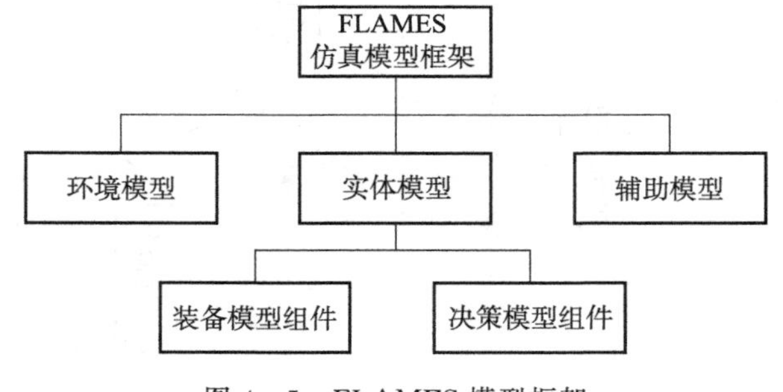

图 4－5　FLAMES 模型框架

FLAMES 中提供了上述各类模型的父类，这些父类中设计了供仿真引擎调用的多种功能函数（都是纯虚函数，具体功能需要开发人员实现，对于决策模型组件其功能函数类型还可以扩展），继承相应的父类并实现相关功能函数即可完成相应模型组件的开发。在这些功能函数中，ClassInitialize（）是所有模型组件都有的基础功能函数，FLAMES 加载模型时首先启动这一功能函数，再通过这个函数来设置（或启动）其他功能函数（以下统称为扩展功能函数）。为了提高开发效率，FLAMES 中还提供了所有模型组件的子类示例和模型组件拷贝工具，通过拷贝方式能够快速生成开发人员所需的模型组件原型。

（1）实体模型

①装备模型组件

装备模型组件用来模拟各种类型装备的特征和行为属性。这些装备模型组件可以通过实体和外部环境或其他加载这些装备模型组件的实体进行交互，一个实体如果没有附加的装备模型，它就不能移动、感知环境或其他实体，也无法消灭实体。装备模型组件分为通信装备、数据处理器、电子干扰装备、武器系统、子系统、传感器、平台和弹药等 8 类，如图 4 - 6 所示。

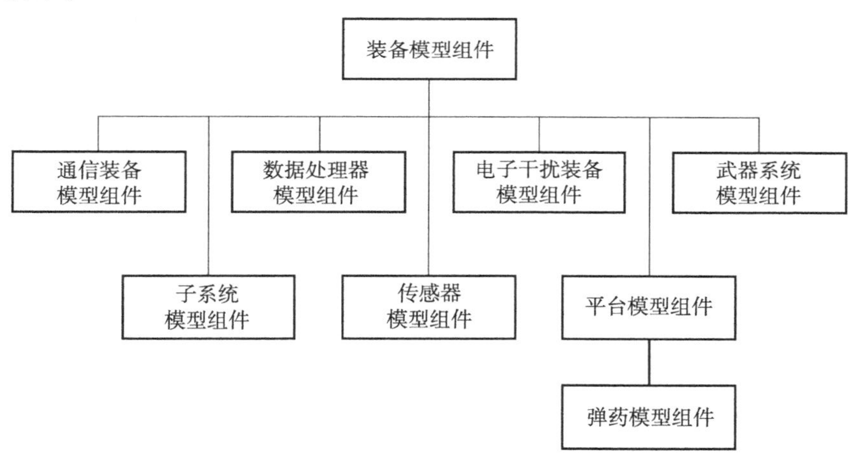

图 4 - 6　FLAMES 装备模型组件分类

②决策模型组件

决策模型组件是一个很特殊的模型类，其建模方式与作战人员的指挥决策过程相吻合，便于理解和知识获取，可实现灵活、强大的、用户自定义的决策行为模拟仿真，是 FLAMES 系统中模拟人类行为的基础。决策模型组件与装备模型组件和消息模型（属于上述环境模型组件）的关联关系如图 4 - 7 所示。

③环境模型

环境模型是消息、特征、效果、大气、空域、地形等模型的统称，是体系作战仿真不可或缺的组成部分，总体构成如图 4 - 8 所示。其中，地形模型和地球模型属于 FLAMES 自带模型，不支持自主开发。地形模型能够加载 DTED 格式的高程数据，所支持的地理范围与高程数据的分辨率成反比，提供通视查询、高度查询等相关函数。地球模型则支持

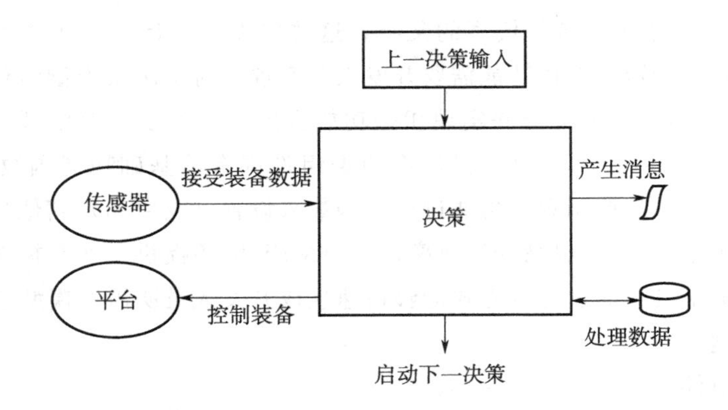

图 4－7　决策模型组件、装备模型组件、消息模型之间的关系

WGS－84 的椭球和正球两种地固坐标系，并提供地固、本地、机体坐标的转换函数。

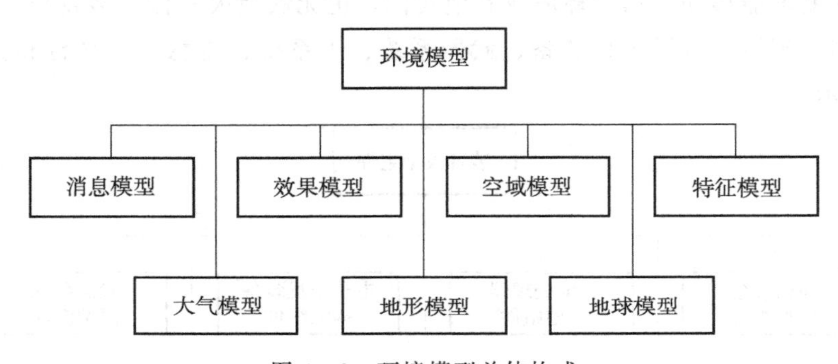

图 4－8　环境模型总体构成

1）消息模型：描述实体之间通过通信装备模型组件收发的通信消息数据结构；

2）效果模型：描述烟雾、爆炸和火焰等，产生对实体的毁伤效果；

3）空域模型：用来描述与仿真想定中的模型处理有关的空中体积或区域、地上的线，如导弹攻击区、运输走廊就是其中的例子；

4）特征模型：描述森林、河流、土壤等自然特征，以及建筑和道路等的物理特征；

5）大气模型：描述给定空间的大气条件，包括压力、密度、温度、湿度、风速等，是人工合成环境的重要组成部分。

④辅助模型

辅助模型是挂载方案、目标特性、编队队形和服务等模型的统称，这一部分不属于体系作战仿真的必备模型，可以通过其他方式简化或其他模型代替，总体构成如图 4－9 所示。

1）挂载方案模型：描述作战飞机在作战任务中的挂载方案，包括弹药、吊舱、副油箱等，有内挂、外挂两种类型；

2）目标特性模型：通常是平台模型组件的一个可选参数，用于描述平台作为被探测目标的 RCS、红外等特性；

3）编队队形模型：也是平台模型组件的一个可选参数，用于描述作战飞机、战车等实体在执行作战任务中的队形；

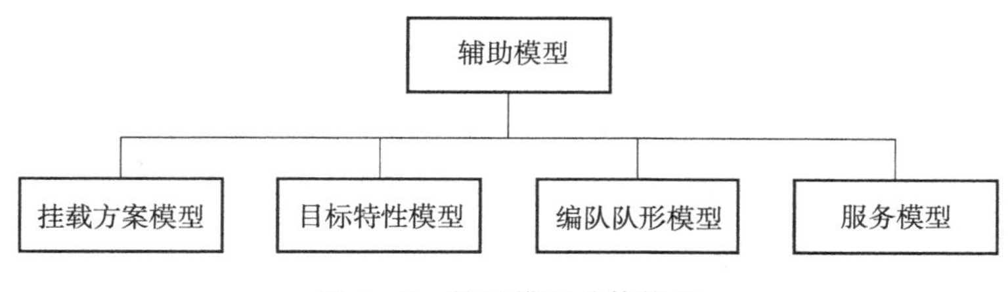

图 4 - 9　辅助模型总体构成

4）服务模型：属于独立于红蓝双方之外的公共模型组件，如行动计划模型、实验设计模型等。以行动计划模型为例，可用于在作战仿真中将上层的作战计划自动分解生成单实体或编队的行动计划，该计划将控制实体或编队的运动和作战，在仿真中是批量赋予实体任务的基础。

4.1.3.3　兵力结构效能仿真系统

兵力结构效能仿真系统（Force Architecture Capabilities Effectiveness Simulation，4ACES）最初是 Mertron 公司为美国海军专门设计开发的建模仿真分析系统，由 NSS（Naval Simulation System）发展而来。4ACES 是面向海战场舰队指挥决策模拟推演系统，可构建复杂多变的作战方案，适应体系要素、作战指挥决策模拟评估的需求。其主要仿真对象为海战场舰艇、飞机、潜艇的运动、补给、探测、干扰及交战特性，侧重于体系要素的全面描述，对运动、探测装备的物理过程进行了大量简化处理，主要用于体系要素协同关系、交战流程正确性的评估，不适用于单一装备的具体性能仿真考核。4ACES 仿真平台如图 4 - 10 所示。

4ACES 仿真模型包括作战计划模型、评估模型、通信模型、传感器模型、情报融合处理、后勤补给和地形分辨率等模型。其中作战计划模型框架如图 4 - 11 所示。评估模型分为定制评估和固定模式评估。通信模型包含高中低三种分辨率。传感器模型包含中、低两种分辨率。情报融合处理模型分为预处理、处理和后处理等三种方式，包含中和低两种分辨率。后勤模型分为基本后勤补给和多种方式后勤补给等两种。地形分辨率包含高、中、低三种。

4.1.3.4　联合仿真系统及其军事建模框架

联合仿真系统（Joint Simulation System，JSIMS）是美国国防部主持开发的大型作战仿真系统，其目的是建立一个能将 CGF 和真实的军种集成在一个虚拟战场上，适合于多兵种联合作战训练的分布式、一体化仿真环境。JSIMS 采用 HLA/RTI 体系结构，将陆战、海战、空战、太空战、电子战、地形、海洋环境、大气环境、机动/部署、计算机生成兵力、后勤运输以及其他专用模型等诸多作战元素有效地综合在一个联合作战空间内，形成一个集成的仿真环境，实现了底层通信和仿真应用相分离的目标，不仅具备实时的仿真能力，还能与真实的 C^4I 系统进行交互。JSIMS 系统由部队、CGF、战场环境、国家模型、HLA 运行支撑环境（RTI）所必需的各种支撑工具等组成。系统的每一部分由相应

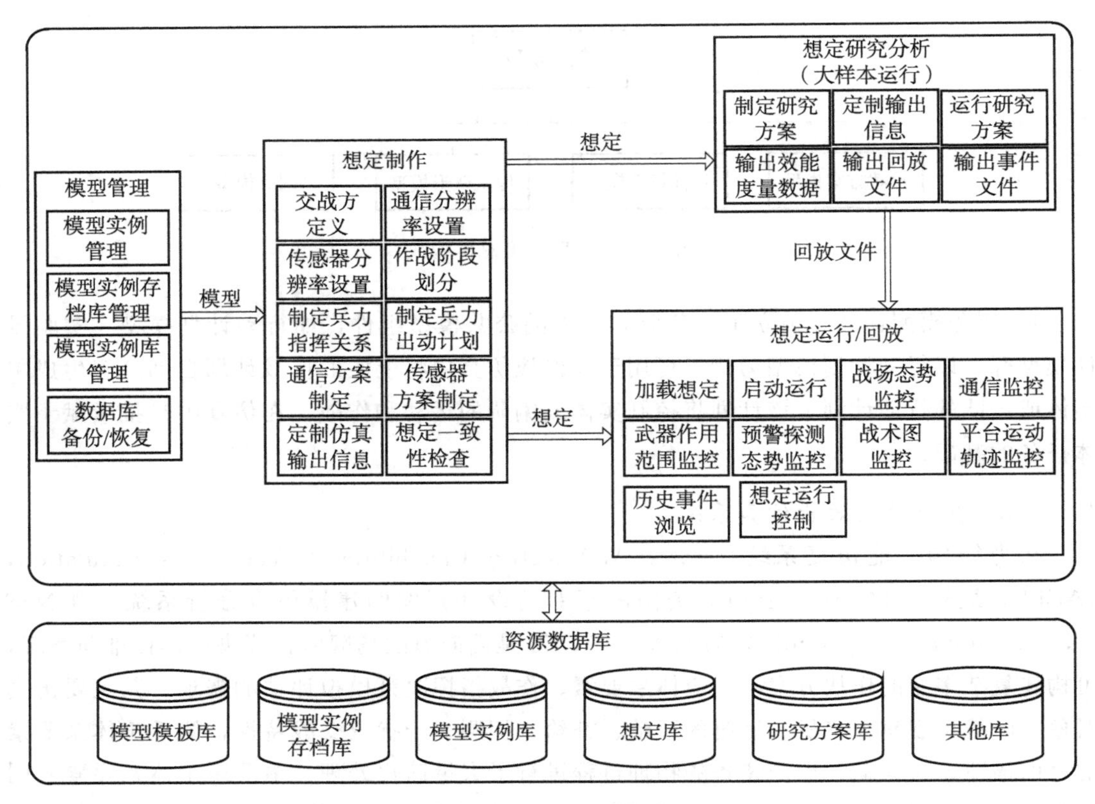

图 4-10　4ACES 仿真平台

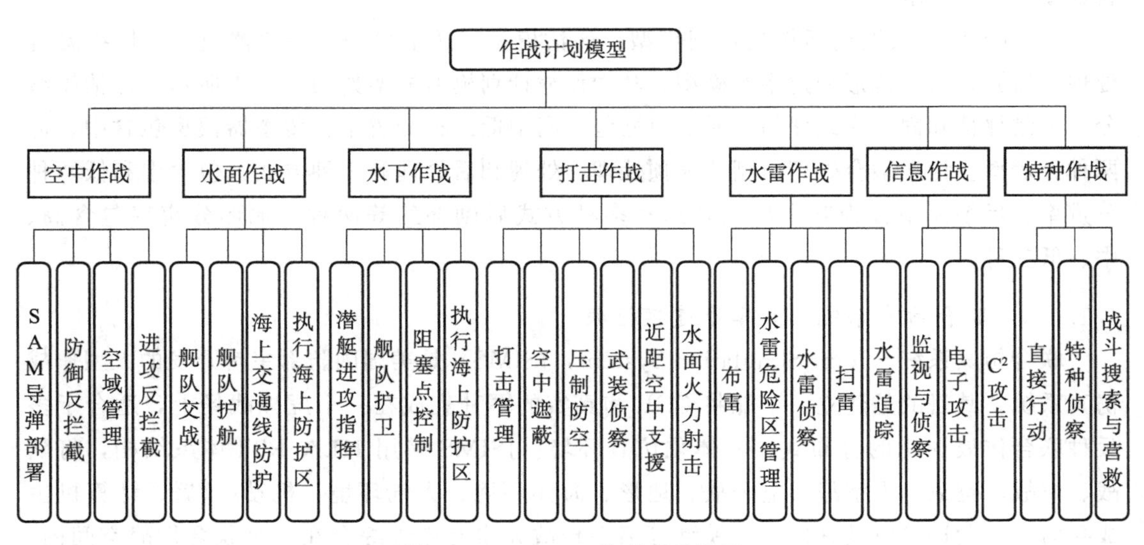

图 4-11　4ACES 仿真模型框架

的部门进行研发，既可以在虚拟战场中与其他系统进行交互，也能作为独立的仿真系统使用。目前，JSIMS 被用于兵力机动、部署、补给、作战等方面的联合作战训练。

军事建模框架（Military Modeling Framework，MMF）是美军在开发 JSIMS 中提出的概念，是一个支持组合和多分辨率模型的框架，其主要目标是对 JSIMS 所涉及的各类模型进行有效的分类管理，以支持模型的重用工作。MMF 为开发 JSIMS 任务空间对象（MSO）提供基础，任务空间对象采用可重用、自动组合的组件构成，而且任务空间对象之间可以互操作，保证对综合战场有统一解释。

MMF 是由“老虎队（TigerTeam）”开发，旨在采用统一的连续的可重组的方式建立任务空间对象（MSO），需要支持 MSO 子模型间的动态信息交互、任务空间对象的聚合和解聚。MMF 支持动态组合，支持按照生命周期应用软件生成的任务空间对象进行初始化，支持通过生成新的任务空间对象完成任务空间对象的初始化，支持模型重组和子模型间的交互。

MMF 通过继承、聚合和参数化机制实现软件模型的重用。MMF 包含模型、子模型、子模型库等类。MMF 设计了专门的子模型类的框架，如图 4-12 所示，以支持组件级的模型组合和软件重用。例如，战斗机空间对象可以由固定翼飞机动力学子模型、机载火控雷达子模型、战斗机任务行动子模型等聚合而成。通过子模型聚合成为任务空间对象，可以实现子模型类在不同任务空间对象中的重用，并通过不同的初始化参数描述不同的实体型号。

4.1.4 典型的体系仿真模型框架

典型体系仿真模型框架如图 4-13 所示。

仿真模型体系通过继承、型号化、装配、挂载等来实现具体仿真想定场景中的一系列装备仿真模型实例。

1）继承：装备仿真模型体系是树形的继承层次关系，从具体实现角度，是类（C++）的集成关系，从顶层到底层，仿真模型功能逐渐具体化，例如实体（类）是作战平台（类）的基类，作战平台（类）是舰船（类）的基类，可以继续开发驱逐舰（类）继承舰船（类）实现更具体化的功能。

2）型号化：装备仿真模型体系中的类可以通过定义具体型号参数，来实现具体型号模型的模拟，例如飞机模型可以设置 F-22 的参数来实现的 F-22 作战飞机的模拟。

3）装配：装备仿真模型体系中的平台类模型，可以通过装配多个不同的部件类模型，来实现具体装备型号，例如飞机平台类可以装配发动机部件、传感器部件、干扰器部件等。

4）挂载：型号化的装备型号，在想定编辑过程中，可以挂载不同的装备，包括武器、传感器、干扰器、通信设备等，例如 F-22 可以根据作战任务的不同，挂载不同型号的对地攻击导弹、空空导弹等。

装备仿真模型体系框架的主要组成要素说明如下：

1）仿真对象：仿真引擎中的基本资源，具有最基本的名称和标识属性，是仿真场景中各类资源的基类。

2）实体：战场中能够运动或交战的实体，能够承载各类部件，是仿真引擎直接进行

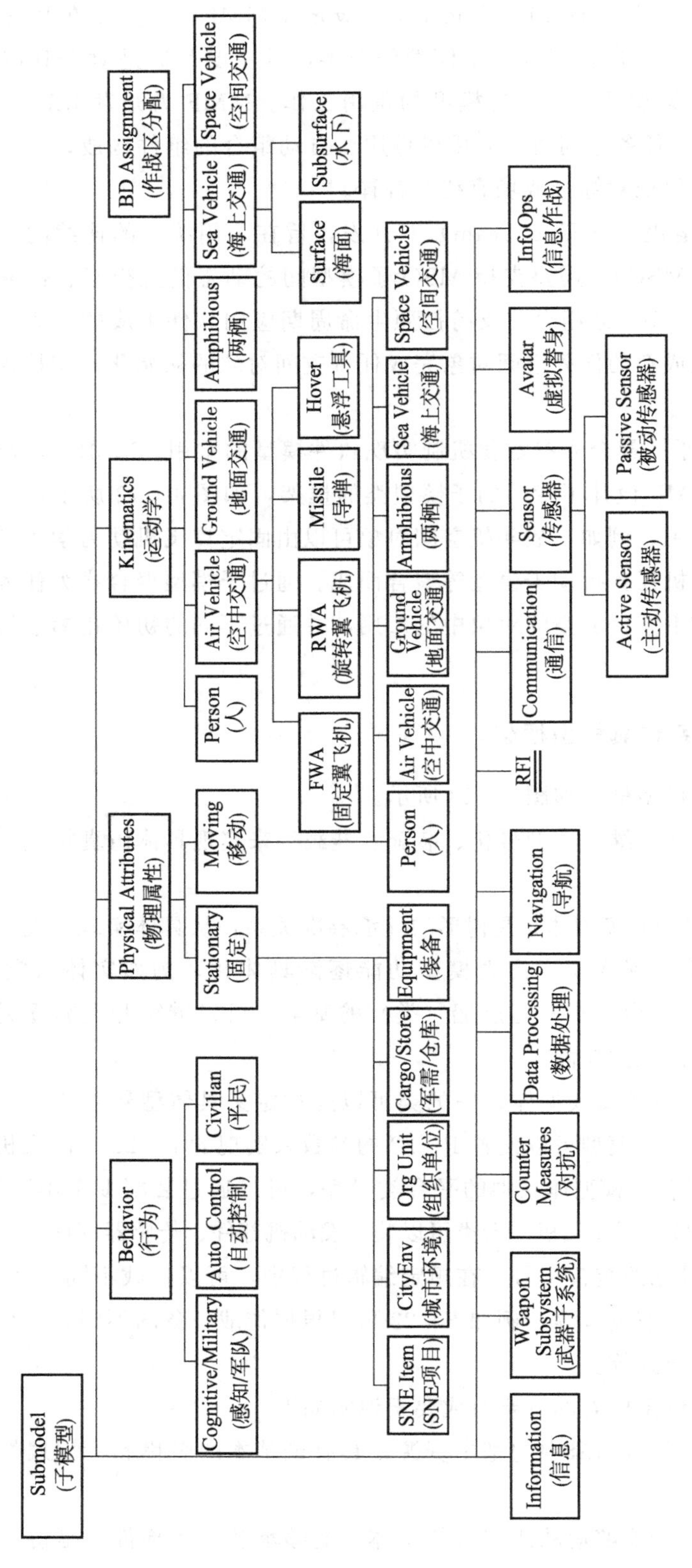

图 4-12　MMF 中子模型类的结构层次图

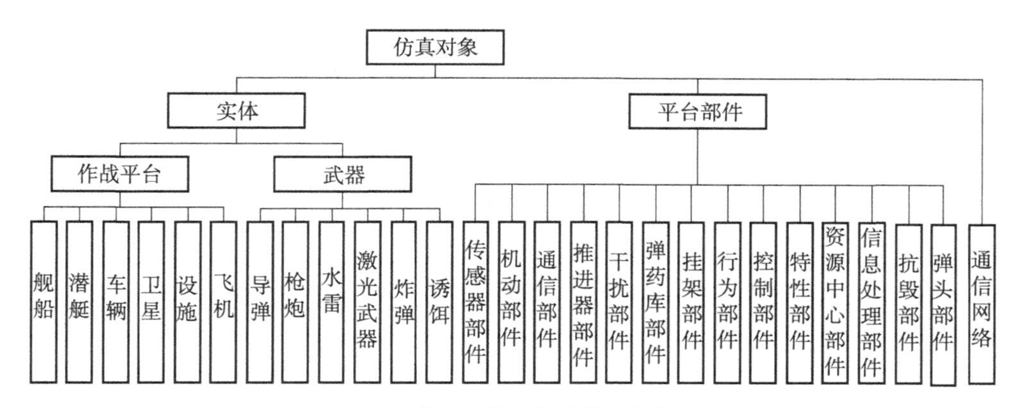

图 4－13　典型的体系仿真模型框架组成

调度基本单位。

3）平台部件：实体可以进行装配或者挂载的组成部件，承载实体不同类型的功能逻辑，但不能独立直接部署或操控，主要包括传感器部件、机动部件、通信部件、推进器部件、干扰部件、弹药库部件、挂架部件、行为部件、控制部件、特性部件等。

a）传感器部件：负责感知战场态势的各类传感器设备的抽象类。按照感知手段类型和频段可以继承实现雷达、光电和声呐等具体类型，系统默认传感器部件根据威力范围进行感知探测；

b）机动部件：负责为各类作战平台实体提供机动能力，系统默认机动部件按照平均速度进行运动；

c）通信部件：负责实现同一作战阵营内位于同一通信网络内的不同实体之间通信信息的收发。根据传输介质的不同，通信设备可以继承实现无线通信、有线通信等，系统默认通信部件直接进行数据消息收发；

d）推进器部件：负责模拟各类发动机，包括火箭发动机、航空发动机等，系统默认推进器部件按照推力参数计算加速度；

e）干扰部件：用于释放电子干扰，影响范围内的雷达传感器；

f）弹药库部件：模拟作战平台上的武器存储设备，系统默认弹药库部件只做数量计算；

g）挂架部件：用于挂载武器、干扰吊舱、传感器、通信设备等，系统默认挂架部件只计算容量；

h）弹头部件：弹头部件仅用于导弹装配，包括核弹头、常规弹头、分导弹头等，系统默认弹头部件只包含当量等基本参数；

i）行为部件：通过行为树、状态机等方式实现对作战平台行为的控制；

j）控制部件：综合利用资源中心部件所综合的资源，针对当前的态势，对作战平台进行指挥或控制；

k）信息处理部件：对作战平台上各个传感器组件以及通信输入组件传入的原始感知

信息进行关联、识别、融合处理，形成可供决策使用的情报态势信息，系统默认信息处理部件只根据点距离进行同一性识别；

l）资源中心部件：统一作战平台内的感知信息和资源信息，便于控制部件进行归一化处理，实现感知信息、资源信息与控制处理分离，系统默认资源中心部件存储当前的融合后的威胁目标信息、平台所拥有的武器资源、干扰资源等；

m）抗毁部件：模拟作战平台被武器攻击以后的受损程度，系统默认抗毁部件根据命中次数判定摧毁与否；

n）特性部件：模拟作战平台被各类传感器探测以后的特性，包括电磁特性、红外特性、声学特性、可见光特性等，系统默认根据特性平均值参数。

4）作战平台：能够独立遂行作战任务，能够直接响应操作命令，能够承载物理功能、行为功能等不同类型的功能部件，主要包括水面舰船、潜艇、车辆、卫星、设施、飞机等。

5）武器：负责进行杀伤的实体，一般初始通过装配或挂载的方式部署到作战平台上，在作战平台的控制下实现运动和杀伤功能，主要包括导弹、枪炮、水雷、激光武器、炸弹、诱饵等。

6）通信网络：用于构建点对点、组播或广播等不同类型的通信链路，并维护网络状态，根据仿真实时负载，计算网络通断、延迟、吞吐量等网络性能。

典型体系仿真模型框架中模型组件的信息交互关系如图 4－14 所示。

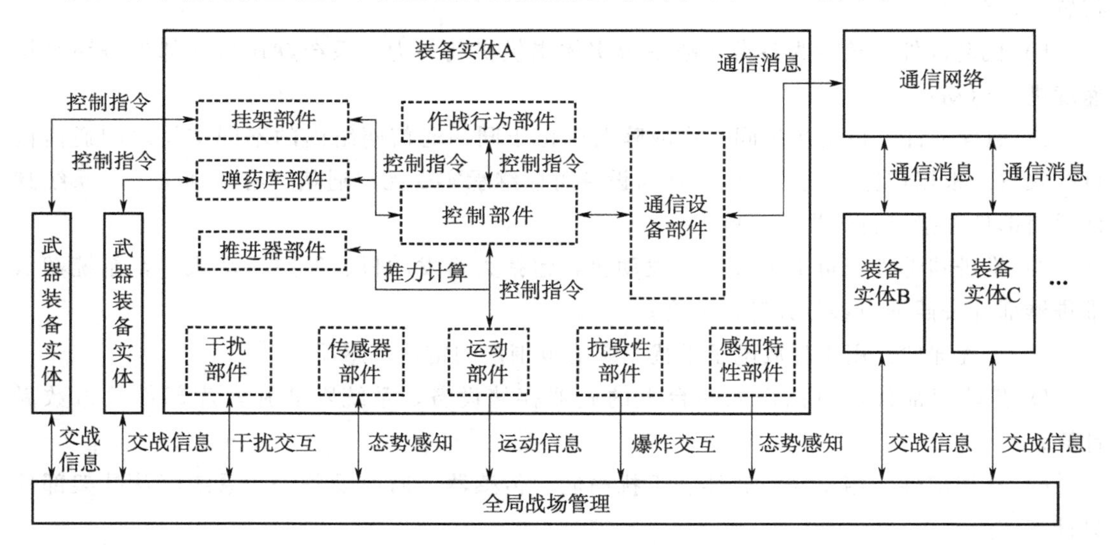

图 4－14 体系仿真模型框架信息交互关系

装备模型体系的交互方式总体分阵营之间、阵营内部作战平台之间、作战平台与平台部件之间等三种交互方式。阵营之间的交互主要包含战场态势感知（实体运动状态）、交战（爆炸交互、电子对抗等）等事件，主要通过仿真支撑平台提供的全局事件系统实现。阵营内平台与平台之间的交互一般通过通信设备进行，主要包含情报类和指挥通信类。平台内部作战平台与部件之间的交互由作战平台模型进行统一处理，平台在帧周期函数内，先处理平台级事件，例如战场态势感知、战场平台交战、接收通信消息，然后按照部件的优先级，遍历调用所有部件的帧周期函数，各个部件在帧周期函数内处理部件级事件。

4.2　体系仿真平台

4.2.1　体系仿真平台概述

体系仿真支撑平台是支撑体系仿真应用的重要基础支撑环境。体系仿真平台在传统仿真软件的基础上，吸收信息技术的先进概念和方法，为建模仿真全生命周期各阶段活动提供全方位的支持。体系仿真支撑平台可为仿真系统提供具有指导性的设计、开发、评估和应用模式，从而“更好、更快、更省”地建立各种服务于装备体系或武器系统的论证、研制、评估和训练保障的仿真系统，在促进仿真技术应用的同时，也推动仿真技术的发展。

4.2.2　体系仿真平台功能

体系仿真平台重点解决构建仿真系统中所有一般性、重复性、规律性的工作及技术，通过系列化、信息化的软件工具解决与应用无关的平台、架构、事件调度、时间同步、接口管理、信息流管理等工作。

体系仿真平台的主要功能包括：

1）仿真模型管理功能，提供仿真模型的分类、编辑、查询、装配等功能；

2）仿真想定管理功能，提供通用的想定管理工具，完成想定的新建、修改、删除等基本工作，以及实例的部署、参数设定等；

3）仿真运行管理功能，包括创建实体、初始化实体、调度实体，完成实体模型解算、数据收发，系统运行控制、时间管理等工作；

4）仿真数据管理功能，包括仿真数据的产生、分发、内存管理，仿真数据采集、记录、回放，仿真数据在实体间收发等；

5）仿真分析评估功能，对仿真数据进行抽取、分析、计算，得出分析评估报告；

6）仿真作战过程展示功能，提供相应的态势显示工具，将仿真及作战过程实时、直观展示出来；

7）仿真日志管理功能，包括仿真运行过程、关键事件、事件调度、数据收发等过程，将其记录到日志中，用于系统的调试。

4.2.3　体系仿真平台结构

典型的体系仿真平台技术架构是以基础计算资源和基础服务为底层支撑，向上逐步构建仿真资源、仿真引擎、仿真工具服务，为装备体系论证、体系设计验证、作战运用研究等应用提供支撑。具体技术架构图如图4-15所示。

1）计算资源层是共用的云计算基础环境，以CPU/GPU等计算资源、磁盘和数据库

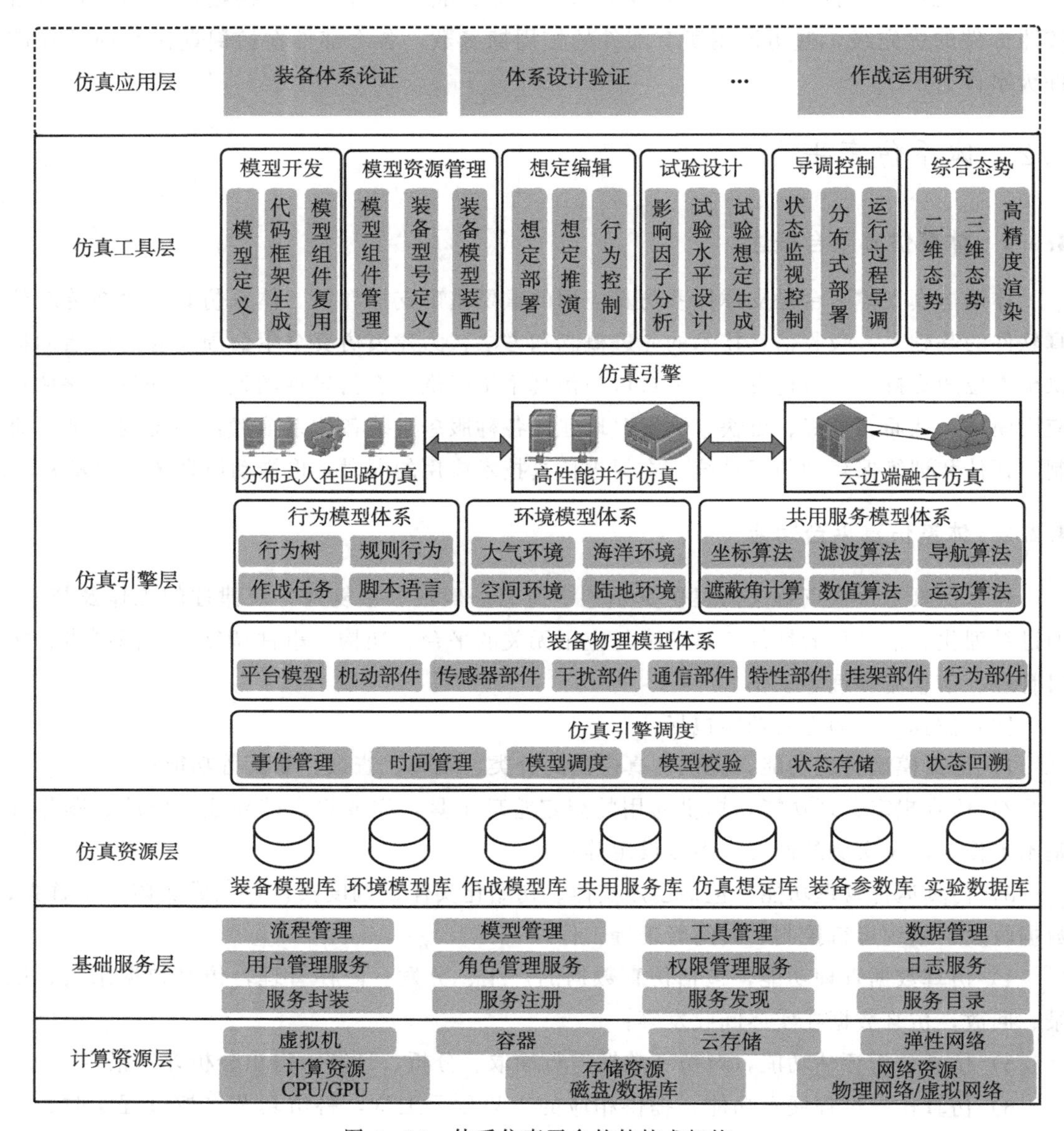

图 4-15　体系仿真平台软件技术架构

等存储资源为基础，构建基于虚拟机、容器等云基础管理平台，为上层服务和资源管理提供按需提供、弹性伸缩的基础资源。

2）基础服务层是由一系列公共基础服务，包括服务封装、服务注册、服务发现、服务目录等服务管理，用户管理、角色管理、权限管理等基础访问控制服务，流程管理、模型管理、工具管理、数据管理等基础协同管理服务等。

3）仿真资源层是集成仿真系统的模型、数据、想定等资源，由模型资源管理工具统一管理，实现基础资源的共享和重用，支持模型的装配等。主要包括装备模型库、战场环境模型库、作战模型库、评估模型库、装备参数库、仿真想定库、实验数据库，以及版本管理等。

4）仿真引擎层是仿真系统运行的核心，对仿真模型信息交互、时间推进等进行统一管理。根据任务需求的不同，高性能并行仿真引擎可支持云计算仿真、分布式仿真、异构系统互联仿真等多种模式。

5）仿真工具层是为体系仿真提供全流程的应用工具，其中模型开发工具主要在仿真实验的准备阶段，为仿真系统的模型开发提供。包括模型组件创建、组合模型组件创建和信息流模型创建等；想定编辑工具主要在仿真运行之前，根据作战场景的战场环境、兵力部、行动方案和实体关系等场景信息的编辑仿真想定，生成想定方案。试验设计工具主要对其中的关键因子进行设计和规划，实现关键因子分析和试验方案的优化，包括试验设计和试验方案生成等；导调控制工具在仿真运行过程中，实现仿真任务分配、运行实时监控，实现仿真数据记录与回放等；综合态势显示工具主要仿真运行过程中，提供高逼真度、高表现力的综合态势。主要包括二维态势显示工具、三维态势显示工具、数据可视化工具，以及环境可视化工具等。典型的体系仿真平台工具在后续章节详述。

6）仿真应用层是面向典型应用，由仿真平台构建的仿真系统，能够支持装备体系设计与优化、作战过程推演等。可支持的典型应用包括装备体系论证、体系设计验证、作战运用研究等典型体系仿真系统构建。

4.2.4　体系仿真平台工具组成

4.2.4.1　仿真模型开发与管理工具

仿真模型开发与管理工具主要用于提供仿真模型接口定义、代码生成、模型组件管理、型号装配与管理等功能。仿真模型开发与管理工具一般采用组件化建模技术，为平台用户提供统一开发模型组件的规范，通过模型组件与型号的定义与管理，负责完成装备模型的定义、构建、装配、测试等功能。

仿真模型开发与管理工具一般支持通过参数化、组件化的形式配置不同类型的武器装备模型。通过对武器装备的数学模型进行组件化封装，并对此类模型的公有参数分析与抽取，使其能够通过参数化的配置来有效地描述同类武器中不同型号的对象实体，并按照任务需求灵活组合装备实体模型，实现模型与型号的快速定义与配置。

以色列 HarTech 公司开发的仿真系统（Smart Scenario Generator，SSG）中，模型开发工具采用组件化的建模方式，可以将武器、雷达、声呐、通信等模型以模块组件套件的方式添加到其他模型中，并直接设置模型的参数，如图 4-16 所示。

同时，该仿真系统还支持通过行为树的方式进行装备行为建模，如图 4-17 所示。该仿真系统的行为模型包括战术行为模型和指挥行为模型两种，各种模型由原子行为模型、原子条件模型组件化动态嵌套组合而成。原子行为模型包括 12 种类型，330 余个，如机动、目标选择、传感器策略、电子对抗、通信、指挥行为、后勤等。原子条件模型包括 5 种类型，470 余个，包括 CGF 和单元状态、主要目标、地理和环境、时间、来袭武器等类型。

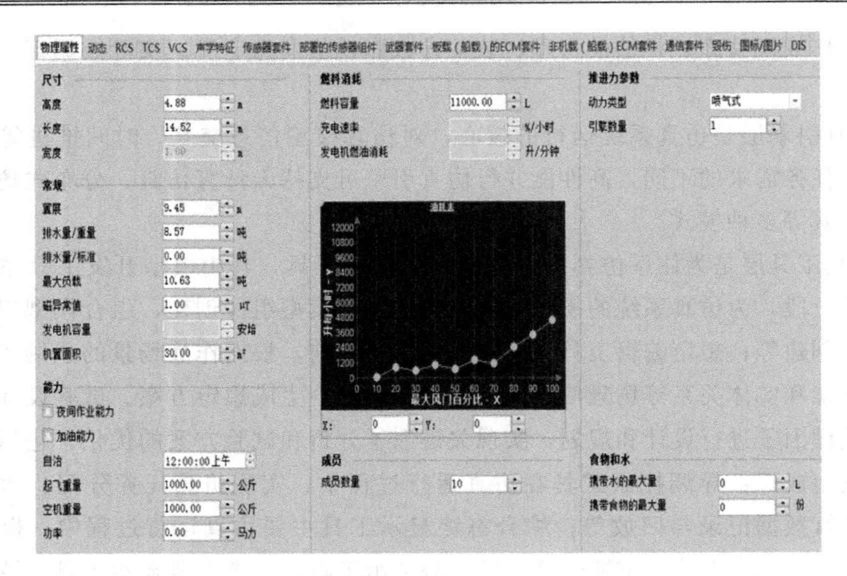

图 4－16　典型的仿真模型开发与管理工具示意图（HarTech 公司 SSG）

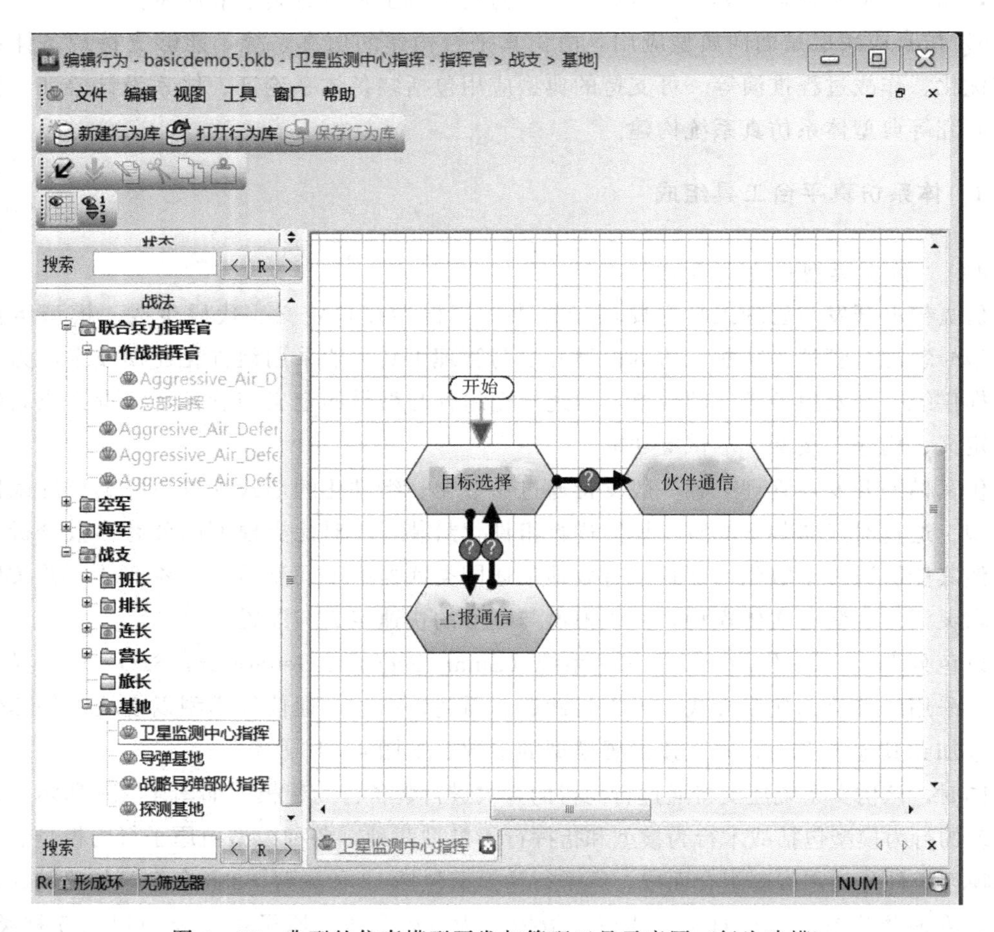

图 4－17　典型的仿真模型开发与管理工具示意图（行为建模）

4.2.4.2　仿真想定工具

仿真想定工具主要定位于仿真想定场景构建，并基于构建的仿真场景进行仿真推演。仿真想定工具主要以作战场景的快速设计、想定要素的快速标绘、想定文件的灵活生成、仿真态势的实时展示为需求牵引，实现参战单位的种类、数量和部署设定，设置作战环境、作战过程、指挥关系等，为仿真想定的编辑/加载、仿真系统的快速构建提供工具支撑，满足其基于地理信息系统的快速生成作战想定及实时显示作战态势的需求。

其中，作战场景的快速设计主要指根据想定方案完成对战场环境、兵力部署、行动方案和实体关系等场景信息的编辑；想定要素的快速标绘主要指在人机结合的方式下，通过在二维地图上标绘重要基地设施、几何标志、文字标识等，以可视化的形式辅助支持作战想定方案的设计与管理，并实现部分作战资源的设置与复用；想定文件的灵活生成主要指导入、导出与解析想定文件，并将想定文件上传数据库，以便于其他各子系统解析使用，并且留用例如 GIS 系统等接口以方便系统升级；仿真态势的实时展示支持实时绘制所有仿真过程中需要显示的态势效果以及所有装备相关的具体特效，例如探测范围、航迹线、追踪波等，并可以记录态势可视化数据用以回放场景。国外仿真系统中典型的仿真想定软件如图 4 - 18 和图 4 - 19 所示。

4.2.4.3　仿真引擎

仿真引擎是体系仿真平台的底层驱动器，是驱动仿真模型运行的核心引擎，为仿真模型组件提供交互、时间推进等交互接口，以仿真想定或者仿真想定集为输入，创建仿真想定中的仿真实体，分配多线程等集群计算资源，初始化并驱动仿真模型组件，实现仿真样本的批量自动运行和仿真模型的并行运行。

仿真引擎一般基于并行离散事件仿真（PDES）原理，采用基于帧周期时间或者离散事件推进的方式，通过集成系统内部模型体系框架，结合多线程并发和事件同步机制，实现仿真模型间信息交互、时间管理等功能，为数字仿真系统高效运行提供基础支撑。仿真引擎可采用可扩展插件式架构，支持仿真模型、数据、扩展服务分离，实现仿真初始化参数灵活分发、仿真服务可扩展接入、仿真模型组件动态加载，高效的仿真引擎还具备多层次/多粒度的模型体系框架、多线程/多进程并行、基于服务化的仿真架构等特点。

4.2.4.4　仿真导调控制工具

仿真导调控制工具负责对整体试验情况进行监视、控制与导调。试验状态监视一般是对仿真节点运行状态、网络状态、仿真过程状态的监视，试验控制包括仿真过程控制和仿真关键参数设置，试验导调包括计划导调和临机导调，支持通过脚本、命令、图上作业等多种方式进行导调。

仿真导调控制是指在仿真推演过程中，根据用户需求在线修订仿真态势的功能。导调控制的对象可以包括装备、指挥、通信、战场环境和裁决策略等。

装备导调控制一般是按照整体试验需求，对参与仿真试验的作战装备进行导调控制，例如增加装备、移除装备或调整装备的位置或状态等。指挥导调控制一般是按照指挥员控

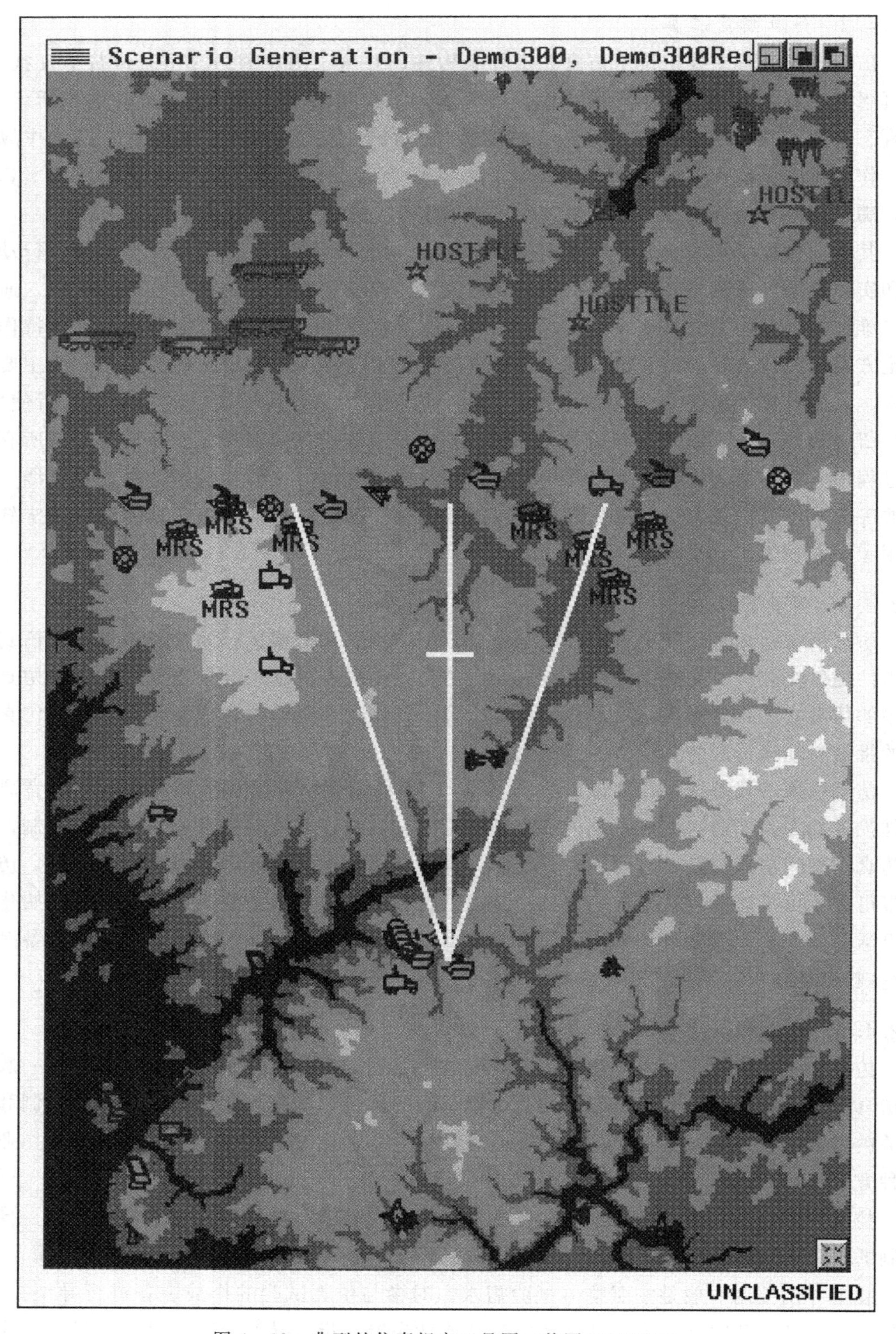

图 4-18　典型的仿真想定工具图（美国 EADSIM）

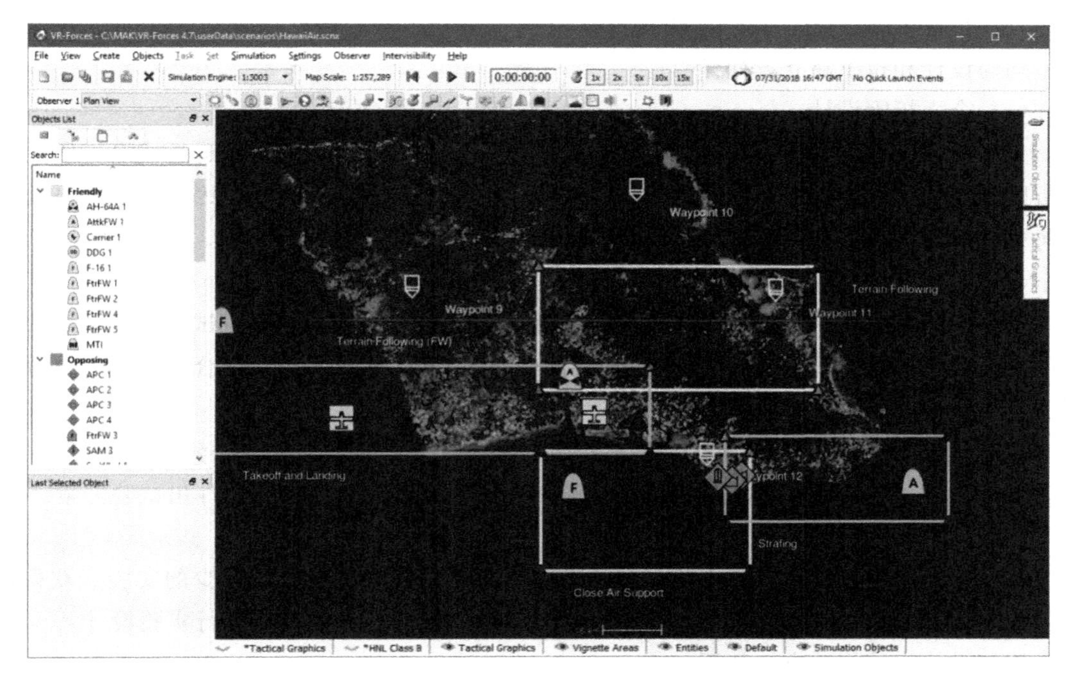

图 4-19　典型的仿真想定工具图（美国 VR-Forces）

制指挥命令对仿真参试兵力节点进行指挥控制，并且也能够按照上级试验指控系统的命令控制参试节点的运行。指挥员通过装备或指挥导调控制可以对战术战法进行训练或研究，通过配置不同的兵力及作战力量，实现不同的作战目标和意图。此外，通信导调控制一般是在仿真运行过程中，对装备间的通信链路进行导调控制。战场环境导调一般是根据仿真任务的需要，对地理环境、气象环境、海况环境、电磁环境等虚拟战场环境进行设置和调控；地理环境设置包括平原、山地、沙漠、海洋等；气象环境设置包括雨、雪、雾及相关参数；海况环境设置包括温度、盐度、密度等；电磁环境设置主要是释放的干扰电磁波，参数包括频谱、信号强度。裁决策略导调一般是指在需要进行作战双方武器交战结果裁决时，由导演控制方结合武器装备能力以及交战状态，对交战结果进行综合分析判断，并给出裁决结果以推动仿真试验继续运行。

4.2.4.5　仿真试验设计工具

仿真试验设计工具通过对仿真试验运行样本数据的设计和规划，批量生成试验方案为仿真系统的运行输入。仿真试验设计工具能够自定义试验因子和各因子因素水平，能够依据试验设计方法自动生成试验样本空间，支持想定的批量生成，从而为大样本蒙特卡洛仿真提供仿真样本集合。

仿真试验设计工具一般提供试验方案管理、试验因子设计、试验方案设计、试验方案生成等功能。仿真试验设计工具能够解析性能参数描述文件和仿真想定文件筛选出可进行规划的试验因子。为了科学地对仿真试验样本进行设计，仿真试验设计工具一般能够提供多种试验因子水平的设计方法开展试验因子水平设计，例如均匀设计、相对设计和自由设计等，并且提供多种试验设计方法完成试验样本空间生成，包括全面析因设计、正交设计、均匀设计和拉丁超立方抽样等。

(1) 全面析因设计

全面析因设计也称全因子实验设计，要求每个因素的不同水平都要进行组合，因此对剖析因素与效应之间的关系比较透彻，具有全面性和均衡性。在全面析因设计中，系统根据每个因子的所有水平数进行全排列组合即可。

(2) 正交设计

正交设计是根据正交性从全面试验中挑选出部分有代表性的点进行试验，这些有代表性的点具备了“均匀分散，齐整可比”的特点。正交试验选择的水平组合列成的表格称为正交表。

在正交设计中，系统利用已有的正交表结合每个因子的水平数值得到试验因子组合。若满足试验因子个数和水平数的正交表不存在，则利用近似正交算法设计出试验方案。

(3) 均匀设计

均匀设计考虑如何将设计点均匀的散布在试验范围内，使得能用较少的实验点获得最多的信息。均匀设计和正交设计相似，也是通过一套精心设计的表来进行实验设计。

均匀设计表的构造方法如下：

给定实验数 n，寻找比 n 小的整数 h，且使 n 和 h 的最大公约数为 1。符合这些条件的正整数组成一个向量 $\boldsymbol{h}=(h_1, h_2, \cdots, h_m)$。

均匀设计表的第 j 列由下面的方法生成：

$$u_{ij}=ih_j[\bmod n]$$

这里 $[\bmod n]$ 为同余运算，若 ih_j 超过 n，则用它减去 n 的一个适当倍数，使落差在 $[l, n]$ 之中。u_{ij} 可以递推来生成：

$$u_{1j}=h_j$$

$$u_{i+1,j}=u_{ij}+h_j(\text{若 } u_{ij}+h_j \leqslant n)$$

$$u_{i+1,j}=u_{ij}+h_j-n\ (\text{若 } u_{ij}+h_j>n)$$

均匀设计方法仅适用于所有试验因子的水平个数相同的情况，若试验因子水平个数不同，则采用近似均匀设计出试验方案。

(4) 拉丁超立方抽样方法

拉丁超立方抽样方法属于受约束的设计方法，在决定试验次数 N 后把区间等分成 N 个互补重叠的子区间，然后在每个子区间上分别进行独立的等概率抽样。

具体做法是，假设因子个数 n，实验次数 m，首先将每个变量的定义区间划分为 m 个相等的小区间；然后产生一个 $m\times n$ 的矩阵，矩阵的每列都是 $\{1, 2, \cdots, m\}$ 的一个随机全排列，此矩阵每一行对应的就是变量因子小区间，然后在此对应区间随机产生一个样本，即试验因子水平。在拉丁超立方抽样方法中，用户需要设定试验次数 m，系统根据试验次数生成实验方案。

4.2.4.6 仿真评估工具

仿真评估工具是通过分析处理仿真试验产生的大量数据，对体系作战效能，体系贡献率等进行量化评估。

体系仿真评估工具实现试验数据的处理、分析评估与报表生成等，通过对试验数据进行筛选、提取、分析和计算，将试验中的特征数据按照指定的条件及算法以文件或者图表等形式展现出来，满足体系作战能力评估指标统计分析的需求，支撑体系试验的评估。典型体系仿真评估工具如图 4-20 所示。

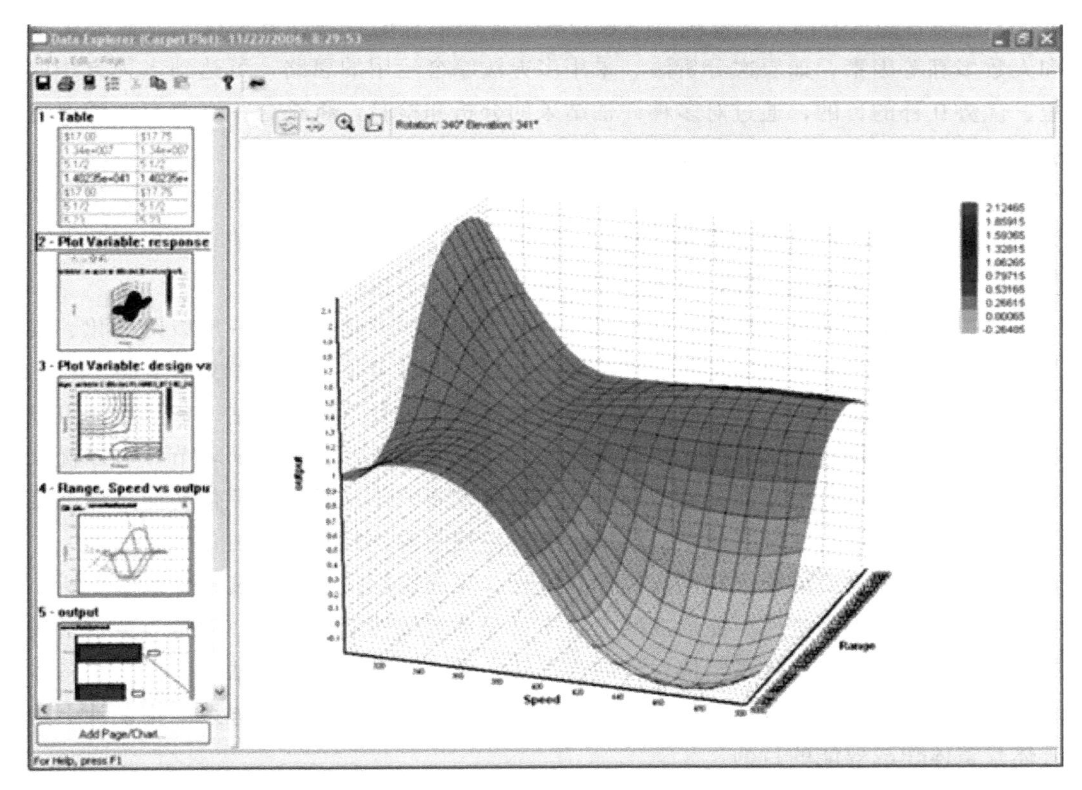

图 4-20　仿真评估工具示例

体系仿真评估工具一般包含仿真试验数据管理、指标体系管理、评估模型管理、评估计算、评估报告生成等功能。

用户开始进行评估之前，首先需要准备评估所需的数据。按照具体仿真场景的需要，评估数据有两种格式，一种是文件格式，即在文本文件中定义数据的字段和字段对应的值；另一种是数据库格式，即系统与外部数据库通过配置建立连接，然后从连接的数据库中获取字段和字段对应的值。

指标体系管理包含评估指标体系的构建和维护。体系仿真评估工具一般支撑基于评估任务以图形化建模方法来构建层次化的评估指标体系。评估指标体系是评估问题表达，是用户针对评估问题建立的解决评估问题的概念模型，直接体现评估需求。评估指标体系一般都具有层次结构，其构建过程就是运用系统层次思想，将一个复杂问题分解成简单的组成因素，通过分析各组成因素之间存在的相互关系以及隶属关系，将各组成因素按不同层次进行聚合，从而形成一个关系明确、条理清晰的层次结构模型。

仿真评估工具一般提供多种评估方法，并支持综合运用多种评估算法进行分析评估。常用的评估方法，如ADC评估方法、层次分析法、TOPSIS评估方法、效用函数评估方法等各有优缺点，它们各自的使用对于不同应用场合是不同的。有的评估方法适于作为评估建模框架，指导评估指标体系的拟定，如ADC方法；有的评估方法需大量作战使用数据支撑，如没有针对该评估对象的仿真数据支持，该方法的有效性也势必大打折扣，如TOPSIS评估方法；有的方法依赖于专家经验，评估结果的客观性就取决于专家的水平高低和人数多寡等因素，如层次分析法。采用多方法综合运用的思路，可达到多种方法取长补短、优势互补的目的，通过对多种评估结果的分析和检验，将符合一定兼容度的评估结果通过组合方法，综合得出作战效能评估结果。

评估计算功能一般是通过内部的评估算法调用引擎，以评估数据为输入，调用评估指标体系中的底层评估指标对应的评估算法，计算每个层次的具体评估值，并根据每个层次评估指标综合的算法逐级计算，直到计算出根节点的评估指标结论。

评估报告生成功能可以依据评估结果生成指定格式的评估报告，一般以图形化、表格化的定制化报告的形式提供给用户，支持评估结果的多种可视化显示和文档生成。

另外，体系仿真评估工具一般支持作战效能评估和体系贡献率评估。作战效能可以评估装备体系的作战使用及其效果，正确分析和评估装备体系存在的薄弱环节，可以优化装备体系的设计，促进各类武器装备建设进一步协调发展。体系贡献率评估功能是评估装备在体系中贡献的程度。在装备体系对抗模式下，参战的各种装备都是装备体系中的一个节点，通过相互之间的协调配合共同支撑作战进程，完成作战任务。而装备体系整体所形成的力量与装备个体的先进性所能形成的力量不是简单的线性累加关系，而是力量倍增或倍减的关系，这就需要分析体系整体设计的合理性，通过体系贡献率评估，可得到装备体系各组成部分对联合作战装备体系的作用程度。依据评估结果，在装备体系架构设计上达到提升体系整体作战效能的目的。

4.2.4.7 仿真态势显示工具

仿真态势显示工具用于辅助仿真人员掌握仿真运行进程和战场综合态势，一般具有友好的人机交互界面，提供装备/平台信息显示、试验态势显示等功能。仿真态势显示工具一般提供基本的二/三维GIS，并支持包括云图、大气层、光照、雨雪、雾等多种环境特效，以逼真还原三维场景，通过提供二/三维一体化地图操作功能，包括漫游、放大、缩小、定位、模型选取等功能，实现对态势视角的控制。典型的仿真态势显示工具图（美国FLAMES）如图4-21所示。

仿真态势显示工具通过接收和解析仿真态势信息、指挥决策信息、仿真模型信息、多媒体信息的功能，在二/三维战场环境场景中显示试验指挥整个过程的态势和关键特征事件，以表格、曲线、图形等方式显示战场统计分析信息和辅助决策信息，必要时通过视频、图表、文本等动态或静态多媒体信息显示仿真态势信息，还可以显示雷达包络、侦察范围、电子对抗、火力打击、信息链路等效果。

图 4－21　典型的仿真态势显示工具图（美国 FLAMES）

4.3　本章小结

体系仿真平台是体系研究的重要手段，发挥着越来越重要的作用。随着科技发展及未来作战新样式的不断涌现，战场博弈对抗性日渐明显，系统规模逐渐扩大，复杂程度不断提升，无人集群、多域作战等新型装备概念和作战概念对仿真平台也提出了新的需求。体系仿真平台需要针对复杂仿真系统数据体量巨大、数据产生速度快、数据种类多、数据价值密度低等现状，融合大数据、云计算、虚拟/增强现实、人工智能、物联网等新兴技术，以仿真即服务为发展理念，构建服务化、协同化、普适化、智能化仿真技术架构，进一步提升仿真支撑基础平台的运算效率、可扩展能力、资源调度按需组合能力、信息吞吐能力等，为装备体系论证评估、武器装备研制与试验、装备作战训练与运用等提供更高效、更可信的仿真技术手段。

参 考 文 献

[1] 卿杜政，李伯虎，孙磊，等．基于组件的一体化建模仿真环境（CISE）研究 [J]. 系统仿真学报，2008，20（4）：900－904.

[2] 彭彰，魏丽，杨慧杰．一种基于 FLAMES 框架的工程保障模型体系设计 [J]. 系统仿真技术，2015，11（3）：242－249.

[3] 高桂清，李治，施旭鑫，等．基于 FLAMES 和 HLA 的导弹分队作战仿真系统 [J]. 现代防御技术，2012，40（1）：6.

[4] 唐忠，魏雁飞，薛永奎．美军 EADSIM 仿真系统机理与应用分析 [J]. 航天电子对抗，2015，31（3）：25－29.

[5] 常非．美军主要推演和仿真系统模型体系与建模机制研究 [J]. 军事运筹与系统工程，2015（2）：75－80.

[6] 陈丽，冯润明，姚益平．联合建模与仿真系统研究 [J]. 电光与控制，2007，14（4）：10－18.

[7] 张卫华，孙世霞，李革，等．基于 JMASE 的地空导弹联合建模与仿真 [J]. 系统仿真学报，2007，19（6）：7.

[8] 乔海泉，张耀程，李革，等．JMASE 分布式仿真功能的设计与实现 [J]. 计算机仿真，2006，23（10）：113－118.

[9] 杜广宇，李雪飞，韩颖超，等．基于 CISE 环境的导弹武器仿真系统 [J]. 火力与指挥控制，2016，41（1）：36.

[10] 周敏，卿杜政，张进．CISE 中 FOM 自动生成技术的研究 [J]. 现代防御技术，2008，36（5）：166－170.

[11] 张卿，刘金．国外典型作战仿真系统综述 [C] //第三十三届中国仿真大会论文集. 北京：中国仿真学会，2021.

[12] 程相东，肖明清．基于 MDA 的分布式建模仿真框架 [J]. 计算机工程，2010，36（15）：268－270.

[13] 韩超，郝建国，黄健，等．分布仿真公共支撑平台体系结构研究 [J]. 系统仿真学报，2006，18（z1）：63－66.

[14] 龚德良，陈志刚，黄炎焱．基于 STAGE 的指挥自动化系统仿真研究 [J]. 计算机工程与科学，2008，30（11）：120－122.

[15] 张卫华．工程级与交战级联合建模与仿真关键技术研究 [D]. 北京：国防科学技术大学，2007.

第5章 分布式仿真及其应用

随着计算机硬件、软件技术和计算机网络技术的发展，仿真应用不再局限于计算机（或模拟器）的规模和部署的地理位置，分布式仿真已经成为仿真应用的一种普遍形态。分布式仿真的基本思想是：在满足互操作性约束（时空一致性和仿真时序逻辑正确性等）的前提下，通过网络将已有或新研的仿真系统（这些系统往往是针对不同目标开发的）连接起来，集成形成新的仿真系统。

5.1 概述

分布式仿真是在分布式系统技术基础上发展起来的，是通过网络将独立的计算机（或模拟器）连接起来，实现互联互操作，展现给用户的是一个集成的“单一”仿真系统。如同分布式系统一样，分布式仿真的定义有两个方面需要关注的含义，其一是仿真硬件，计算机或模拟器是独立的，通过网络相连；其二是仿真软件，通过仿真软件以“单一”仿真系统的形式展现给用户。因此，从仿真专业角度看，相对硬件而言，分布式仿真软件对分布式仿真系统的发展显得尤为关键。

构建支持分布式仿真的软件存在许多挑战，其中包括透明性、开放性、可扩展性、功能性、容错性和安全性。透明性是特别重要的，因为它涉及隐藏独立节点功能组件的分布性，这样整个系统才能被认为是“单一整体”，而不是一个个“独立”仿真节点的集合。软件是支持分布式仿真系统构建所必需的，尤其是要支持通信模式设置以及仿真过程的命名与定位协议。

在分布式仿真中，通信模式依靠两种特性来区分，即通信机制和事件同步。通信机制指在两个或更多个仿真实体之间交换数据的方法，包括消息传递、共享内存、远程方法调用。事件同步指在分布式仿真为同步数据发送与接收而采取的方法，主要包括时间排序、事件排序和时钟同步。

5.1.1 发展历程

分布式仿真的起源，如图5-1所示，可以追溯到20世纪80年代末美国国防高级研究计划局（Defense Advanced Research Projects Agency，DARPA）和美国陆军资助的SIMNET（Simulation Network）项目。SIMNET作为一项技术演示项目，其目的在于将装甲车辆和飞机等平台模拟器（虚拟仿真）和仿真程序（构造仿真）互联，实现对平台操作员开展更大规模、更广地域的训练。SIMNET很成功，在美国和美国之外的北约国家得到了广泛发展，在1987年已部署到了10个军事基地，其中一个在德国。从1989年开始，为 SIMNET 开发的不同仿真之间的互操作通信标准成为国际组织标准化的主题之一，目的在于实现通用化，使其能够应用于其他类似项目。这也正是 SIMNET 的历史价值，促进了仿真互操作标准的出现，为分布式仿真快速发展和应用奠定了技术基础。

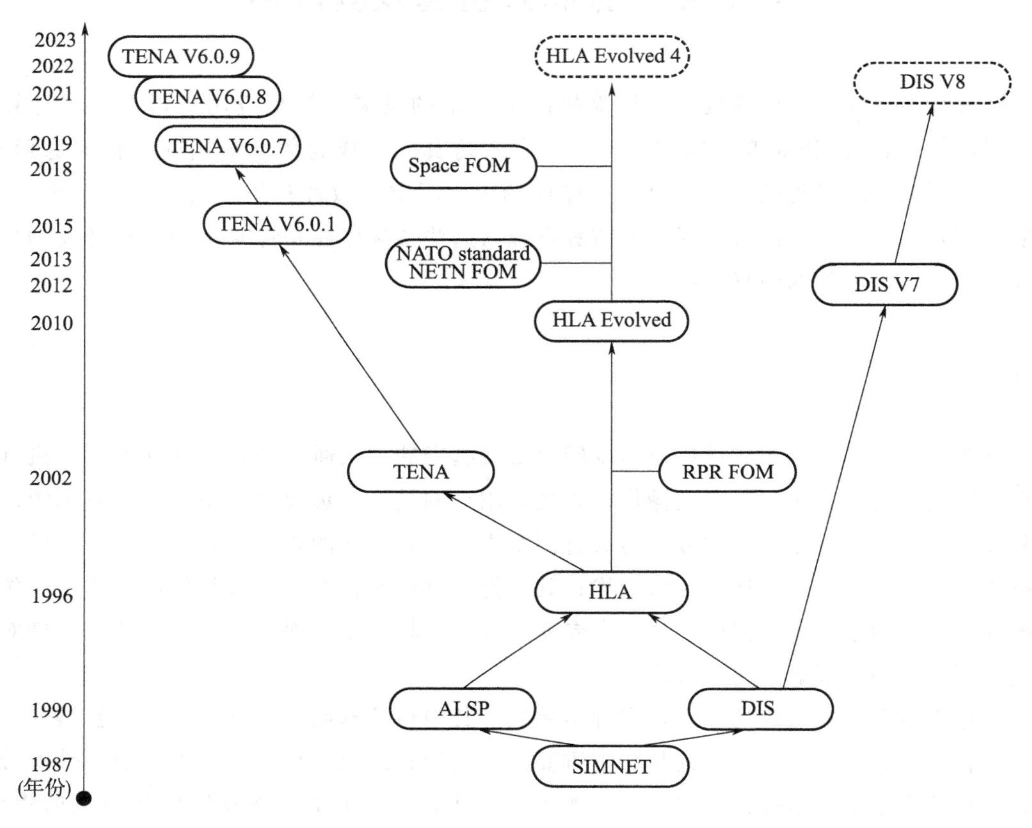

图 5－1　分布式仿真发展历程示意图

SIMNET 出现之后，形成了多种不同的分布式互操作标准。最初的两个几乎是同时提出来的，即聚集级仿真协议（Aggregate Level Simulation Protocol，ALSP）和分布式交互仿真（Distributed Interactive Simulation，DIS）。ALSP 用于基于事件的构造仿真之间的互联（20 世纪 90 年代早期提出），基本上在美国使用（还包括与北约的一些实验，以及在北约框架内与法国的实验）。DIS 标准针对的是人在回路模拟器间的互联（从 1995 年起为 IEEE 1278 标准），在美国和整个欧洲，尤其在英国获得了相当大的成功。目前，DIS 标准依然由重要的国际组织——仿真互操作标准组织（Simulation Interoperability Standard Organization，SISO）推动更新发展。

在仿真团体开展这些工作的同时，工业部门也建立了针对分布式系统的面向对象的标准——公共对象请求代理体系结构（Common Object Request Broker Architecture，CORBA）。CORBA 并非专门针对仿真，但今天仍然在仿真领域部分使用（但主要还是用于其他领域）。20 世纪 90 年代中期，美国国防部决定开发自己的分布式标准规范，试图合理吸纳各种已有标准（CORBA、DIS 和 ALSP）的优势，其结果就是高层体系结构

(High Level Architecture，HLA）标准的出现。

HLA 的初始版本发布于 1996 年，第一个稳定、真正可实用的版本发布于 1998 年（1998 年 2 月，美国国防部发布的 1.3 版），HLA 开发的灵感来自早期工作（一定程度上是 DIS 和 CORBA，但主要是 ALSP)。HLA 的出现影响了 DIS 和 ALSP 的正常发展。IEEE 标准组织在 2000 年接受 HLA 标准，称为 IEEE Std-1516 标准，并在后期发展中更新修订。从 1996 年开始，美国国防部采取了一项严格的政策，即将 HLA 强行作为唯一的仿真互操作标准。这项政策（2001 年之后有所放松）产生了显著效果，使得 HLA 成为可用的、最全面和发展最快的标准，包括附有的实时平台级参考联邦对象模型（RPR FOM)、北约教育和培训联邦对象模型（NATO standard NETN FOM）和空间参考联邦对象模型（Space FOM)。

2000 年以后，美军面向试验和训练靶场提出了新的架构，即试验和训练使能体系架构（Test and Training Enabling Architecture，TENA)。TENA 由美国国防部的试验资源管理中心（Test Resource Management Center，TRMC）和联合部队司令部（Joint Forces Command，JFCOM）的联合国家训练能力（Joint National Training Capability，JNTC）共同发起，所有规范和软件归美国政府所有，并没有标准化。

近年来，消息中间件、云平台、数据分发服务（DDS）等新体制的分布式软件融入分布式仿真系统，给分布式仿真带来新的契机和生态。尤其是借助开源力量，必然会推动分布式仿真再向前发展。

5.1.2　关键问题

5.1.2.1　体系结构

所谓体系结构，指的是一种系统构建方法或模型，用于描述系统的组成和相互关系，以指导管理人员、开发人员和用户理解系统、设计系统、构建系统和使用系统。

分布式仿真体系结构，采用协调一致的结构、标准、协议和数据库，通过局域网或广域网将分散在各地的仿真设备互联并进行交互，把空间上分布的多个实装设备或仿真器通过一个公共通信网络连在一起，协调完成复杂的具有分布特性的仿真任务。

分布式仿真体系结构技术大致经历了分布交互式仿真（DIS)、高层体系结构（HLA）到试验训练使能体系结构（TENA）的过程。近年来，由国际对象管理组织（OMG）制定的数据分发服务（DDS）应用也十分广泛。这些体系结构皆以网络总线式的技术体制延续发展至今，具体的差别见表 5-1。

现有的分布式仿真系统，根据自身需求选择并使用相关体系结构，在这些分布式仿真系统中，依据 2017 年译著《体系的建模与仿真》的一项调查统计，大约分布交互式仿真（DIS）占 20%，高层体系结构（HLA）占 25%～35%，试验和训练使能体系结构（TENA）占 20%，其他体系结构占 25%～35%。另外，随着云技术的发展，基于云服务的分布式仿真技术体制也在积极发展。可以预见，未来基于云的分布式仿真必将在分布式仿真中占有一席之地。

表 5－1　体系结构差异对比表

	DIS	HLA	DDS	TENA
中间件	无	有	有	有
时间管理	无 仅仅支持实时仿真	有 支持各类仿真	无 仅仅支持实时仿真	无 仅仅支持实时仿真
数据分发 体系结构	广播 无过滤	组播 Peer－to－peer 有过滤	组播 Peer－to－peer 有过滤	组播 Peer－to－peer 有过滤
对象模型	无	有 通过 OMT 支持	有 通过 IDL 语言支持模型建模	有 TENA 有原模型，对象类之间继承间关系、组合关系等
对象可重用性		联邦级重用 通过 OMT 实现静态 对象模型的重用	主题重用 介于类型与实例之间的重用	更小粒度的重用 对象模型支持组合关系
可靠性	低 各成员自制，没有相关检查	高 运行过程中 RTI 对 FOM 进行版本检查 不检查中间件版本	高 DDS 对象通过编译产生库， 链接到应用中	更高 数据格式方面的任何错误都可在软件编译期间（事件执行之前）被发现。运行中会检查中间件版本和对象模型版本
数据管理	无	无 推荐的 SOM 标准	无	通过仓库/中间件/数据档案库对联合仿真生命周期的数据进行管理和标准化
空间参考模型 （SRM）	DIS 中所有实体坐标系 都向 DIS 地心系	无 用户约定	无	在一个执行中可以存在多个空间参考模型（SRM）

5.1.2.2　时钟同步

时间是分布式仿真中的核心概念，时钟同步是分布式系统的核心技术之一。现行的分布式系统或标准都提供了相应的时间同步机制。如在分布式交互仿真（DIS）中引入了时戳技术；高层体系结构（HLA）提供了时间管理服务，并将其作为接口规范所定义的六种服务之一。时钟同步包括两类，一是物理时钟同步，二是逻辑时间管理。

（1）物理时钟同步

物理时钟同步，即所有网络节点都采用相同的时间参考基准进行时间同步，保证节点时钟于基准一致。物理时钟同步，应用于实时的分布式仿真。DIS和试验与训练体系结构（TENA）采用此机制进行时间同步。网络时间协议（Network Time Protocol，NTP）是最常使用的时间同步协议。

NTP协议是基于面向无连接的UDP协议的，目的是在无序的Internet环境中提供精确和健壮的时间服务。NTP使用层次式时间分布模型，所能取得的准确度依赖于本地时钟硬件的精确度和对设备以及进程延迟的严格控制。目前，精度在局域网内可达10^{-1} ms，在广域网可达几十毫秒。NTP支持三种时间传送模式：多播模式、客户/服务器模式以及对称模式，可根据需要进行选择。在典型配置中，NTP利用多个冗余服务器及多条网络路径来获得高准确度与可靠性。

（2）逻辑时间管理

逻辑时间管理，主要指HLA中时间管理，其核心在于为所有仿真节点选择一个相同的精确时钟，确保在仿真过程中所发生的事件在逻辑上的正确性，以及所发送的消息在逻辑上的有序性。逻辑时间管理为超时的分布式仿真和欠实时的分布式仿真提供了时间一致性保障，其时间推进机制可分为两大类：一类为保守的时间推进机制，另一类为乐观的时间推进机制。

保守的时间推进机制是以并行离散事件仿真（Parallel Discrete Event Simulation，PDES）的保守算法为基础，其基本思想是假设物理系统满足可实现性和可预测性，可实现性保证系统发出的t时刻的消息仅仅依赖于t时刻以前接收到的消息和状态；可预测性保证系统能够在t时刻预测出$t+\varepsilon$时刻的消息（$\varepsilon>0$），并且在遵守本地因果约束条件的前提下，实现对系统的正确放置。本地因果约束条件为：由一组逻辑进程组成的离散事件仿真，仅通过时戳消息进行交互，并且仅当每个逻辑进程按非递减的时戳顺序处理事件时，遵守本地因果约束条件。虽然保守算法可能会引起死锁，但引入“时间前瞻量（Lookahead）”的概念可以有效地解决这个问题。

乐观的时间推进机制是以并行离散事件仿真（PDES）的乐观算法为基础的。与保守机制相反，乐观的时间推进机制不严格遵守本地因果条件，当因果错误发生时，利用回滚（或称“回溯”）机制对系统状态进行恢复，乐观的时间推进机制能确保事件均按时戳顺序处理。

5.1.2.3　DR算法

DR（Dead Reckoning）一词源于航海。在航海中，为了使船只达到某一地点，需要使船头保持某一方向航行一段时间；当实际航线与期望的方向出现较大差异时，修正航向，再沿着新的航行方向行进。DR技术是分布式仿真中常用的一项技术，它可以在仿真精度和网络负荷之间进行很好的折中，即可以在一定的仿真精度要求下，大大减少仿真节点之间的仿真实体状态信息传递次数；同时可以对信息传输延迟进行补偿。

DR算法是一种实时地模型预估技术，其过程如下：分布式系统中在每个仿真节点中除了保存其内部仿真实体的动力学模型外，还保存一个仿真实体动力学模型的简化模型，称为DR模型。在分布式系统仿真进程中，每个仿真节点不是每个仿真周期都将其内部的仿真实体的运动状态发送给其他仿真节点，而是在计算仿真实体动力学模型得到仿真实体运动轨迹的同时，利用其内部的DR模型根据某一时刻的实体运动状态信息来递推仿真实体的运动状态，并将递推结果与仿真实体的实际运动状态相比较，当二者之间的误差超过某一设定的误差限（称为递推误差阈值），仿真节点便将该时刻的仿真实体的运动状态打包发送给其他仿真节点，同时更新其内部DR模型的参数。分布式系统中其他仿真节点内部都保留一份与发送仿真节点内部DR模型相同的DR模型，以供本节点递推发送节点内部的该仿真实体运动状态；当其他仿真节点接收到发送节点发出的状态更新信息后，根据一定的准则，判断是否有必要更新其内部的DR模型参数，如有必要，则更新其内部的DR模型参数，并继续递推相应的仿真实体的运动状态，直到下一个状态更新信息的到来。

如图5-2所示，由于预估的数据与真实位置存在一定的误差，使得运动实体在可视化的场景中出现“跳动”“拉扯”现象。在DR算法中，使用平滑处理技术缓解这一问题。

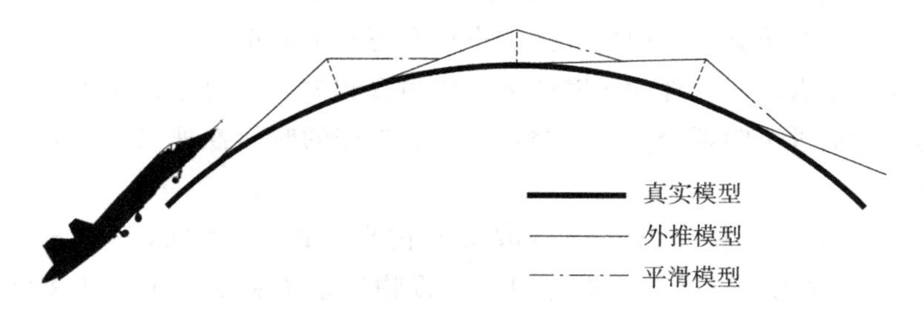

图5-2 DR推算与平滑算法轨迹示意图

DR算法的平滑处理技术主要采用多项式函数对两点之间进行插值计算，从而获得平滑效果。不同的插值方法有不同的效果。最简单的是线性插值，该类算法比较简单，运算速度也很快，但是运动轨迹僵硬；二次插值的算法解决了线性插值算法轨迹僵硬的缺点，但是在处理运动方向上不是很理想；目前最常用的方法是采用三次插值的算法，例如基于三次插值的Cubic Splines算法。

二维空间中，基于三次插值的Cubic Splines算法计算过程如下：每个点由（x，y）组成，且速度也有$V=(v_x-v_y)$两个分量。该算法需要有四个坐标信息（x，y）作为它的参数来进行运算：第一个参数Pos_1表示平滑处理的起始位置；第二个参数Pos_2是从起始位置模拟运行1个单位时间周期后的位置；第三个参数Pos_3是到达平滑处理终点位置前1个单位时间周期的位置；第四个参数 Pos_4 是平滑处理的终点位置。下列公式具体描述了四个坐标值的计算方法：

$$Pos_1 = StartPosition$$

$$Pos_2 = Pos_1 + V$$

$$Pos_3 = EndPosition - V$$

$$Pos_4 = EndPosition$$

运动轨迹中（x，y）的坐标，由下列公式得出：

$$x = A \times t^3 + B \times t^2 + C \times t + D$$

$$y = E \times t^3 + F \times t^2 + G \times t + H$$

其中，时间 t 的取值为 $t \in [0, \Delta t]$，Δt 为单位时间周期，在 Pos_1 时 $t=0$，在 Pos_4 时 $t=\Delta t$。

多项式中的系数取值如下：

$$A = x_3 - 3x_2 + 3x_1 - x_0$$

$$B = 3x_2 - 6x_1 + 3x_0$$

$$C = 3x_1 - 3x_0$$

$$D = x_0$$

$$E = y_3 - 3y_2 + 3y_1 - y_0$$

$$F = 3y_2 - 6y_1 + 3y_0$$

$$G = 3y_1 - 3y_0$$

$$H = y_0$$

其中，x_0，x_1，x_2，x_3 代表 $Pos_1 \sim Pos_4$ 中的 x 坐标，y_0，y_1，y_2，y_3 代表 $Pos_1 \sim Pos_4$ 中的 y 坐标。

5.1.2.4　综合集成

当异构的分布式仿真系统，例如基于 DIS 和基于 HLA 的分布式仿真系统需要互联互通互操作时，可采用四种解决方案：代理、网关、中间件、协议。

1）代理是连接不同基础设施解决方案的仿真系统。它包含多个仿真系统共享的公共要素，包括实体和事件，并使用基础设施提供的接口。

2）网关提供了不同基础设施解决方案支持的仿真系统间的连接和转换。网关的关注重点是仿真系统，而不是基础设施。

3）中间件把基础设施连接到一起，并允许使用基础设施的服务，通过接口程序界面相互作用。这两个基础设施保存不变，但是提供给其他基础设施的接口通常比提供给仿真系统的接口更加丰富。

4）协议扩展了基础设施从网络协议层到二进制层的互操作能力。

图 5-3 展示了这四个类别，涉及四个不同的仿真系统，分别是 A1、A2、B1 和 B2，它们由两种不同的互操作基础设施 T1 和 T2 提供。四个类别分别使用代理经由系统接口与有关基础设施连接、使用网关连接两个仿真系统、使用中间件经由基础设施接口连接基

础设施，以及通过扩展二进制协议连接有关基础设施。

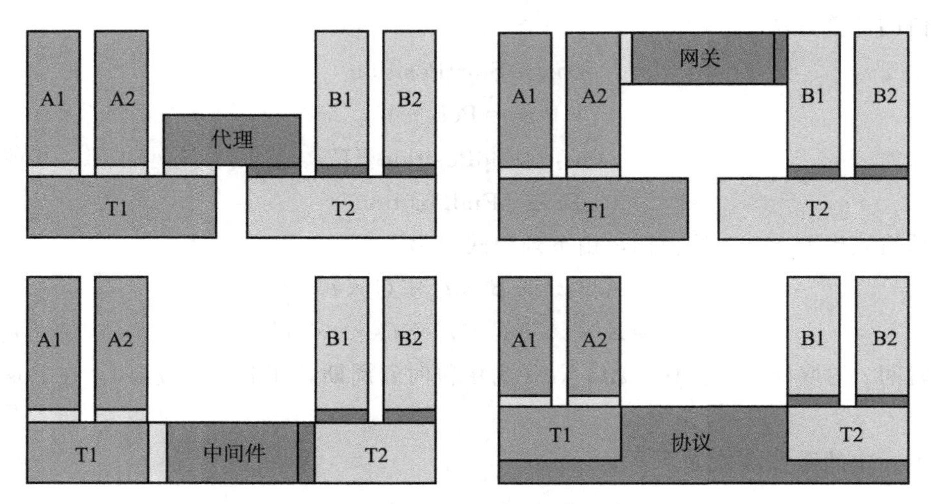

图 5-3 代理、网关、中间件及协议连接示意图

另外，适配器也广泛用于描述系统集成。区别在于，网关应用为标准协议之间的应用集成，例如 HLA-DIS 网关、TENA-HLA 网关等；适配器应用为针对特定靶场系统定制的应用程序，确保靶场系统无须修改就可以参加试验训练活动。

5.2 分布交互仿真

5.2.1 起源与发展

分布交互仿真（Distributed Interactive Simulation，DIS）技术是 1983 年由美国国防高级研究计划局（DARPA）和陆军共同资助的 SIMNET 项目中发展起来的一种仿真技术。它的最初目的是将分散在各地的多个单项武器仿真器用计算机网络连接起来，进行各种复杂任务的训练，演示验证实时联网的人在回路中的多武器平台联合作战仿真和作战演习，此即为 DIS 系统的前身。SIMNET 工程的成功使得美国军方充分认识到这一技术的潜在作用。1989 年 9 月，美国陆军在佛罗里达召开了第一次研讨会，会议的宗旨是在 SIMNET 建立的网络框架下，制定一套面向分布式仿真的标准，以使这一技术向规范化、标准化、开放化的方向发展。至此，正式提出了 DIS 的概念。

经过近 30 年的发展，DIS 已经历了 7 次发展变革，如图 5-4 所示。DIS PDU 也即将迎来第三代发展。第一代 PDU 由 IEEE 1278.1™-1993（版本 2）定义，是 SIMNET 向 DIS 发展的过渡基石。随着越来越多的行业和政府开发者参与 PDU 的设计，标准设计者们认识到如果不破坏与第一代 PDU 的兼容性，就无法添加新的功能。因此，IEEE 1278.1™-1995（版本 5）与 1993 年的标准不兼容，代表了第二代 PDU。

1998 年标准（版本 6）增加了新的 PDU，但没有改变 1995 年（版本 5）PDU。2012 年的标准（版本 7）在几乎保留了与版本 6 的所有向后和向前的兼容性的同时，通过增加

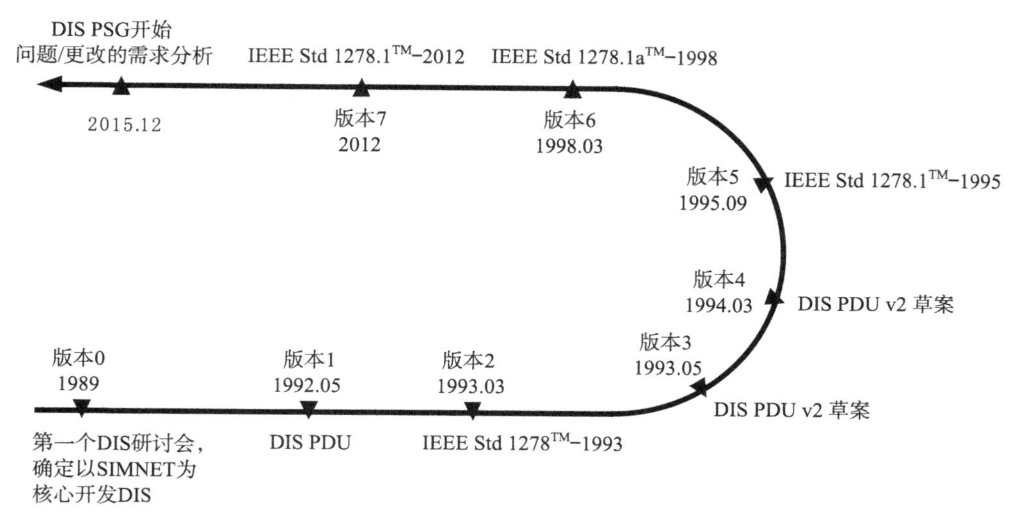

图 5－4　HLA 发展历程示意图

功能、纠正错误、澄清规则和增加 5 个新 PDU 的方式，使其得到了显著改进。因此，IEEE 1278.1™－2012 仍然是第二代。

版本 7 通过向以前未使用的字段添加新信息、不修改 PDU 整体格式的方式，保持与以前版本的兼容性。由于大多数填充字段现在已经被使用，并且仍然没有直接的方法，能够做到在不破坏兼容性的同时添加显著功能。因此，未来 DIS 版本 8 将无法继续使用这个方法。

后续，DIS 版本 8 的研究聚焦于 PDU 可扩展性、机器可读脚本语言等热点问题，并将会同步解决 64 位微秒时戳、遗失检验序列号、坐标系统与航迹推算算法、大小端编码转换等问题。

经批准的分布式交互仿真的 IEEE 标准包括：

1）IEEE 1278.1——应用协议；

2）IEEE 1278.1A——枚举和位编码值；

3）IEEE 1278.2——通信服务和配置文件；

4）IEEE 1278.3——演练管理和反馈（EMF）；

5）IEEE 1278.4——校核、验证与确认。

5.2.2　关键概念及标准

5.2.2.1　协议数据单元（PDU）

DIS 的核心是一组协议，建立了一个通用的数据交换环境，通过采用广播通信机制在不同仿真节点之间传递有关实体和事件的信息（协议数据单元 PDU），支持异地分布的 LVC 的平台级仿真之间的互操作。PDU 在 DIS 的发展中也在不断更新和删减，在最新的 DIS 版本 7 中包含实体、作战、仿真管理、综合环境、信息战等 13 类 PDU 协议族，如表

5－2所示。此外，表5－3给出了DIS中暂停PDU的示例。

表5－2　DIS PDU族列表

序号	PDU协议族	时间	简介
1	实体信息/实体交互	1995	实体外观、类型、位置等； 标志、能力、状态； 实体碰撞； PDU归属（版本7）
2	作战	1995	武器； 爆炸； 开火； 定向能（版本7）； 实体毁伤状态（版本7）
3	支援保障	1995	支援； 需求与相应； 再补给； 维修补救
4	仿真管理	1995	仿真试验集中控制； 开始、继续、暂停、停止、数据收集、数据分发； 其他服务
5	分布式信号重建	1995	雷达、敌我识别雷达类电磁发射模拟、水下声呐模拟、激光指示器模拟
6	无线电通信	1995	音频与数字通信 战术数据链
7	实体管理	1998	实体管理的四种方法； 聚合实体； 聚合实体的通信状态； 实例所有权转移
8	雷区	1998	雷、雷区位置； 雷、雷区外观； 其他相关细节
9	综合环境	1998	烟雾、尾迹、灰尘、模糊物、有毒化学物质
10	可靠仿真管理	1998	仿真管理PDU； 指定可靠通信； 其他相关服务
11	实装实例	1998	实装
12	非实时协议	1998	非实时协议
13	信息战	2012	电子战、计算机网络攻击、军事欺骗等（版本7）

表 5-3　暂停 PDU 示例

字段大小(bits)	暂停 PDU 字段		
96	PDU 头部	协议版本	8 位枚举类型
		试验 ID	8 位无符号整数
		PDU 类型(14)	8 位枚举类型
		协议族(5)	8 位枚举类型
		时间戳	32 位无符号整数
		长度	16 位无符号整数
		PDU 状态	8 位记录
		填充字段	8 位未使用
48	发送方 ID	位置	16 位无符号整数
		应用	16 位无符号整数
		实体	16 位无符号整数
48	接收方 ID	位置	16 位无符号整数
		应用	16 位无符号整数
		实体	16 位无符号整数
64	真实世界时间	小时	32 位整数
		已流逝小时	32 位无符号整数
8	事由	8 位枚举类型	
8	停止行为	8 位记录	
16	填充字段	16 位未使用	
32	需求 ID	32 位无符号整数	
暂停 PDU 总计 320 位			

5.2.2.2　航迹推算（DR）

DIS 实体中的一个最主要的共性是采用 DR 模型来推算实体状态信息。DR 原理及平滑技术参见第 5.1.2.3 章节。DIS 系统中采用 DR 技术具有重要意义，即在保证一定的仿真精度的条件下，可以大大降低仿真实体状态更新信息对 DIS 系统通信网络带宽的需求。

表 5-4 列举了 DIS 标准中 9 种标准 DR 模型。模型 1 是静态模型、四种使用世界坐标系、四种使用体心坐标系。模型 2，3，6 和 7 是位置的一阶导数，模型 4，5，8 和 9 是位置的二阶导数。模型 3，4，7 和 8 包括 2 个公式，一个用于 DR 平移推算，另一个用于 DR 旋转推算。

表 5-4　DR 公式表

序号	模型	公式
1	STATIC	N/A
2	DRM(FPW)	$P = P_0 + V\Delta t$

续表

序号	模型	公式
3	DRM(RPW)	1) $P = P_0 + V\Delta t$ 2) $[R]_{w\to b} = [DR][R_0]_{w\to b}$
4	DRM(RVW)	1) $P = P_0 + V\Delta t + \frac{1}{2}A_0\Delta t^2$ 2) $[R]_{w\to b} = [DR][R_0]_{w\to b}$
5	DRM(FVW)	$P = P_0 + V\Delta t + \frac{1}{2}A_0\Delta t^2$
6	DRM(FPB)	$P = P_0 + [R_0]^{-1}_{w\to b}([R1]V_b)$
7	DRM(RPB)	1) $P = P_0 + [R_0]^{-1}_{w\to b}([R1]V_b)$ 2) $[R]_{w\to b} = [DR][R_0]_{w\to b}$
8	DRM(RVB)	1) $P = P_0 + [R_0]^{-1}_{w\to b}([R1]V_b + [R_2]A_b)$ 2) $[R]_{w\to b} = [DR][R_0]_{w\to b}$
9	DRM(FVB)	$P = P_0 + [R_0]^{-1}_{w\to b}([R_1]V_b + [R_2]A_b)$

5.2.2.3　扩展能力

DIS系统中，因模型仿真粒度、事件细节或者无法纳入开放标准的机密信息等内容，使得标准PDU只能有限适用。因此，在DIS的发展中，PDU的可扩展性一直是研究热点问题。

目前，第三代PDU拟通过“确定协议体＋变长记录”方式解决扩展性问题。每种PDU具有相同的基本格式，包括协议头、确定协议体和变长记录。其中，协议头格式统一；确定协议体包含具体协议的固定格式和长度；变长记录用于用户自定义的扩展信息。第三代PDU的设计示例，如图5-5所示。

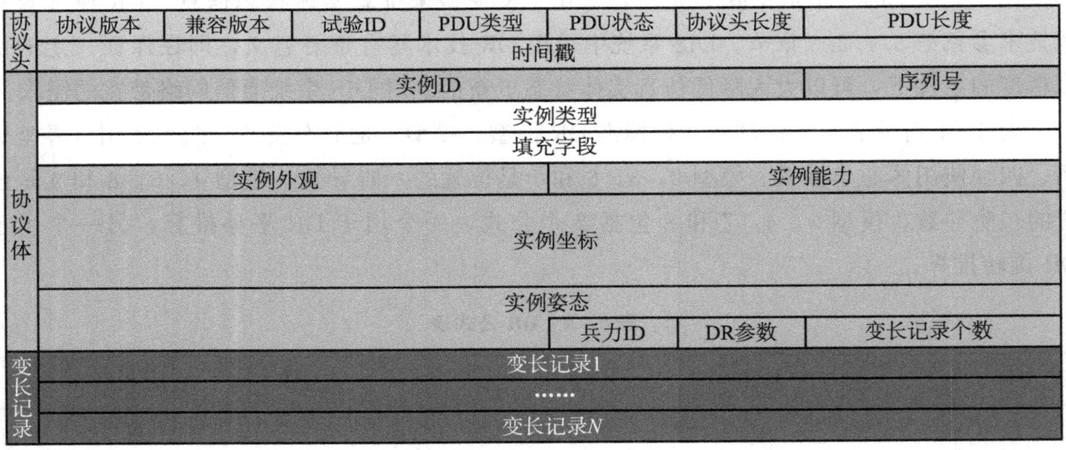

图5-5　第三代PDU示意图

5.2.3　特点及其应用

DIS的最终目的是将不同时期的仿真技术、不同厂家的仿真产品和不同用途的仿真平台集成在一起，实现交互功能。与许多其他系统相比，DIS具有如下特点。

（1）分布性与自治性

DIS系统具有在地域上分布和功能上分布的特点，不同地域的仿真设备作为一个节点可通过广域网通信，同一个地域的不同仿真系统或不同仿真实体或某一仿真实体的各部分可用局域网互联。每一个仿真应用是一个自治的仿真节点，它可以提供一个或多个仿真对象的动力学描述，产生接收状态信息和各种事件信息。仿真节点的加入与脱离不会影响其他节点的正常运行。

（2）交互性与对等性

DIS的各个节点采用统一的互联标准与协议以实现交互。实现交互的标准有通信结构标准（例如TCP/IP协议）和协议数据单元（PDU）标准。节点间是对等关系，没有中央计算机进行调度与管理，采用对象/事件体系结构，依靠各节点事件的触发与接收、状态更新完成动态交互仿真过程。

（3）实时性与协调性

仿真节点可以是真实的武器平台（实况仿真）、人在回路仿真器（虚拟仿真）或计算机生成兵力CGF（构造仿真），当彼此互联，进行交互，必须保证实时性与协调性，才能达到再现真实物理世界的目的。

DIS体系结构实现简单，容错性好，但是它也存在很多缺陷和局限性。这种建立在数据交换标准之上的体系结构是一种低层次的体系结构，对于处理具有复杂的逻辑层次关系的系统是不完备的。由于自治的仿真节点之间是对等的关系，所以，每个仿真节点不仅要完成自身的仿真功能，还需完成信息的发送、接收、理解等处理。这种方式不但增加了不必要的网络传输量，而且还增加了仿真节点的负担。此外，由于这种逻辑结构不能很好地解决地理分布、计算分布与系统内部逻辑层次表示之间的综合和协调，也增加了分布式交互仿真系统设计和实现的复杂性。

5.3　高层体系结构（HLA）

5.3.1　起源与发展

早期SIMNET、DIS、ALSP都是同类功能仿真应用（武器平台、模拟仿真器、计算机生成兵力CGF、聚合级仿真模型）的互联，只有有限的互操作性，不能满足越来越复杂的作战仿真需求。为此，美国国防部于1995年发布了建模与仿真主计划（M&S Master Plan，MSMP），决定在国防部范围内建立一个通用的仿真技术框架来保证国防部范围内的各种仿真应用之间的互操作性。技术框架的核心是高层体系结构（HLA）。HLA解决了仿真系统的灵活性和可扩充性问题，减少了网络冗余数据，并且可以将实况仿真、虚拟仿真和构造仿真集成到一个综合的仿真环境中，满足复杂大系统的仿真需要。

HLA 主要由三部分组成：规则（Rules）、对象模型模板（Object Model Template，OMT）、接口规范说明（Interface Specification）。为了保证在仿真系统运行阶段各联邦成员之间能够正确交互，HLA 规则定义了在联邦设计阶段必须遵守的基本准则。HLA 对象模型模板提供了一种标准格式，以促进模型的互操作性和资源的可重用性。接口规范定义了联邦成员与联邦中其他成员进行信息交互的方式，即 RTI 的服务。

如图 5－6 所示，HLA 的发展大致经历了五个阶段，可以分为四个里程碑节点。最初，HLA 由美国国防部在 20 世纪 90 年代创建，并在初始时期经历了 HLA1.0、HLA1.1 和 HLA1.2 三个版本的原型积淀，于 1998 年首次发布了第一代标准，HLA1.3 版本。2000 年 9 月 HLA 被 IEEE 收录，发布了第二代标准 IEEE Std 1516－2000。2010 年，HLA 更新了一些新特性，发布第三代标准 IEEE Std 1516－2010，即进化版 HLA。目前，HLA 正在持续进行第四代标准的完善修订，即 HLA4。

HLA4 已获得仿真互操作标准组织（SISO）编制批准，由仿真互操作标准组织 HLA 产品开发小组（Product Development Group，PDG）进行修订。HLA4 的研究热点聚焦于在如下几个方面：

1）更易于扩展标准 FOM；

2）定向交互；

3）联邦成员身份验证；

4）标准化的联邦协议，该协议应该满足以下几点：

a）对 3G/4G/5G 友好；

b）对云和广域网友好；

c）对 MSaaS 和容器友好；

d）具有更广泛的语言支持；

e）具有加密能力。

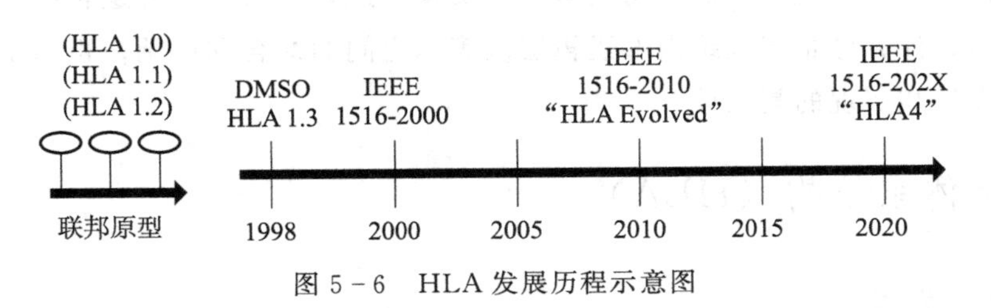

图 5－6　HLA 发展历程示意图

5.3.2　关键概念及标准

5.3.2.1　联邦和联邦成员

由 HLA 构建的系统中，联邦（Federation）是指用于达到某一特定仿真目的的分布式仿真系统，它由若干个相互作用的联邦成员（Federate）构成。所有参与联邦运行的应用程序都是联邦成员，包括用于联邦数据采集的数据记录应用软件、用于适配实装接口的仿真代理软件等。联邦成员中以仿真应用最为典型，仿真应用是使用实体的模型来产生联邦中某一实体的动态行为。

图 5 - 7 中的 RTI 是按照 HLA 标准规范形成的服务程序，具有联邦管理、声明管理、对象管理、所有权管理、时间管理、数据分发管理等服务功能，并能按照 HLA 接口规范提供一系列支持联邦成员互操作的服务函数。它是 HLA 系统进行分层管理控制、实现分布式仿真可扩展性的支撑基础。对于采用 HLA 体系结构的仿真系统，联邦的运行和仿真成员之间的交互和协调都是通过 RTI 来实现的，RTI 的实现及其运行性能的好坏，是分布式交互仿真系统实现的关键。

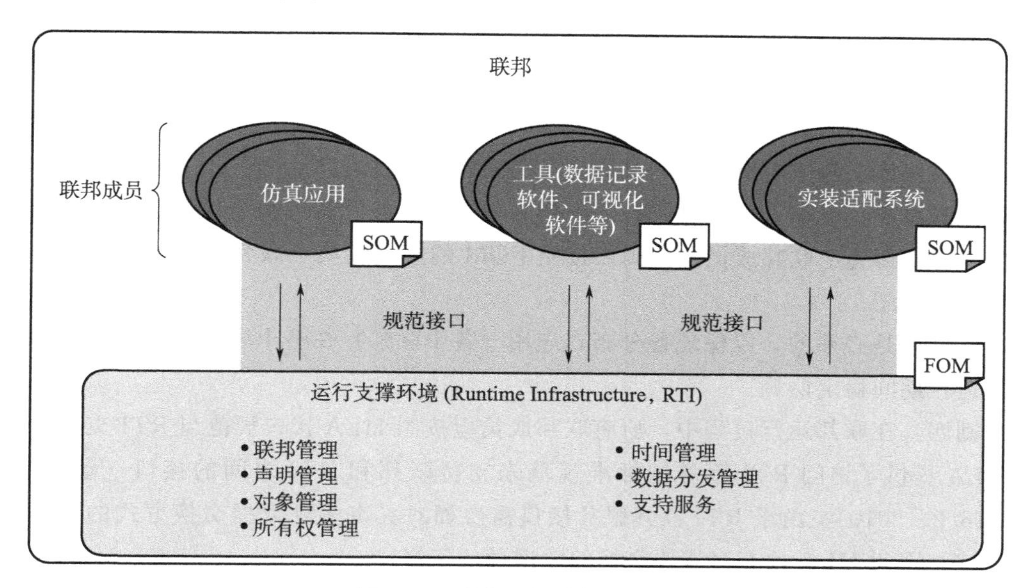

图 5 - 7　联邦逻辑结构示意图

5.3.2.2　HLA 规则

现行的 IEEE Std 1516 - 2010 标准中，HLA 规则共有十条，其中前五条规定了联邦必须满足的要求，后五条规定了联邦成员必须满足的要求①。

（1）联邦规则

规则一：联邦应该有一个联邦对象模型（Federation Object Model，FOM），该 FOM 应与 HLA 的对象模型模板（Object Model Template，OMT）相容。

所有符合 HLA 标准进行的交互数据应该通过 FOM 描述。FOM 文件由一个或多个 FOM 模块和一个管理对象模型与初始化模块（MOM and Initialization Module，MIM）组成。FOM 格式化了在仿真执行期间联邦成员之间通过 HLA 服务交互的数据协议以及数据状态更新的最小集。因此，定义联邦时 FOM 文件是必要元素。HLA 不限定 FOM 中的数据类型，可由联邦用户和开发者决定，但 HLA 要求将 FOM 以 IEEE Std 1516.2 - 2010 的格式文档化，以支持新用户重用 FOM。

① IEEE Std 1516 - 2010 更新删除部分已略去，下划线部分为 IEEE Std 1516 - 2010 更新补充的描述。

规则二：在一个联邦中，FOM 中的所有对象实例应属于联邦成员而不是属于基础构建 RTI。

在 HLA 中，维护 HLA 对象实例属性值的责任应是已加入的联邦成员。在一个 HLA 联邦中，所有已加入的联邦成员的相关实例属性应由联邦成员拥有而不是 RTI。RTI 可拥有与联邦管理对象模型有关的实例属性。RTI 可以使用实例属性和交互实例相关数据以支持 RTI 数据分发管理等服务，但 RTI 不能改变这些数据。

规则三：在执行联邦时，在各成员中间所有 FOM 规定的数据交换必须通过 RTI 进行。

HLA 在 RTI 中指定了一组接口服务，来支持各联邦成员按照联邦 FOM 的规定对实例属性值和交互实例进行交换，以支持联邦范围内联邦成员间的通信，在 HLA 体制下，联邦成员间的通信是借助 RTI 提供的服务来进行的。根据 FOM 的规定，各联邦成员将实例属性与交互实例的数据提供给 RTI，由 RTI 来完成联邦成员间的协调、同步及数据交换等功能，以保证联邦中的所有联邦成员运行期间保持一致协调。

联邦成员要负责在正确的时间提供正确的数据而且数据被正确的使用；RTI 则保证将数据按照需求传递给联邦成员，以确保按照 FOM 的规定在整个联邦范围内形成一个公共的共享数据视图。

RTI 服务是必须的，以保证各分布式应用（各个联邦）在整个联邦的参与者之间和整个联邦运行期间稳定协调。

规则四：在联邦运行过程中，所有联邦成员应按照 HLA 接口规范与 RTI 交互。

HLA 提供了访问 RTI 服务的标准规范来支持联邦和 RTI 之间的接口（参见 IEEE Std 1516.2-2010）。由于 RTI 及其服务接口需要面对具有多种数据交换方式的各类仿真应用系统，因此 HLA 没有对需要交换的数据做任何规定。

规则五：在联邦运行期间，一个实例的属性在某一时刻最多只能属于一个联邦成员。

HLA 允许同一个对象不同属性的所有权分属于不同的联邦成员。为了保证联邦中数据的一致性，对象实例的任何一个实例属性，在联邦执行的任一时刻只能为一个联邦成员所拥有。联邦成员在联邦执行期间可以动态地申请或剥夺实例属性所有权。此外，HLA 还提供了将属性的所有权动态地从一个联邦成员转移到另一个联邦成员的机制。

（2）联邦成员规则

规则六：每个联邦成员必须有一个符合 HLA OMT 规范的仿真对象模型（Simulation Object Model，SOM）。

HLA SOM 应包括联邦成员可以在联邦中公布的对象类、对象类属性和交互类。SOM 由一个或多个 SOM 模块和一个可选的 MIM 定义。HLA 不要求 SOM 描述具体的交互数据，此部分是联邦成员开发者的责任。SOM 的文档格式应符合 IEEE Std 1516.2-2010 的要求。

规则七：每个联邦成员必须有能力更新/映射任何 SOM 中指定的对象模型类的实例属性，并能接收/发送任何 SOM 中指定的交互类的交互实例。

HLA 要求联邦成员在其 SOM 中描述，供其在仿真运行过程中使用的对象类和交互类，同时允许为某个联邦成员开发的对象类和交互类可以被联邦中其他联邦成员使用。联邦成员的 SOM 将这些对外交互的能力规范化，这些能力包括更新在联邦成员内部计算的实例属性和向其他成员发送的交互实例。

规则八：联邦运行期间，每个联邦成员应具有动态接收和转移 SOM 中对象属性所有权的能力。

HLA 允许对象实例的属性所有权在仿真执行期间动态的转移。联邦成员的 SOM 中应注明，联邦成员的实例属性可以被拥有、反射以及哪些所有权可以在联邦执行期间获取或剥夺。

规则九：每个联邦成员应能改变其 SOM 中规定的更新实例数值的条件（例如改变阈值）。

HLA 允许联邦成员拥有对象实例的实例属性，并能通过 RTI 将这些实例属性的值传递给其他联邦成员。不同的联邦可规定不同的实例属性更新条件。对于一个联邦成员而言，应该在它的 SOM 中将实例属性值的更新条件规范化描述。

规则十：联邦成员必须管理好局部时钟，以保证与其他成员进行协同数据交换。

联邦设计者将时间管理作为实现的一部分。联邦成员应遵守联邦的时间管理方法。

5.3.2.3　接口规范（API）

RTI 通过标准接口规范支持联邦运行，联邦运行的基本状态示意图如图 5－8 所示。在联邦成员与 RTI 发生任何交互之前（例如创建联邦或加入联邦），未加入的联邦成员应执行一个 connect 操作来链接 RTI。当一个联邦成员在已加入或创建的联邦中无后续操作时，应执行 disconnect 操作。图例中，始于联邦不存在状态，即 RTI 已经启动，同时相关联邦服务没有被调用。当联邦创建后，处于无联邦成员状态。在此之后，直到最后一个联邦成员退出之前，联邦会一直处于联邦成员支持服务的状态。

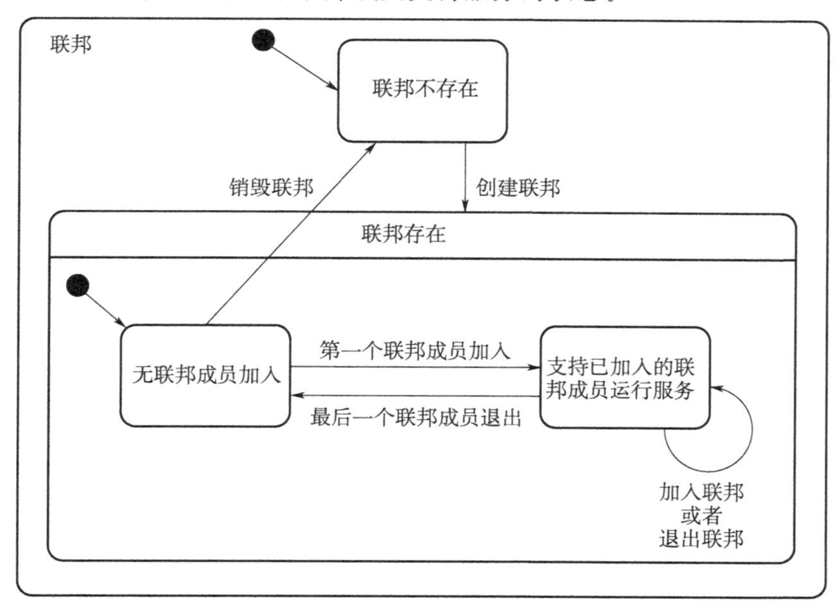

图 5－8　联邦运行的基本状态示意图

一旦联邦存在，联邦成员可以根据试验的设计加入、退出联邦。图 5－9 描述了联邦成员与 RTI 之间的基本交互关系。所展示的接口仅是 HLA 服务中的常见接口，同样也不是接口使用的严格排序要求。

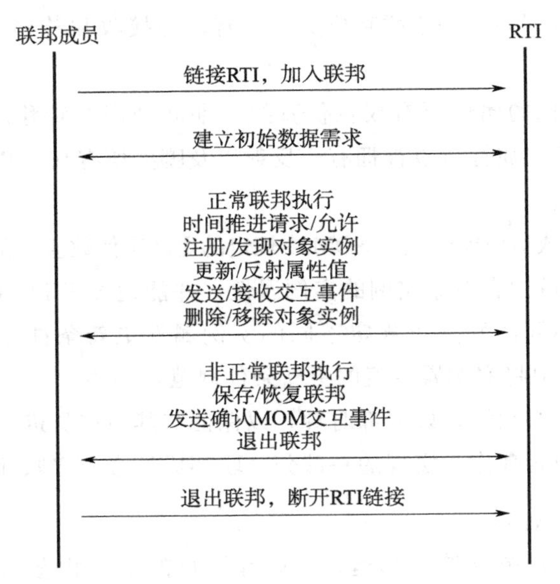

图 5－9　联邦成员与 RTI 的接口流程关系示意图

IEEE Std 1516.1－2010 标准中规定的基本服务，主要包括联邦管理（Federation Management）、声明管理（Declaration Management）、对象管理（Object Management）、所有权管理（Ownership Management）、时间管理（Time Management）、数据分发管理（Data Distribution Management）及支持服务（Support Services）七个方面，见表 5－5。

表 5－5　HLA 服务接口统计列表

	名称	服务个数	功能
六大管理服务	联邦管理	31	提供创建删除、加入、退出联邦和联邦同步点服务，以及保存、恢复联邦状态等功能
	声明管理	12	用于在联邦范围内建立一种公布和订购关系，以利用 RT_2 的控制机制减少网络中的数据差
	对象管理	29	包括对象提供方的实例注册和更新，对象用户方的实例发现和反射，同时包括收发交互信息的方法、基于用户要求控制实例更新和其他方面的支持功能
	所有权管理	18	提供属性所有权和对象所有权的转移和接收的服务
	时间管理	23	提供 HLA 时间管理策略和时间推进机制，以及用于查询时间状态和修改消息的排序类型等功能
	数据分发管理	12	通过对更新域和订购域的管理，提供基于值的数据过滤和分发服务，使联邦成员能有效地接收和发送数据
其他	支持服务	43	是对实现六大基本服务的支持，可完成联邦执行过程中关于名称及其对应的 handle 之间的相互转换，并可设置一些开关量

5.3.2.4　对象模型模板（OMT）

HLA 采用对象模型（Object Model）来描述联邦及联邦中的每一个联邦成员，该对象模型描述了联邦在运行过程中需要交换的对象类、交互类及参数等数据及相关信息。早期的 HLA 标准中，对象模型模板通过规范描述的表格方式描述内容，而在 IEEE Std 1516.2 - 2010 中使用 XML 语言描述对象模型。

HLA 对象模型分为两类：联邦对象模型（Federation Object Model，FOM）用于描述联邦中所有成员之间数据交换的规范；另一类是成员对象模型（Simulation Object Model，SOM），用于说明联邦成员在参与联邦时所能提供的能力和需求。

HLA FOM 的主要目的是提供联邦成员之间使用公共的、标准化的格式进行数据的规范，它描述了在仿真运行过程中将参与联邦成员信息交换的对象类、对象类属性、交互类、交互参数的特性。HLA FOM 的所有部件共同建立了一个实现联邦成员间互操作所必需的“信息模型协议”。

HLA SOM 是单一联邦成员的对象模型，它描述了联邦成员可以对外公布或需要定购的对象类、对象类属性、交互类、交互参数的特性，这些特性反映了成员在参与联邦运行时所具有的能力。HLA SOM 的标准化描述方式有助于确定一个联邦成员是否能够加入某个联邦中。

HLA 对象模型模板由一组相互关联的组件组成，IEEE Std 1516.2 - 2010 中 HLA 对象模型模板由以下组件组成：

1）对象模型鉴别表，记录识别 HLA 对象模型的重要信息；

2）对象类结构表，记录联邦或联邦成员对象类，并描述了父类与子类的关系；

3）交互类结构表，记录联邦或联邦成员交互类，并描述了父类与子类的关系；

4）属性表，说明联邦或联邦成员对象属性的特征；

5）参数表，说明联邦或联邦成员交互参数的特征；

6）路径空间数据维表，说明数据分发服务在对象类、交互类或属性中所能使用的传输限制；

7）时间表示表，指定时间参数的标识；

8）用户标签表，指定 HLA 服务中使用的标签；

9）同步点表，指定 HLA 同步服务使用的同步点和数据类型；

10）传输类型表，描述联邦成员之间传递交互类、对象实例属性所使用的传输机制；

11）更新速率表（IEEE Std 1516.2 - 2010 新增），用于限制指定名字的属性更新速率；

12）数据类型表，指定对象模型中数据类型的详细内容；

13）开关表，对 RTI 使用的参数进行初始化配置；

14）注释表，扩展 OMT 表中内容的解释。

HLA SOM 的相关示例，请参见 http：//standards.ieee.org/downloads/1516/1516.2 - 010/RestaurantSOMmodule.xml

HLA FOM 的相关是示例，请参见 http：//standards. ieee. org/downloads/1516/1516. 2－2010/RestaurantFOMmodule. xml

5.3.2.5　实时平台及参考联邦对象模型（RPR FOM）

RPR FOM（Realtime Platform Reference FOM）即实时平台级参考联邦对象模型，由仿真互操作标准组织（SISO）的开发小组（PDG）开发，将 DIS 的 PDU 数据结构映射成相应的符合 HLA OMT 规范的对象类和交互类，为 DIS 系统向 HLA 系统过渡提供支持。

1996 年 HLA 被美国国防部引入时，RPR FOM 也在同步开展从 DIS 到 HLA 的迁移工作。如图 5－10 所示，RPR FOM 1.0 版本发布于 1998 年，它支持 DIS 版本 IEEE 1278.1－1995（DIS 5）的功能。该标准提供了一个支持 HLA 版本 1.3 的 FOM。2015 年，RPR FOM 2.0 版本更新发布，命名为 SISO－STD－001，RPR FOM 2.0 支持 DIS 版本 IEEE 1278.1－1998（DIS 6）的功能。RPR FOM 2.0 的开发始于 2000 年，但在 2007 年停止，形成了广泛使用的草案 17。这项工作于 2012 年重启，并于 2015 年最终公布了标准。该标准提供了以下 HLA 版本的支持，HLA 1.3，IEEE Std 1516－2000 和 IEEE Std 1516－2010。目前，RPR FOM 3.0 版本正在开发中。2016 年 SISO DIS 和 RPR FOM 产品支持组（Product Support Group，PSG）开始该标准的开发工作。2018 年，开发工作移交给专门的产品开发小组（PDG）。RPR FOM 3.0 版本的目标是支持 DIS 版本 IEEE 127.1－2012（DIS 7）的功能以及 IEEE Std 1516－2000、IEEE Std 1516－2010 和 HLA4。

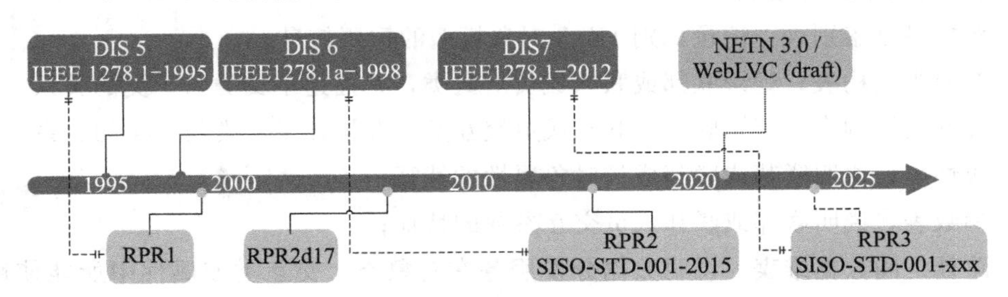

图 5－10　RPR FOM 发展历程示意图

RPR FOM 各版本与相关 DIS 标准的主要内容，见表 5－6。

表 5－6　RPR FOM 版本与相关 DIS 标准的简要列表

RPR 版本	相关 DIS 标准	主要内容
1.0	IEEE 1278.1－1995	实体外观及运动属性；武器开火；爆炸；碰撞；后勤保障；语音无线电和战术数据链；仿真管理；电磁发射；激光交互
2.0	IEEE 1278.1a－1998	补充支持包括发射、实体信息/交互信息、水下水雷战、实体管理、现场仪表、通信等
3.0	IEEE P1278.1－200X（标准草案）	新 DIS 标准草案进行了广泛的修订，澄清了歧义并补充内容，包括定向能武器、毁伤状态、试验信息、传输控制、电子战、IFF，以及现有 PDU 扩展属性

5.3.3　特点及其应用

HLA是一个开放的、支持面向对象的体系结构。它最显著的特点是通过提供通用的、相对独立的支撑服务程序，将应用层同底层支撑环境分离，即将具体的仿真功能实现、仿真运行管理和底层通信三者分开，隐蔽各自的实现细节，从而可以使各部分相对独立地进行开发，最大限度地利用各自领域的最新技术来实现标准的功能和服务，适应新技术的发展。

与DIS的广播通信机制不同，HLA通过发布/订阅方式建立数据发送与数据接收的双方通信链路，从而减少网络数据通信量，简化仿真应用。此外，相比于DIS、TENA体系结构，HLA具有逻辑时间管理能力，是唯一具备开展超实时、欠实时仿真试验的支撑体系结构。

HLA具有充分的试验支撑能力和开放的供应商生态系统，在分布式仿真体系中举足轻重。美国国防部曾规定2001年后所有国防部门的仿真必须与HLA兼容（但后来未完全执行）。目前，HLA已在40多个国家用于国防仿真，并越来越多地用于制造业、能源、交通、医疗等民用领域。

5.4　试验训练体系结构（TENA）

5.4.1　起源与发展

试验和训练使能体系架构（TENA）与DIS或HLA不同，不是一个开放标准，也没有计划在诸如SISO、ISO或IEEE这样的标准化组织中进行研讨和发布。TENA旨在为美国试验和训练靶场及其客户带来“更好、更快、更经济”的互操作性。TENA由对象模型数据规范、应用工具、通用支持工具、资源库和能够实现异构的实装、模拟器和数学仿真系统集成并开展高效试验训练活动的中间件组成，其技术架构如图5-11所示。通过TENA技术架构和架构组件为试验训练系统的开发和集成提供了通用方法，以促进仿真资源的互操作、可重用和可组合。

自1997年TENA基线报告（TENA-1997）发布以来，TENA不断走向完备和成熟，目前美国的“试验与训练使能体系结构”（TENA）已成型，TENA公共元模型定义趋于稳定，推出了基于Web的TENA仓库。1999年，TENA中间件的第一个原型IKE1被开发出来，随后在2000年参与了多个靶场的测试，IKE1能够实现分布式靶场的互联，但是不支持对靶场间的资源互操作。2002年，美军在IKE1的基础上推出了IKE2。IKE2大大吸收了面向对象技术，在“千年挑战02”（MC02）演练应用中成功地将试验靶场和训练靶场集合在一起，首次解决了靶场之间互操作的问题。TENA中间件原型在IKE1和IKE2基础上，推出了TENA Middleware 5.2.1，支持多种操作系统（包括Windows、Sun、Linux、SGI、Embedded Planet、Ardence ETS）和多种编译器类型（包括MSVC＋＋、SunPRO、MIPSPro、GCC），2012年又推出了升级版本TENA Middleware 6.0.3，中间件的性能不断提高，TENA的支持工具体系不断完善。

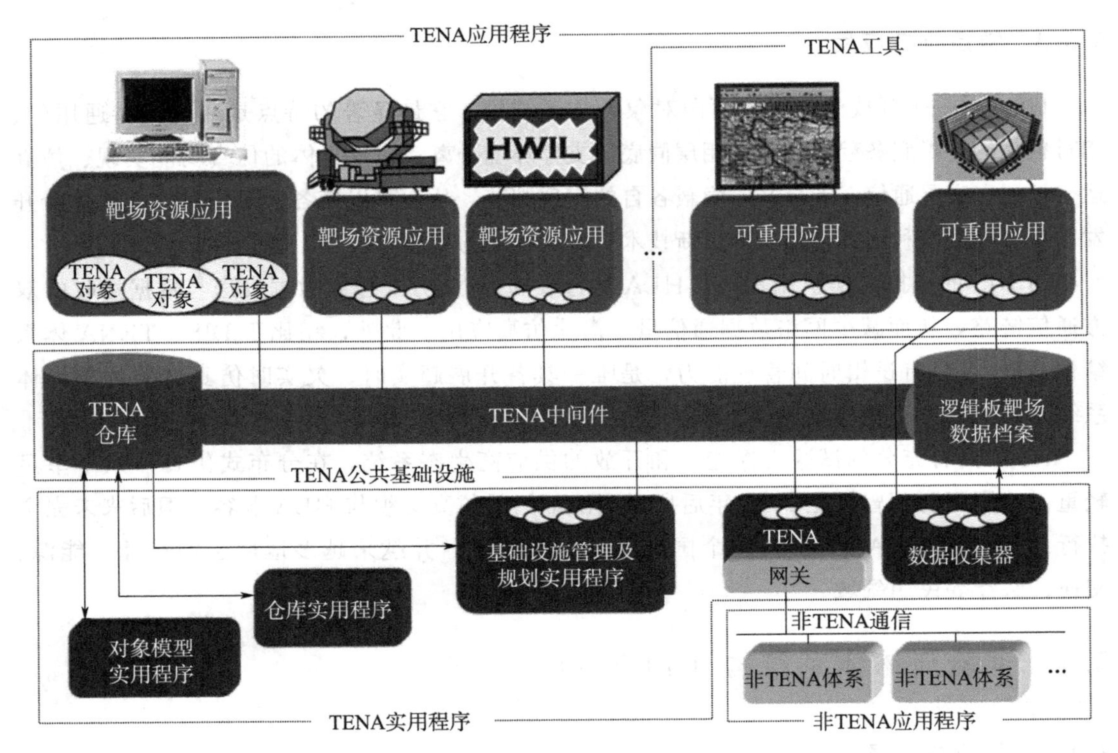

图 5－11　TENA 技术架构图

5.4.2　关键概念及标准

5.4.2.1　逻辑靶场

自 20 世纪 90 年代开始，美军开始执行“2010 基础设施倡议”（FI 2010），在试验靶场大力推行“逻辑靶场”概念，旨在实现美国各靶场、试验设施及仿真资源之间的互操作、可重用与可组合。2000 年 12 月，美国国防部在《联合试验与训练靶场指南》中公开提出“逻辑靶场”概念，并确立了建设“逻辑靶场”的基本框架。

“逻辑靶场”的推行得益于“重点试验与评价投资计划”（CTEIP）资助的“2010 基础设施倡议”（FI 2010）。FI 2010 项目主要由试验与训练功能体系结构（TENA）、公共显示分析与处理系统（CEAPS）、虚拟试验与训练靶场（VTTR）和地域性靶场联合试验（JRRC）四个密切相关的工程组成。逻辑靶场通过网络连接，解决靶场之间地域隔离问题，实现资源共享，增强靶场整体功能，促进美国防部的“仿真、试验和评价过程”的贯彻，最终实现以经济、高效的方式支持“网络中心战”环境下的试验与训练。

在一个逻辑靶场中 TENA 资源所共享的统一的对象模型叫做逻辑靶场对象模型（Logical Range object Model，LROM），它可以包含标准 TENA 对象模型成员，也可以包含非标准对象模型，每一个逻辑靶场可执行程序在语义上是与它的 LROM 绑定在一起的。

逻辑靶场是一种 TENA 应用之间的点对点的连接。在逻辑靶场中，每一个应用即可也扮演对象和数据的生产者（服务器）也可以扮演消费者（客户端）。作为服务器的角色时，为 TENA 对象实例服务的应用程序被称为“服务者”。作为客户端角色时，订阅 TENA 类的应用程序称为“代理”，每一个“代理”代表着存在另一个应用程序“服务者”。

靶场资源的开发者将其应用程序、TENA 中间件和特定的 LROM 链接成一个单独的可执行文件。TENA 提供通用工具辅助靶场资源开发者在逻辑靶场环境下的开发与调试。图 5-12 描述了用户所写的代码、LROM 对象和 TENA 中间件的关系。

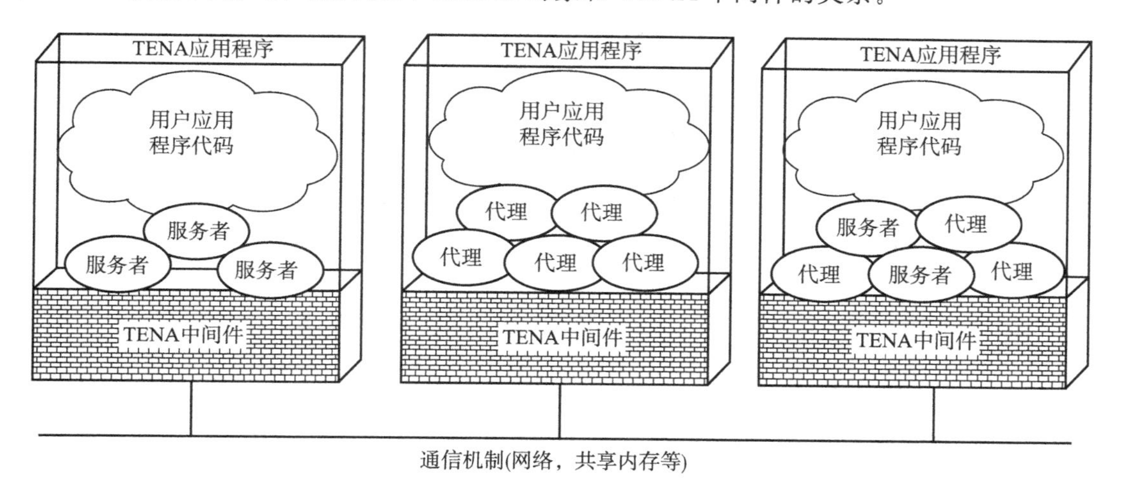

图 5-12　逻辑靶场示意图

如图 5-12 所示，逻辑靶场中的每一个应用程序都是用户编写的应用程序代码、特定 LROM 和 TENA 中间件链接在一起而成的。应用程序可以只包含代理，只包含服务者，或者同时包含代理和服务者。应用程序开发者可以在编写代码的时候自由地使用 LROM 定义的对象。

5.4.2.2　TENA 对象模型建模

(1) TENA 元模型

元模型是“通过定义一种抽象语言去描述其他模型的模型”。TENA 元模型定义了一些基本的概念、限制和规则。TENA 对象模型是利用这些 TENA 元模型概念建立的。TENA 对象模型可用两种方法表示：第一种是利用 UML 类视图；第二种是基于 TENA 定义语言（TDL）文本的表达方式。

图 5-13 展示了一个根据 UML 类图和 TDL 进行展示的简单 TENA 对象模型例子。TDL 是一种正式、可读的表示方法，用于描述 TENA 系统中数据交换的本质和形式。TENA 对象模型编译器（Object Model Compiler，OMC）可将 TDL 编译成代码，这样自动生成的代码具有统一的协议规则。逻辑靶场中的所有应用都使用这种方法自动生成代码。

```
package Example
{
  enum Team
  {
    Team _ Red,
    Team _ Blue,
    Team _ Green
  };
  local class Location
  {
    float64 xInMeters;
    float64 yInMeters;
  };
  class Vehicle
  {
    string name;
    Team team;
    Location location;
  };
  message Notification
  {
    string text;
  };
};
```

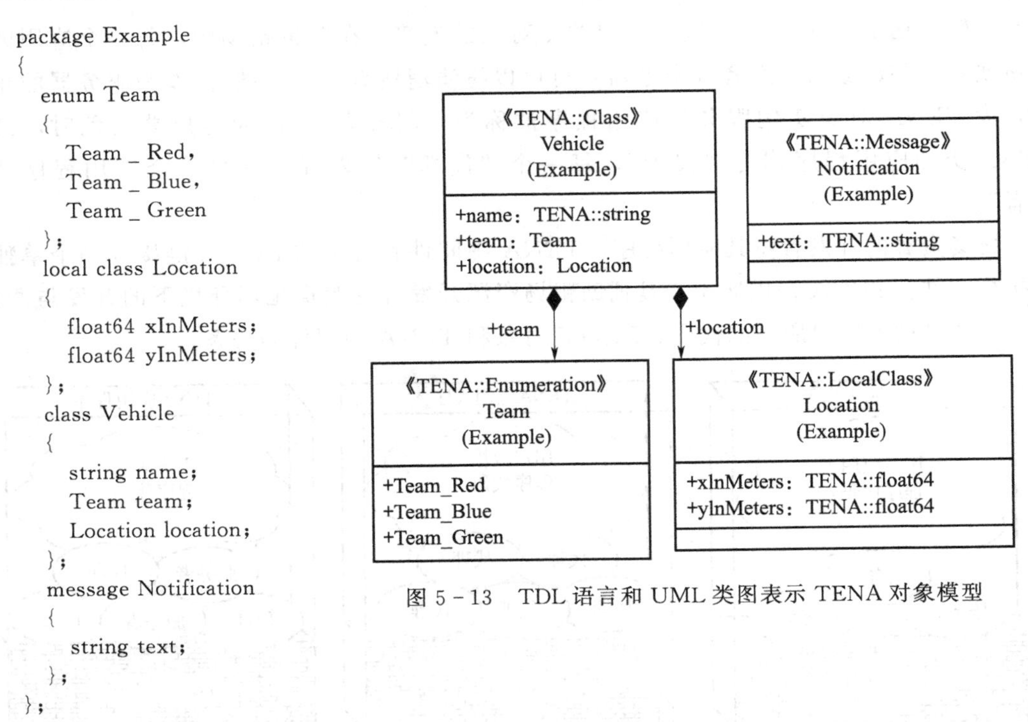

图 5-13　TDL 语言和 UML 类图表示 TENA 对象模型

TENA 元模型包含很多构造，其中每一种都可以被其他构造使用。图 5-14 展示了完整的 TENA 元模型。每一种构造都是按照 UML 类的方式表示的，它们之间的关系通过 UML 关联线来表示。例如，连接 class 和 local class 的线意味着在 TDL 中 class 可以包含 local class，重点如下：

①带状态的分布式对象（Stateful Distributed Object，SDO）

带状态的分布式对象（也称为 TENA 类，如图 5-14 中所示，是简单的“类”）是一种抽象概念，由 CORBA 分布式对象（即 SDO 数据属性组成的状态）组合而成。状态通过匿名发布订阅传播，并在每个订阅者本地缓存。给定的 SDO 实例仅存在于单个应用程序中，单个进程空间中。此应用程序称为此特定 SDO 的“服务器”或“所有者”。任何时间任何特定 SDO 实例只有一个服务器应用程序。SDO 实例本身称为“服务者”。服务者的代理具有服务器发布状态的本地缓存，可以存在于逻辑靶场中的任何应用程序中，包括服务器应用程序。TENA 中间件使得用户编程使用 SDO 方法和属性就像是使用本地应用程序的方法和属性一样。

SDO 状态包括基本数据类型，本地类（Local Class），枚举（Enumeration），向量（Vector）和 SDO 指针（SDO Pointer），并且这些结构体可以含有其他结构体。除了状态属性，SDO 可能有远程调用方法。来自 TENA 元模型的任何基本数据类型或复杂结构体都可以作为方法参数或返回类型，但不包括 SDO 本身。SDO 可以单一从其他 SDO 继承。TDL 中的继承，就像所有 OO 语言一样，意味着同时继承基类 SDO 的方法和属性。然而，与 C++不同，TENA 中的继承不需要实现多态性——SDO 方法的不同实现是基于逻辑靶场内不同 SDO 实例完成的。

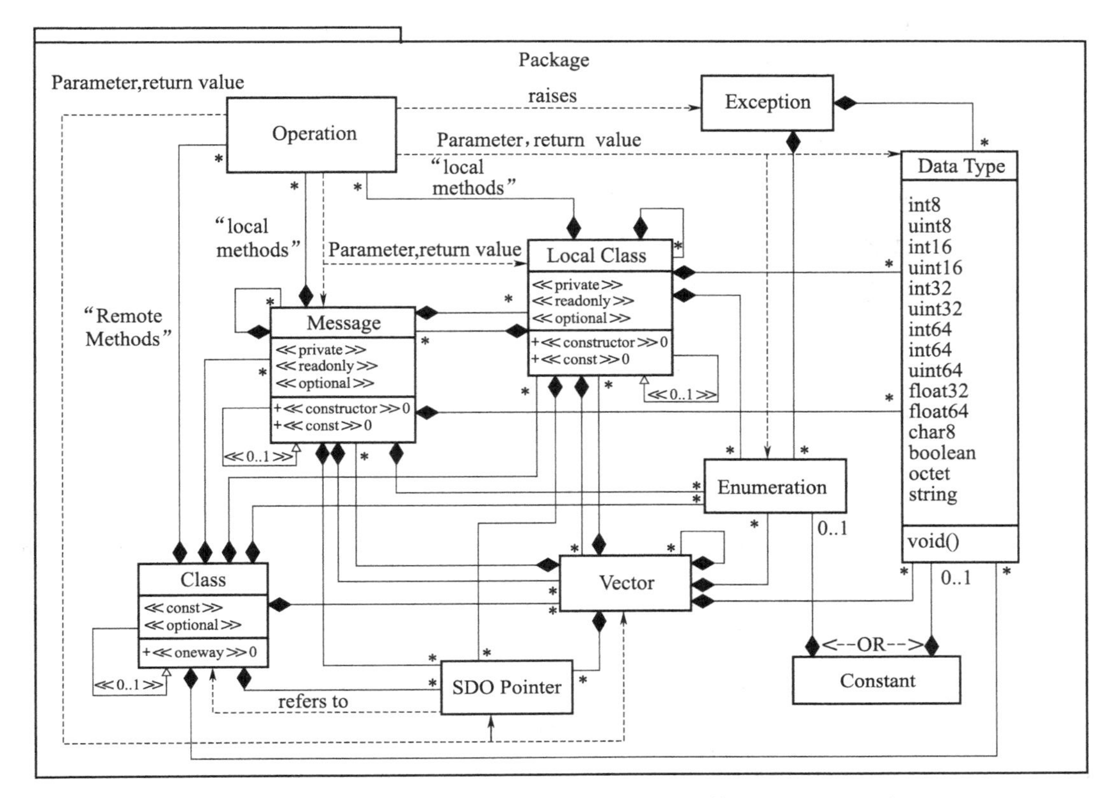

图 5－14　TENA 中间件版本 6 中的 TENA 元模型的 UML 视图

一个 SDO 应该：

1）支持远程方法调用；

2）支持数据一对多传输；

3）支持就像在本地实现一样读取和写入数据；

4）使用模型驱动，消除了分布式编程常见的烦琐且容易出错的编程错误；

5）有易于理解的 API。

②本地类（Local Class）

本地类在 TENA 元模型中类似 SDO，也是由方法和属性构成。但是，本地类的方法和属性总是属于持有本地类实例的本地应用程序。调用 SDO 的一个方法通常要涉及远程方法调用，并且该方法实际运算在远程设备。而调用本地类的方法，计算执行是调用本地应用。类似地，本地类的属性对于具有本地类实例的应用也始终是本地的。这与 SDO 属性截然不同。尽管 SDO 属性对用户来说可以像本地一样被访问，但事实上它们的值可能已经在远程应用中设置，被发送出去后缓存于本地应用中。本地类方法的参数或者方法返回值类型遵循与 SDO 相同的规则。本地类总是以值的形式被传递，是合法的参数和返回值类型。本地类也可以继承于其他本地类。

本地类概念大大改善了 TENA 元模型的能力和表现意义。尽管 SDO 概念对很多现实世界中的问题建模已经很成熟，但是不使用远程调用方法修改属性的情况仍然存在。因此，本地类的方法（本地方法）可以使接口和对试验训练活动设计者来说重要的算法实现标准化。

③消息（Message）

在 TENA 元模型中，消息和本地类除了一点外，其他都相同。本地类只能通过 SDO 的远程方法调用或者作为 SDO 的一个属性被发送到远程应用。消息可以直接地发送到远程应用，也就是说它可以被发送和接收。在图 5－13 中，Notification 这个对象就是消息。TENA 元模型提供消息这个对象类型供开发者建立非持续性事件的模型。一个 SDO 模型在分布式应用的生命周期内一直存在，并且它的状态在生命周期内能改变。一个消息在试验训练活动中仅建立一次，并且可以被传送到多个应用中。

④其他对象模型

1）操作（Operation），是一种包括返回类型和一系列参数的方法签名。参数可以被指定为“输入”（仅输入），“输出”（仅输出），或“输入输出”（输入和输出）。返回类型和参数可以是枚举、基本类型、SDO 指针、数组和本地类。操作可能会抛出异常，这表明有错误或意外情况发生。操作可包含于一个类、一个消息或一个本地类中。在后两种情况下，操作被称为“本地方法”，因为它们在消息或本地类中执行。操作被特指为“oneway”时，中间件的返回控制是方法被立即执行。在这种情况下，操作的返回类型必须是“viod”，而且不能抛出异常。

2）异常（Exception），操作可能会抛出一个异常，表示错误或意外的情况。异常可以包含枚举和基本类型。异常在 SDO 中仅用于描述远程方法。

3）枚举（Enumeration），代表一个用户定义类型，可以采用几个预定义值中的一个。枚举可包含在异常、本地类、消息、SDO 类或向量中。枚举还可以作为操作的参数和返回值。

4）向量（Vector），通常现实世界中的系统可以利用对象进行建模，这些对象的某一类属性的数量可能是变化的。例如，一辆现实世界中的汽车不是总有固定数量的乘客。对于这种情况，TENA 元模型提供一种称为“向量”的可变维数数组，用来对数量变化的属性概念进行建模。

5）常量属性（Const Attribute），TENA 元模型允许 SDO 属性是常量。这表示相应的属性在 SDO 被建立时可以初始化，但是在后期不能被修改。当 SDO 其他属性更新时常量属性不需要重新传送。

6）可选属性（Optional Attribute），可选属性针对在 SDO 和消息发送时不一定会存在的数据值进行建模，即需要一种不是明确强制性的属性建模方法，帮助编程人员在不知道属性准确值的时候，避免给属性赋错误的数值（例如 0），可选属性可以避免这种常见问题。

7）基本类型（Fundamental Type），基本类型是代表不可分割的信息片段的类型，可包含在异常、本地类、消息、向量和 SDO 类中。基本类型可以作为操作的参数和返回值。

TENA 元模型支持以下基本类型：

a）int8——有符号的 8 位整型；

b）uint8——无符号的 8 位整型；

c）int16——有符号的 16 位整型；

d）uint16——无符号的 16 位整型；

e）int32——有符号的 32 位整型；

f）uint32——无符号的 32 位整型；

g）int64——有符号的 64 位整型；

h）uint64——无符号的 64 位整型；

i）float32——32 位浮点数；

j）float64——64 位浮点数；

k）boolear——无类型，未编码的 8 位值；

l）char——8 位值，ASCII 编码字符；

m）string——一个字符串，作为一个基本类型；

n）boolean——一个 8 位值，表示只有两个值，即 TRUE 或 FLASE。

8）SDO 指针，一个 SDO 指针表示为一个指向 SDO 类对象的分布式指针。当用户使用一个 SDO 指针时，即获得了一个针对 SDO 的代理，包括 SDO 发布属性的当前状态。SDO 指针可包含于消息、本地类、向量和 SDO 类中，可以被用于操作的参数和返回值。一个 SDO 指针是 SDO 的一个特殊类型。

（2）TENA 对象模型编译器（TENA OMC）

正如上面阐述的，TENA 元模型的概念和构造是抽象的。图 5－13 描述了对象模型这个抽象概念。TENA OMC 基于对象模型生成具体的编程语言数据结构（C＋＋，Java，.NET 等）。这些编程语言数据结构可以被链接到 TENA 中间件。

TENA 中间件“强类型检查”能防止在编译时误用对象。这种强制措施增加了应用程序编译后成功运行的可能性。TENA 中间件 API 这种谨慎的设计使编译器能检测和防止多种错误，例如试图使用一个本不该使用的对象。TENA 中间件 API 提供了清晰、一致和明确的内存语义。通过使用现代编程方法，TENA 中间件在编译时能防止释放不能释放的内存或两次释放同一块内存等常见的软件缺陷。TENA 中间件尽量在编译期间检测潜在的编程错误，如果难以在编译时检测错误，就在运行时检测（例如，当应用程序没有设置所需属性或尝试读取一个未设置的可选属性）。TENA 元模型旨在使 TENA 易于使用，TENA 中间件的 API 设计的目的是使开发者不易用错，该组合使快速开发强大的应用程序成为可能。

OMC 桥接了 TDL 中描述的抽象概念和使用 TENA 中间件的具体应用程序。基于 TDL 的 TENA OMC 自动生成的源代码与 TENA 中间件链接。TDL 可以使用文本编辑器手动编写，或者可以使用商业软件 Magic Draw UML 工具生成，该商业软件使用 TENA UML 配置文件和特别为该工具编写的 TENA 插件。

通过使用模型驱动的自动代码生成技术，TENA 为原来手动创建软件的开发人员减轻了相当大的负担。除了节省了所需的时间和金钱之外，使用 TENA OMC 生成对象模型软件也消除了无数的软件缺陷。

OMC 提供灵活可扩展的基础框架，该框架使用对象模型生成经过正确性验证的源代码。OMC 生成对象模型外，还生成 TENA 应用程序示例、测试程序和文档。此外，通过扩展 OMC，TENA 团队的成员使用这些相同的对象模型来生成针对其特定目的的输出物，例如数据记录器和适配器，自动生成的适配器可以很容易地将固有系统与基于 TENA 的系统相连接。OMC 的总体设计如图 5-15 所示。

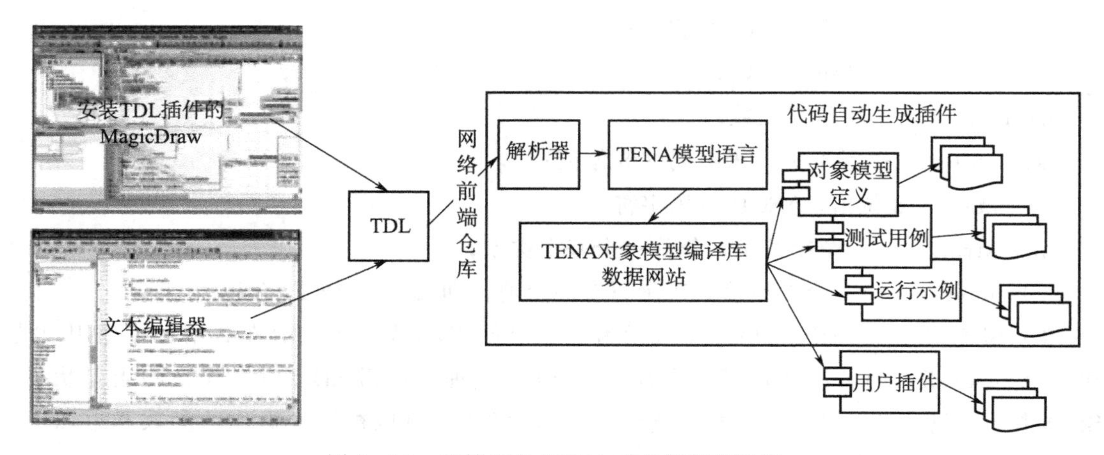

图 5-15　可扩展的 TENA 对象模型编译器

(3) TENA 标准对象模型

TENA 对象模型为靶场应用资源之间通信提供标准语言，实现了靶场资源应用之间语义上的互操作性。TENA 标准模型可以看作把靶场范围内的协议和接口进行了面向对象的封装。TENA 对象模型开发过程是一种自底向上的方法，将靶场单位信息域中最重要的元素编码成可重用的小对象模块，作为开发基础。自底向上的方法实现了很多关键模块对象的早期标准化，这样在一套复杂完备的标准模型完成之前就可以逐步开展靶场集成工作。

TENA 标准对象模型持续使用基于原型的迭代方法开发。只有在多个靶场内进行过多次逻辑靶场执行测试的对象定义才能被标准化。作为用于给定逻辑靶场执行的对象模型，LROM 包含为该特定逻辑靶场定制设计的或处于标准化的各阶段的对象定义。按照这种方式，靶场单位不会被强制使用可能不适合其逻辑靶场的对象定义，但 TENA 仍然可以推动创建互操作性必需的标准化。在对象定义经过测试后，他们可以提交给 TENA 架构管理组织团队（Architecture Management Team，AMT）进行正式地标准化。AMT 负责研究这些定义，并与已经提出的其他标准化对象定义消除冲突。当 AMT 批准对象定义时，这些对象定义便被认为是 TENA 标准。当靶场单位的信息域被大部分标准化时，靶场资源应用程序之间的互操作性将大大增强。

截至 2016 年 12 月，以下 TENA 标准对象模型已获批准：

1）TENA－Platform－v4——“实体”和跟踪信息；

2）TENA－PlatformDetails－v4——其他附属实体信息；

3）TENA－PlatformType－v2——对实体的类型进行编码，包括如何在DIS实体类型编码格式中表示该类型；

4）TENA－Embedded－v3——嵌入式武器、传感器和转发器类；

5）TENA－Munition－v3——将军需品描述为一种平台类型；

6）TENA－SyncController－v1——用于同步传感器和目标的对象模型；

7）TENA－UniqueID－v3——公共站点，应用程序和对象ID格式的编码；

8）TENA－TSPI－v5——时间-空间位置信息，包括位置，速度，加速度，方向，角速度和角加速度。这些本地类的实现包括从一个坐标系转换到另一个坐标系的能力；

9）TENA－Time－v2——用于编码各种形式的时间的对象模型，以及用于在不同表示之间进行转换的实现；

10）TENA－SRFserver－v2——用于为给定的逻辑靶场执行提供特定的空间参考坐标系（SpatialReferenceFramesS，RF）；

11）TENA－AMO－v2——应用管理对象，用于对应用进行远程控制，训练管理类工具使用该对象模型，且每个待发布的TENA应用都必须充分支持该对象模型；

12）TENA－Engagement－v4——包含Fire，Detonation和Engagement Results消息，用于管理平台之间的战斗交互；

13）TENA－Exercise－v1——描述整个训练活动及其参与者和组织的对象模型；

14）TENA－Pointing－v1——用于提供要查看的某事物（或某个地方）的TSPI的信息；

15）TENA－GPS－v3——GPS传感器的模型及其产生的数据；

16）TENA－Radar－v3.1——支持多种不同层次细节的雷达的可扩展模型。

作为示例，图5－16给出了使用UML表示的TENA－Platform－v4标准对象模型的最新版本。

（1）TSPI中的坐标转换

本地类的发明是因为业内无法就标准“位置”这个对象使用何种坐标系问题达成一致。一些用户想使用地心坐标系，而另一些用户想使用大地坐标系（经度，纬度）。还有许多用户想使用本地平面坐标系，因为他们的靶场都是在这个坐标系下建立的。因为关于通用坐标系不可能达成一致，所以TENA允许用户使用他们需要的坐标系，然后通过自身的实体模型实现来完成转换。这个决定需要标准化多种坐标系软件类的接口和实现，并将这些接口和实现发布给所有的参与者。本地类就是用来实现这个需求的途径。

在TENA标准对象模型中，一个平台SDO包含一个含有位置本地类的TSPI本地类。当特定平台的所有者从一个传感器接收到更新的位置信息并更新了平台对象的位置信息时，它就会使用一个指定的空间参考坐标系（SRF）来将新的位置写进平台位置本地类中。然后更新后的平台SDO的状态在整个运行过程中被发送到它所有的代理。当客户端

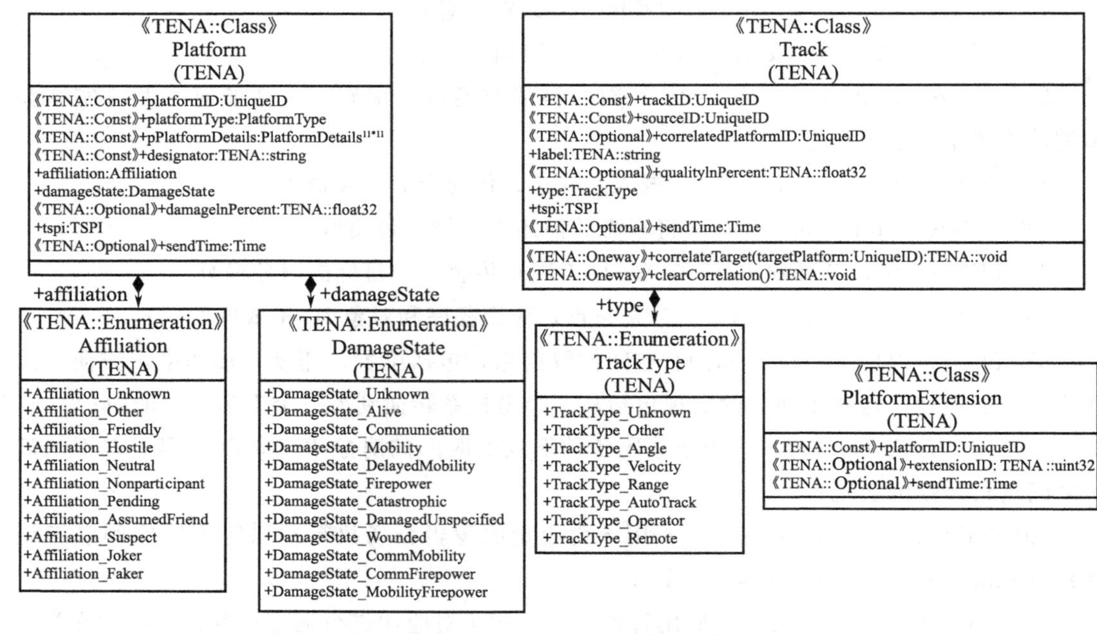

图 5-16　TENA-Platform-v4 标准对象模型 UML 图

应用程序想读取平台代理位置对象时，客户端就会提供它希望接收的 SRF 对象。相关的本地方法决定读取者是否想要相同 SRF 位置信息，这个 SRF 与写入者的 SRF 可以是同一个 SRF 也可以是另外一个不同的 SRF。如果读取者想要在同一 SRF 中的位置对象时，位置对象就会不经过任何转化的直接提交给读者。如果读取者想访问写在不同 SRF 中的位置时，本地方法自动地完成转换并在读取者请求的 SRF 中提供一个相应的位置对象。在这种机制中，读取者应用和写入位置信息的应用都不会意识到与在同一个逻辑靶场执行中的其他应用程序使用不同的坐标系——所有的事情通过解码本地方法自动完成。转换仅发生在必要情况下，并且只由读取者的应用程序执行——这种机制被称为“懒转换”。

TENA 标准 TSPI 对象模型为它所有的组成部分提供坐标系统转换：时间，位置、速度，加速度，方向，角速度和角加速度。对于位置本地类，允许的 SRF 是地心坐标系，大地坐标系，本地平面坐标系和本地球坐标系。其他版本的 TSPI 对象模型支持其他的 SRF。使用的坐标转换算法由综合环境数据表示与交互规范（Synthetic Environment Data Representation and Interchange Specification，SEDRIS5）项目的空间参考模型（Spatial Reference Model，SRM）实现。

（2）逻辑靶场对象模型（LROM）

逻辑靶场对象模型由对象定义组成，可继承自任何来源，用于在一个给定的逻辑靶场执行中满足特定靶场活动的特定用户群的需求。LROM 是共用对象模型，在一个逻辑靶场中被所有靶场资源应用共享。它可以包含标准 TENA 对象模型，也可以包含非标准对象定义。每一个逻辑靶场可执行程序在语义上是与它的 LROM 绑定在一起的。

（3）时钟

TENA没有测量时间的标准机制，因为所有的靶场资源都是从外部硬件设备获取时钟。TENA使用了一种通用的软件机制去获取当前时钟，TENA中间件定义了一个通用的接口去获取上述硬件时钟同步设备的时钟（这里对时钟的理解和TENA对象模型中Time本地类不同，Time本地类是TSPI对象的一部分，是给其他靶场资源的TSPI对象时戳编码的一种方法，不是测量当前时钟的方法）。为了获取当前时钟，应用开发者通过中间件定义的特定接口去匹配平台自身的硬件时钟校准能力。这个获取当前时钟的共用接口提供了必要的标准化以实现不同应用程序之间的互操作性。

5.4.2.3　TENA公共基础设施和工具集

（1）TENA中间件

TENA中间件是应用程序在执行所有LROM中对象的通信时使用的一种高性能、实时、低延迟的通信基础架构。按照LROM的对象定义，TNEA中间件和所有TENA应用链接。TENA中间件实现了创建、管理、发布、删除SDO、本地类和消息的功能。中间件支持多种QoS服务，SDO发布状态的分发可以用可靠的方式完成，或者使用最有效的多播方法。

如5-17所示，TENA中间件的API是一系列服务的聚合，负责处理LROM对象管理、逻辑靶场运行管理、提供从中间件到应用程序的回调、为应用程序提供订阅的方法。需要通过专门的分布式算法提供发布订阅之间的映射。最后，需要一系列通信机制去完成网络上信息的实际发送接收。TENA中间件的一些特定部分要求以商用货架产品（commercial - off - the - shelf，COTS）或政府货架产品（government - off - the - shelf，GOTS）的软件模块为基础。此外，LROM对象定义和订阅兴趣是由逻辑靶场开发者定义的，并且继承自TENA中间件API所定义的架构。

（2）TENA应用支撑工具集

TENA应用支撑工具泛指为TENA应用开发、运行、评估和管理全过程提供支撑的工具，下面列出了一些典型的TENA应用支撑工具：

1）TENA对象模型开发和管理工具，帮助用户创建和管理逻辑靶场的LROM。LROM的元素可以从资源库的可重用对象和开发人员专门为逻辑靶场开发的对象中获得；

2）TENA接口验证工具（IVT），测试并验证一个给定的应用程序与TENA架构的兼容性、适应性；

3）TENA资源配置管理工具，帮助靶场管理者在试验训练活动执行前配置或重组靶场资源，以创建一个逻辑靶场；

4）TENA数据采集工具，记录靶场资源应用程序和TENA运行管理程序发布的公共LROM信息（SDO发布状态更新和消息）；每个逻辑靶场可以运行一个或多个数据采集工具，根据逻辑靶场的需要和开发人员的决定；

5）TENA数据回放工具，支持试验训练活动回放；基于用户指令，可以回放整个靶场活动或选定的部分；

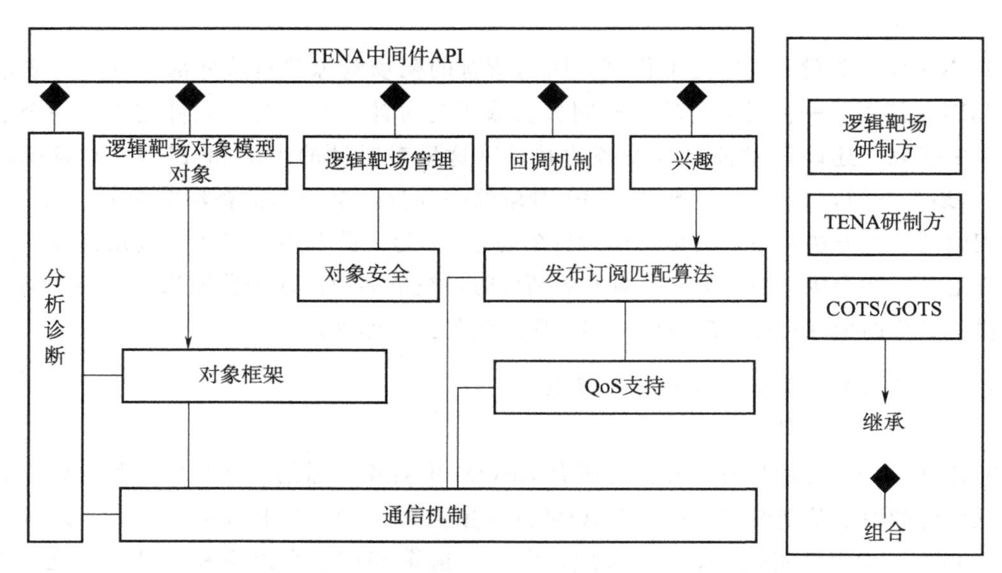

图 5-17 TENA 中间件的系统框图

6）TENA 可视化工具，包括试验训练活动运行过程数据可视化工具和逻辑靶场的视频监控系统工具；

7）TENA 数据处理和评估工具，将采集的数据进行格式转化、统计分析，并构建指标体系进行评估，最终生成评估报告；

8）TENA 控制台，用于监控 TENA 试验训练活动的状态，以帮助靶场运行管理人员实时监测每个 TENA 应用的运行状态，并在认为需要或合适的时机发出影响试验训练活动执行的指令；通过中间件“埋桩”（嵌入诊断模块），从而在每个 TENA 应用中，可以自动地报告运行状态、数据统计和警告消息；在试验训练活动中，可以布设多个控制台实例，部署位置可以在逻辑靶场任何位置；

9）网关和适配器——桥接 TENA 与其他体系架构或系统的应用程序。

（3）TENA 资源库及数据库

①TENA 资源库

TENA 资源库包含所有可重用的 TENA 信息。在本质上，它是一个大的、统一的、安全的数据库。它展示给用户的是一个基于网页的资源库，同时通过一种机制统一不同类型的、必要的靶场信息接口，以便靶场可以充分使用 TENA。

TENA 资源库包含下列类型的信息：

1）TENA 对象模型——类、本地类等的定义；

2）标准 SDO 实现方法（容易标准化的方法，比如坐标转化）；

3）关于对象定义和实现的元数据，包括它们的衍生数据，标准化状态，安全状态，先前用法，与其他对象和应用程序潜在的不兼容性等；

4）所有 TENA 应用工具的执行版本；

5）对象代码和 TENA 中间件；

6）TENA 文档；

7）来自以往的逻辑靶场执行中的存档信息，包括试验训练活动策划和设计文档、想定信息、所采集的数据、总结性数据、经验教训等。

资源库的最重要的需求之一是安全性，比如只有那些被授权访问或更改信息的用户才允许做相应的操作。

②TENA 数据库

TENA 数据库的目的是存储和检索与一次试验或训练活动相关的所有持久性信息。TENA 数据库必须提供服务以满足以下重要功能：

1）存储想定和其他重要的活动前信息和计划；

2）存储初始化信息，以便可以初始化靶场资源应用程序，且分析评估相关的应用程序在执行分析时可以检查这些信息；

3）支持在活动执行过程中的高性能数据采集，存储所有逻辑靶场执行过程中产生的相关数据，并可以此为基础开展分析评估，实现试验训练活动目标；

4）在多个潜在的采集点存储信息，因为许多靶场资源应用程序需要在本地存储关键信息，但如果逻辑靶场开发人员需要，也不排除具备集中采集数据的能力；

5）支持对所采集信息的“时间轴上”理解，以便分析评估相关的应用程序能理解逻辑靶场和所有参与者随时间变化的状态函数；

6）尽可能支持运行时查询，因为许多靶场训练活动要求分析应用程序在某些特定类型的行为发生时提供即时的反馈；

7）支持事后分析查询；

8）支持安全控制，保证只有授权的应用程序可以基于预定义的安全计划访问信息；

9）在训练活动的全生命周期支持 TENA 对象模型的概念；

10）支持靶场操作者像管理一个数据采集系统一样管理整个 TENA 数据库；

11）支持应用程序使用一种标准机制和 API 在事前阶段交流信息。

TENA 数据库是一个高性能的、分布式的、按时间组织的数据库，支持实时查询。一般情况下，由运行在一台计算机上的单一数据库无法满足这些要求。因此，在几乎所有情况下，它将是运行在整个逻辑靶场的多台计算机上的多个数据库的联邦。

5.4.2.4 TENA 应用创建过程

TENA 应用程序是将中间件代码、LROM 代码和用户代码组合在一起形成的可执行程序，如图 5-18 所示。

有两类开发者支持逻辑靶场的建立和运行。个人可以以其中一种或两种身份工作，有时候是同时的，但是给定的时刻，每个人的所执行的能力取决于他在此刻的角色。

1）靶场资源开发者（仪器开发者或仿真开发者）——靶场单位自己的开发者，建立新的仪器系统或其他应用，例如当前靶场已经存在的系统或者全新的系统；

2）逻辑靶场开发者（系统集成者或任务策划者）——定义逻辑靶场对象模型的开发者。

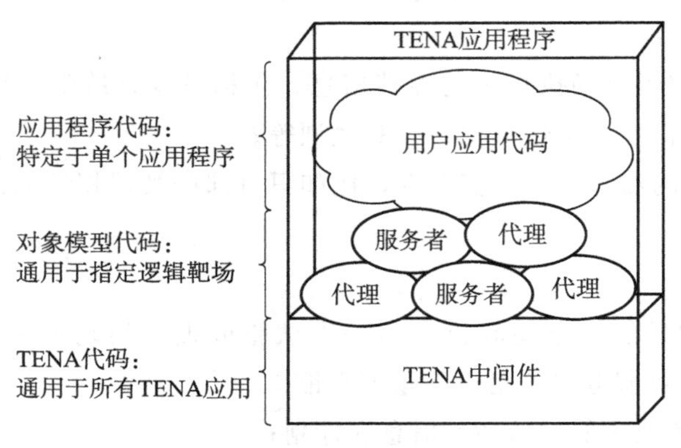

图 5-18　TENA 应用程序层次图

靶场资源开发者专注于建立和维护其靶场的特定仪器设备系统，逻辑靶场开发者专注于为给定试验训练活动建立可用的逻辑靶场。

建立符合 TENA 规范应用程序的过程如图 5-19 所示。靶场资源开发者根据他的应用程序的功能需求创建应用程序代码，逻辑靶场开发者基于其逻辑靶场的互操作需求创建

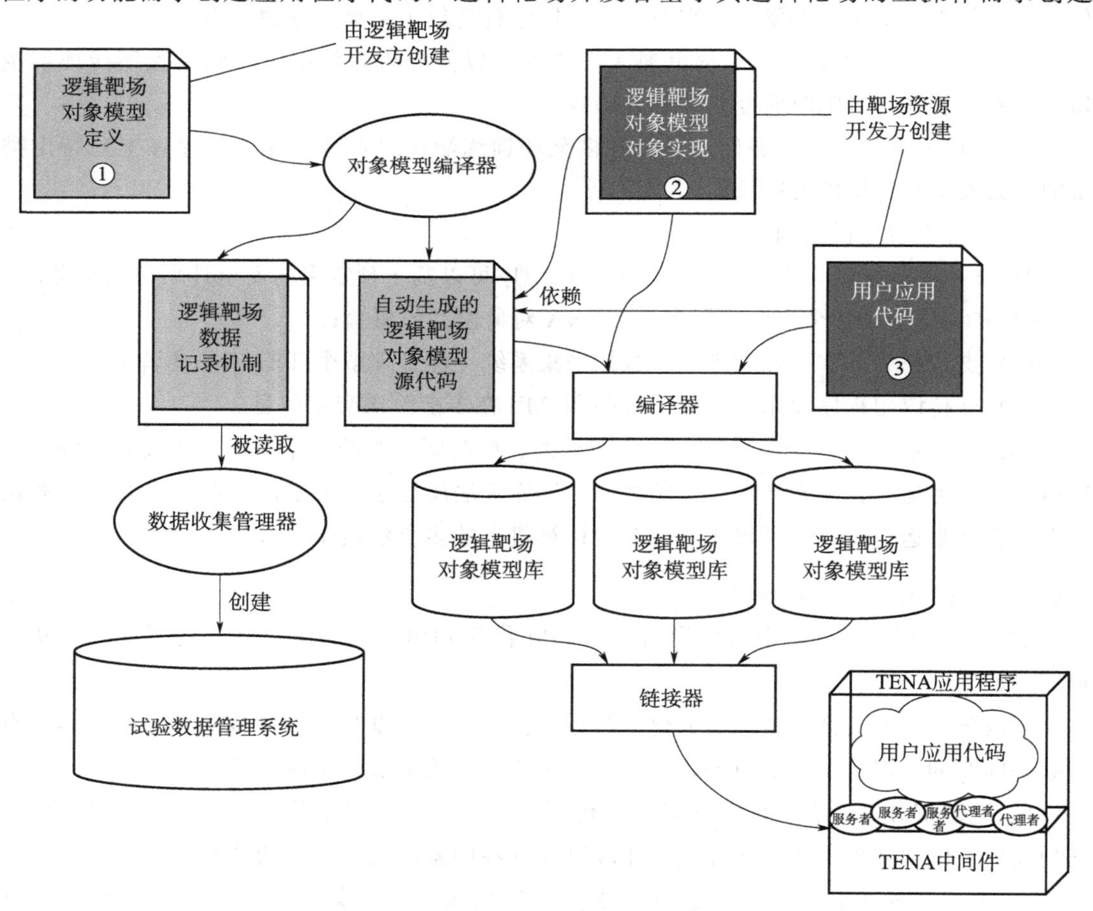

图 5-19　创建符合 TENA 规范逻辑靶场应用程序的过程

LROM。靶场资源开发者基于 LROM 对象定义（来自 TENA 资源库）修改应用程序，并且写入实现应用程序所需的必要功能。TENA 对象模型编译器将 LROM 对象定义转换为相关编程语言的源代码，补充 LROM 对象实现。TENA 资源库将生成的代码归集到一个对象库中，之后由用户编译自己的应用代码，这使得对象代码与 TENA 中间件链接以创建可执行应用程序。应用程序编译链接之后可以被测试、校核和验证。如果 LROM 对象的更改与给定应用程序无关，就不需要重新编译或链接应用程序。

5.4.3　特点及其应用

TENA 的技术路线为互操作性带来了许多优势。这些优点主要针对涉及实装的靶场单位，但也有效用于其他建模和仿真活动，其设计不排除 TENA 作为其他 M&S 领域的互操作性解决方案，即使相关领域与 LVC 关系不大。

TENA 的第一个优点是所有 TENA 软件和支持都是免费提供给任何希望使用的用户。TENA 由美国政府直接资助，以满足特定靶场单位的需求，但也得到其他相关单位的用户的欢迎。

第二个优点是 TENA 的技术路线通过为 API 本身建立强制机制来强调数据可靠性，节省了成本。由于这种设计，许多软件错误在开发过程中被捕获，而不是在试验或训练执行期间。

第三个优点是代码自动生成能力使得创建一个可靠的 TENA 应用尽可能简单。代码生成器为用户自动生成代码框架的源代码文件，该用户源代码文件已经为用户填充了编程所有枯燥内容，用户仅需要根据简单的注释在特定位置插入他的代码。自动生成的代码框架意味着 TENA 用户不是从以空白页开始编程——大量的工作已经完成。这允许用户快速开发实时分布式 LVC 应用程序，所有这些都通过 TENA 中间件和用户对象模型连接在一起。一旦程序被写入，自动生成的测试程序允许用户对他的软件应用程序执行单元测试，几乎不需要任何努力来创建测试工具。由于单元测试很容易，并且大多数软件错误由编译器或自动生成的测试程序检测，集成测试通常使用 IVT 在相对较短的时间段内完成。

第四个优点是 TENA 中间件软件、所有自动生成的对象模型以及工具软件已经在 TENA 测试实验室进行了彻底测试和验证。在中间件和对象模型编译器的每个版本上执行数千个单独的单元测试和数百个系统测试。这些测试确保 TENA 架构达到最佳的能力，所有已知软件缺陷已经在发布之前修正。如果发现了 TENA 软件中的缺陷，大规模的客服资源可用于用户提问和回答问题，并获得关于已知问题的信息。TENA 仓库还提供了丰富的文档，程序员指南，发行说明和协作功能，使用户可以随时查看 TENA 领域的状态。

上述优势都是为了满足 TENA 委托方（政府）的具体需求。为了满足这些需求，TENA 已成为 LVC 领域存在的最强大和最先进的互操作性解决方案。

5.5 分布式仿真工程

5.5.1 IEEE1516.3 联邦开发与执行过程（FEDEP）

美国国防部在定义的过程中，为了验证其合理性，开发了个不同应用类型的原型联邦，以测试它能否满足不同类型的仿真应用需求。原型联邦开发过程中所获得一个关键经验是如何设计和开发联邦。在此基础上，研究并形成了联邦开发与运行过程模型。模型适用于单联邦的开发，只提供基本的步骤，而不限定具体的实现方法。

FEDEP 为联邦开发提供了一个一般的、通用的步骤，规定了联邦开发过程中所有必需的活动和过程，以及每一个活动和过程需要的前提条件、输入和输出结果，从而有利于联邦开发的需求分析、设计、实现和测试的规范化，便于联邦开发的管理和组织，并可最大限度地避免在联邦开发过程中由于难以协调而耽误了开发的进度。虽然不同的联邦在具体实施过程中的活动和过程不完全一致，但整体上都包括了 FEDEP 中的几个基本步骤。

（1）发展历史

FEDEP 从诞生之日起就在不断地修改完善，从 1996 年到 1999 年，经过了六个版本的改变，到 2000 年成为 IEEE1516 标准的一员，见表 5－7。从内容到描述方法，FEDEP 都根据实际需求进行调整。

表 5－7 FEDEP 发展历史

版本	发布时间	变化情况
1.0	1996 年 8 月	
1.1	1997 年 12 月	对已有过程描述的完整，对过程描述的一致性的检查，对图形表示做了修改，并引入高层的 5 步过程视图
1.2	1998 年 5 月	在过程描述中引入角色和产品，考虑了联邦重用的问题，引入数据流图 DFD
1.3	1999 年 1 月	增强了图形表示、统一记法
1.4	1999 年 6 月	模型步骤由 5 步变为 6 步

当 HLA 发展成为 IEEE1516 标准，FEDEP 也推出了相应的 IEEE1516 版本（最新为 IEEE Std 1516.3－2003），从六步过程变为七步，增加了分析数据、评估和反馈结果的步骤。

（2）内容概述

FEDEP 过程包括了 7 个步骤，如图 5－20 所示。

1）定义联邦目标，目的是与赞助商、作战用户和其他利益相关方确定开发、运行 HLA 联邦的目的、需求，并转化为更为详细、具体的联邦目标，在本阶段主要描述用户需要联邦模型/仿真完成什么；

2）进行概念分析，目的是在上一阶段的基础上，对感兴趣的真实世界的问题空间进行适当表示，这种表示可以满足下一阶段联邦设计和开发的需要。例如技术要求、作战概念和使能场景等；

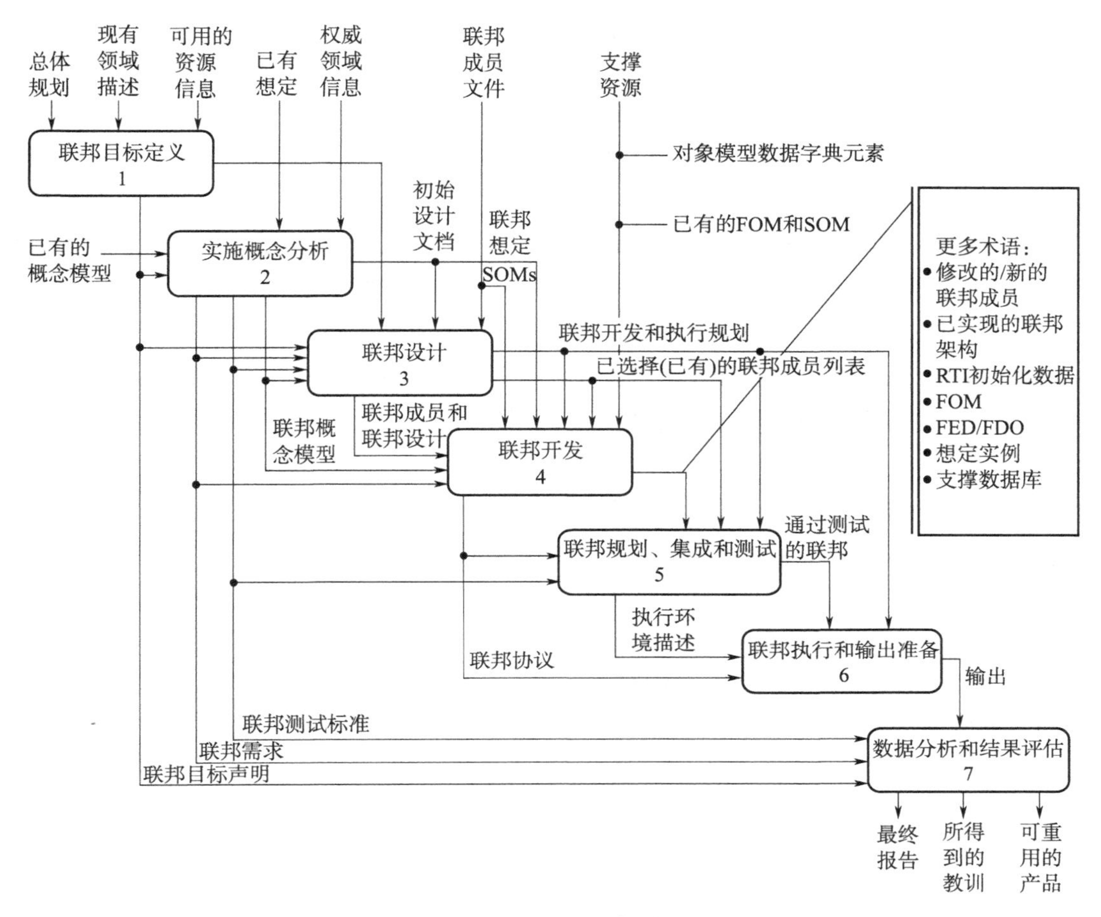

图 5 - 20　FEDEP 详细视图

3）设计联邦，目的是鉴别、评估并选定联邦成员并为它们分配功能；同时制定联邦开发和实现的详细设计方案，为下一步开发联邦做准备；

4）开发联邦，目的是开发联邦对象模型（FOM），通常这个步骤侧重于调整参与的仿真成员，以满足信息交换需求；

5）规划、集成和测试联邦，在满足需求的条件下，将联邦各联邦成员集成到一个统一的操作环境中，以测试联邦执行是否正确，是否满足需求；

6）执行联邦并准备输出，目的是运行联邦，处理联邦运行的输出数据，报告结果，并存储可重用的联邦产品；

7）分析数据与评估结果，将联邦执行的结果用于分析和评估，并将分析评估结果反馈给用户。

FEDEP 作为指南和推荐的实践标准而开发，以对高层体系结构（HLA）提供支持。尽管 IEEE Std 1516.3 - 2010 仍然有效，但是它已被 IEEE Std 1730 - 2010 取代，我们将在后续章节进行描述。

5.5.2 Euclid RTP11.13 综合环境开发与运用过程（SEDEP）

Euclid RTP 11.13 是由西欧军备小组（WEAG）负责的欧洲最大规模的防务研究和技术活动（超过 1 700 万欧元）。该计划自 2000 年 11 月启动，最后在 2003 年 11 月份进行演示。在“实现欧洲网络化仿真的潜力”前提下，RTP 11.13 旨在克服妨碍欧洲综合环境（SE）形成的各种障碍，这通过开发流程和集成一套原型工具而实现，可以降低成本，缩短建立和使用 SE 进行训练、任务演练，以及基于仿真采办的时间。

使用 FEDEP 作为起点，RTP 11.13 对描述进行了改进，补充了额外的流程，以及改善底层的系统工程方法，并且开发了一些软件工具，从而直接支持这些过程及其管理。流程活动的成果是综合环境开发与运用过程（SEDEP）；原型工具活动的成果是联邦组装工具（FCT）。

欧洲专家所关注的主要问题之一是 FEDEP 主要是从技术的需求和观点来驱动的。指导和控制联邦开发过程的管理方面的问题并没有得到充分解决。此外，在 FEDEP 中并不强调驱动目的，与如何建立联邦相比，为何要建立联邦显得黯然失色。许多研究成果用于改善 FEDEP，以及注入分布式仿真工程与执行过程（DSEEP）之中。

SEDEP 在顶层标识了八个必要步骤。

1）分析用户需求，理解目标与需求，获取需求并形成用户需求分析文档（高层视图）；

2）定义联邦用户需求，评估高层需求上的技术含义，并将结果形成用户需求文档（作战视图）。这个文档是作战需求和技术需求之间的桥梁。FEDEP 在这个过程结束之后开始；

3）定义联邦系统需求：将作战需求和技术需求映射到工程水平，形成系统需求文档；

4）联邦设计：技术规格达成一致，并形成详细的设计文档，使设计决策能追溯到原始需求；

5）联邦实现：通过实现设计理念，产生联邦组件，不仅作为一个联邦的解决方案提供者，并且与相关的元数据一起存储在库中；

6）联邦集成和测试：这一步骤通过形成联邦满足了用户的技术需求，为运行做好了准备所有组件都完成耦合和集成，完成了互操作约束的测试；

7）联邦运行：通过在联邦中运行仿真，联邦完成输出，提供满足用户作战需求的数据；

8）实施评价：对支持评估所需指标数据的使用形成了评估结果和报告文档。

SEDEP 和 FEDEP 相比，并没有从主要的标准化组织支持或重大开发资源中获益，但确实具有以下几个优点：

1）明确了将需求分析作为任何开发工作第一步的地位；

2）SEDEP 覆盖了 DIS 和 HLA；

3）SEDEP 明确强调了与主要仿真项目的协作数据库及工作环境的重要性。

SEDEP 与 FEDEP 类似，也在几个项目中得到了实际运用。但是 SEDEP 的作者（THALES）已经承认，FEDEP 的发展必然会覆盖 SEDEP 的主要特征，因此已经做了官方声明，没有进一步理由再更新和发展 SEDEP 了。

5.5.3　IEEE1730 分布式仿真工程与执行过程（DSEEP）

如前文所阐述，FEDEP 仍然有效，但已经被 IEEE17302010 分布式仿真工程与执行过程（DSEEP）取代。DSEEP 是一个用于建立和执行分布式仿真环境的通用过程。DSEEP 体现了系统和软件工程部门中的最佳惯例针对建模与仿真领域的一个剪裁，它以对仿真体系结构中立的方式，定义了用来开发和执行分布式仿真环境的活动序列。DSEEP 并不打算替代用户部门现有的管理和系统设计/开发方法，而是提供一个仿真环境构造和执行的高层框架，在该框架内可以很容易地集成针对每个单独应用领域的低层系统工程惯例。另外，该标准还包含了 DIS、HLA 和 TENA 到 DSEEP 的映射。

DSEEP 顶层流程视图包含 7 个非常基本的步骤。图 5－21 给出了这些步骤：

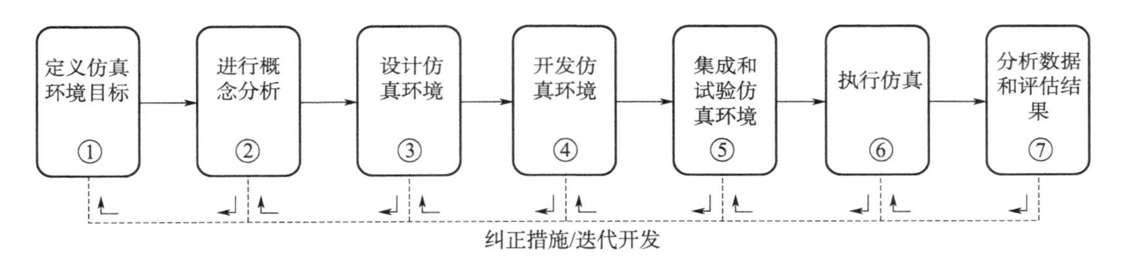

图 5－21　DSEEP 顶层流程视图

步骤 1：定义仿真环境目标。用户、赞助方和开发/集成小组定义一组目标和实现这些目标必须完成的文档，并达成一致意见。

步骤 2：进行概念分析。开发/集成小组进行场景开发和概念建模，并基于问题空间的特点开发仿真环境需求。

步骤 3：设计仿真环境。确定适合重用的已有成员应用，执行成员应用修改/新成员应用的设计活动，将所需的功能分配到成员应用代表上，并制定一个仿真环境开发和实现计划。

步骤 4：开发仿真环境。开发仿真数据交换模型，建立仿真环境协议，实现新成员应用或对已有成员应用的修改。

步骤 5：集成和试验仿真环境。执行集成活动，并实施试验，以验证互操作性需求得到满足。

步骤 6：执行仿真。执行仿真，并对执行的输出数据进行预处理。

步骤 7：分析数据和评估结果。分析和评估执行的输出数据，并将结果报告给用户/赞助方。

这七个步骤过程实现方式的主要变化根源与已有产品的重用程度相关。在一些情况下，可能没有先前已完成的工作，因此需要基于所定义的需求开发一个新的仿真环境。在另外一些情况下，具有已建立的持久仿真环境的用户部门将接受的要求。在这种情况下，用户可以选择部分或全部重用先前的工作（如成员应用、SDEM、规划文档）以及新开发活动的产品。当存在一个用以促进这类开发环境的适当管理结构时，可以大大节省成本和开发时间。

这七个步骤过程提供了 DSEEP 主要步骤的一个顶层过程流程图。在详细的产品流程图中，每个步骤进一步分解为一组相关的低层活动和支持信息资源。如图 5－22 所示。

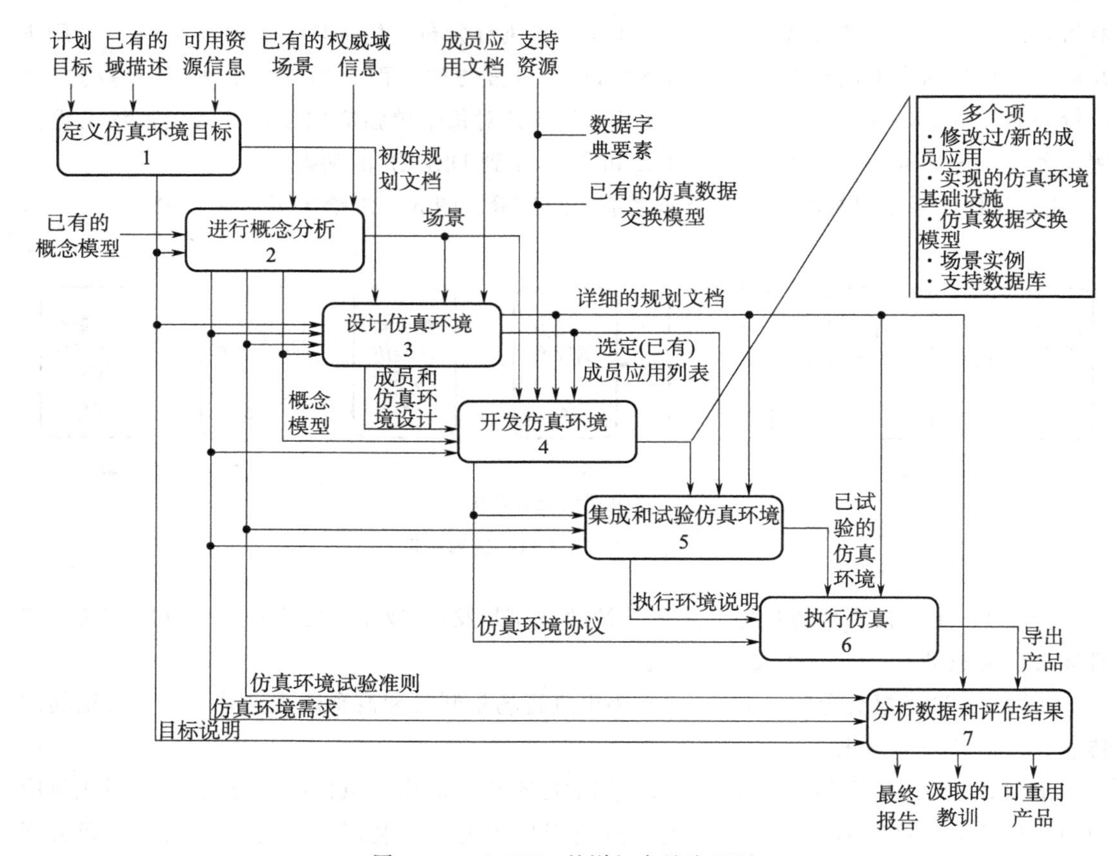

图 5－22　DSEEP 的详细产品流程图

表 5－8 DSEEP 表视图给出了 DSEEP 每个主要步骤固有活动的表格视图。尽管 DSEEP 图和表格视图中表示的许多活动看起来是非常顺序化的，但其目的并不是建议一个严格的瀑布型开发和执行方法。相反，该过程示意图只不过是为了突出开发和执行期间出现的主要活动以及相对于开发活动首次启动这种活动的大致时间。实际上，经验表明图 5－22 中顺序所示的许多活动是循环的或并发的，如同图 5－21 中利用反馈箭头所示的那样。通常，以这些活动之间信息流所暗含的次序来执行低层活动，但这些活动的实际时间选择并不是绝对的，依赖于实际使用的系统工程惯例。

表 5-8　DSEEP 表视图

步骤	定义仿真环境目标	进行概念分析	设计仿真环境	开发仿真环境	仿真环境集成和试验	执行仿真	分析数据和评估结果
活动	• 确定用户/赞助方需求 • 制定目标 • 实施初步规划	• 开发场景 • 开发概念模型 • 制定仿真环境需求	• 选择成员应用 • 设计仿真环境 • 设计成员应用 • 拟制详细规划	• 开发仿真数据交换模型 • 建立仿真环境协议 • 实现成员应用设计 • 实现仿真环境基础设施	• 规划执行 • 集成仿真环境 • 仿真环境试验	• 执行仿真环境 • 准备仿真环境输出	• 分析数据 • 评估和反馈结果

DSEEP 一直是设计用来作为一个通用框架，根据该框架可以规定备选的、更详细的视图，以更好地服务于具体部门的专门需求。这种视图从特定域（例如分析、训练）、特定规程（例如 VV&A、安全性）或者特定实现策略（例如 HLA、DIS、TENA）的角度，向这一过程的用户提供了更详细的“内行”指南。

5.6　本章小结

本章首先概述了分布式仿真的发展历程，并就分布式仿真的关键问题原理进行了阐述。在此基础上，对于典型的分布式仿真体系结构 DIS、HLA 以及 TENA，分别着重讨论了起源发展、研究热点及其关键概念。最后，简要阐述了现有的分布式仿真工程标准。

分布式仿真技术的发展方兴未艾。不论 DIS、HLA 还是 TENA 都具有自身的特点，在一些细分领域具有独特的技术优势，同时它们又相互影响、融优发展。未来，云计算、人工智能、区块链等信息领域技术最新成果的应用，将继续推动分布式仿真技术推陈出新，更好、更快、更经济地促进分布式仿真资源的“可重用、可组合和互操作”。

参 考 文 献

[1] DAHMANN J S. High level architecture for simulation. Proceedings of the 1st International Workshop on Distributed Interactive Simulation and Real - Time Applications [C]. Israe: Eilat, 1997 (1): 9 - 14 .

[2] DAHMANN J S, MORSE K L. High level architecture for simulation: an update. Proceedings of the 2nd International Workshop on Distributed Interactive Simulation and Real - Time Applications [C]. London, 1998: 9 - 14 .

[3] Standard for Distributed Interactive Simulation——Application Protocols: IEEE 1278 [S]. New Jersey: IEEE Standards Board, 1993.

[4] IEEE Recommended Practice for Distributed Interactive Simulation——Exercise Management and Feedback: IEEE 1278. 3 [S]. New Jersey: IEEE Standards Board, 1996.

[5] IEEE Standard for Modeling and Simulation (M&S) High Level Architecture (HLA) — Framework and Rules: IEEE Std 1516 - 2000TM [S]. New Jersey: IEEE Standards Board, 2000.

[6] IEEE Standard for Modeling and Simulation (M&S) High Level Architecture (HLA) — Federate Interface Specification: IEEE Std 1516. 1 - 2000TM [S]. New Jersey: IEEE Standards Board, 2000.

[7] IEEE Standard for Modeling and Simulation (M&S) High Level Architecture (HLA) — Object Model Template (OMT): IEEE Std 1516. 2 - 2000TM [S]. New Jersey: IEEE Standards Board, 2000.

[8] IEEE Recommended Practice for High Level Architecture (HLA) Federation Development and Execution Process (FEDEP): IEEE Std 1516. 3 - 2003TM [S]. New Jersey: IEEE Standards Board, 2003.

[9] Recommended Practice for Verification, Validation and Accreditation of a Federation—An Overlay to the High Level Architecture Federation Development and Execution Process: IEEE Std 1516. 4 - 2007TM [S]. New Jersey: IEEE Standards Board, 2007.

[10] IEEE Standard for Modeling and Simulation (M&S) High Level Architecture (HLA) — Framework and Rules: IEEE Std 1516 - 2010TM [S]. New Jersey: IEEE Standards Board, 2010.

[11] IEEE Standard for Modeling and Simulation (M&S) High Level Architecture (HLA) —Federate Interface Specification: IEEE Std 1516. 1 - 2010TM [S]. New Jersey: IEEE Standards Board, 2010.

[12] IEEE Standard for Modeling and Simulation (M&S) High Level Architecture (HLA) —Object Model Template (OMT): IEEE Std 1516. 2 - 2010TM [S]. New Jersey: IEEE Standards Board, 2010.

[13] IEEE Recommended Practice for Distributed Simulation Engineering and Execution Process (DSEEP): IEEE Std 1730TM [S]. New Jersey: IEEE Standards Board, 2011.

[14] POWELL E T，et al.（2002）. The TENA Architecture Reference Document，http：//www. tena - sda. org/documents/tena 2002. pdf. The Foundation Initiative 2010 Program Office.

[15] POWER E T，LUCAS J，LESSMAN K，et al. The test and training enabling architecture（TENA）2002 overview and meta - model [C]. Proceedings of the Summer 2003 European Simulation Interoperability Workshop，2003.

第 6 章　体系仿真 VV&A 技术

仿真试验和结果是否能代表真实系统，存在一个可信度（Credibility of Simulation）问题。从仿真发展初期开始，人们就一直很关注仿真模型和系统的可信度。可信度是仿真系统的使用者对应用仿真系统在一定环境、一定条件下仿真试验的结果，解决所定义问题正确性的信心程度。没有可信度的仿真是没有意义的。仿真可信度依赖于正确合理的校核、验证与确认（Verification、Validation and Accreditation，VV&A）计划和实施。本章将讨论体系仿真的 VV&A 问题。

6.1　概念与内涵

6.1.1　仿真 VV&A 的定义

仿真模型的可信度可以通过有计划的校核与确认工作来评估，并通过验收来正式地加以确认，为某一特定的应用服务，这个过程就是仿真模型的校核、验证与确认（VV&A）。

我们一般认为，模型是指一个系统、实体、现象或过程的数学、物理或逻辑的描述。狭义的模型可指某个模型，广义的模型可指整个仿真系统。仿真（Simulation）是实现模型的一种方法，用仿真来模拟实际的或概念的系统，用于检验或分析实际系统，或者用于培训操作人员操作实际系统。建模与仿真（Modeling and Simulation，M&S）建立和使用各种仿真模型，来研究、理解实际不存在的概念系统，或因资源、安全和保密性限制而不能进行试验的真实系统，调查和分析综合环境下的仿真，为教育、培训和军事演习等提供决策。

模型的校核（Verification）是确认模型是否准确地代表了开发者的概念描述和规范的过程。

模型的验证（Validation）是从模型应用目的出发，确定模型代表真实世界的正确程度的过程。

模型的确认（Accreditation）是用户正式地接受模型为专门的应用目的服务的过程。

校核与验证从字面上理解，意义非常接近，但在 M&S 中，它们的含义是有一定区别的。美国国防部在 DoD 5000.61 中给出的 VV&A 定义在 M&S 特别是军用 M&S 领域得到更多的认同。具体如下：

1	Verification	The process of determining that a model implementation and its associated data accurately represent the developer's conceptual description and specification
	校核	确定模型实施及其相关数据是否精确描述了开发者的概念描述及相关技术规范的过程

续表

2	Validation	The process of determining the degree to which a model and its associated data are an accurate representation of the real world from the perspective of the intended uses of the model
	验证	根据模型开发的预期目的，确定模型及其相关数据描述真实世界的精确程度的过程
3	Accreditation	The official certification that a model, simulation, or federation of modelssand simulations and its associated data are acceptable for use for a specific purpose
	确认	官方对一个模型，或一个仿真，或一系列的模型和仿真及其相关数据可用于特定仿真目的的认证活动

IEEE 1278.4 是一个关于分布式仿真系统 VV&A 的建议标准，是当前关于大型复杂仿真系统 VV&A 的一个比较全面的指导。它对分布式仿真的 VV&A 的定义为：

1	Verification	The process of determining that an implementation of a distributed simulation accurately represents the developer's conceptual description and specifications
	校核	确定一个分布式仿真实施是否精确描述了开发者的概念描述及相关技术规范的过程
2	Validation	The process of determining the degree to which a distributed simulation is an accurate representation of the real world from the perspective of the intended uses) as defined by the requirements
	验证	根据需求定义所描述的预期开发目的，确定分布式仿真及其相关数据描述真实世界的精确程度的过程
3	Accreditation	1) Distributed simulation accreditation as the official certification that a distributed simulation is acceptable for use for a specific purpose 2) Model/simulation accreditation is the official certification that a model or simulation is acceptable for use for specific purpose
	确认	1)分布式仿真的确认是官方对一个分布式仿真可用于特定仿真目的的认证活动 2)模型/仿真的确认是官方对一个模型或一个仿真可用于特定仿真目的的认证活动

VV&A 的上述三部分内容是相辅相成的，贯穿于建模与仿真的全过程。一般而言，校核侧重于对建模过程的检验，关心的是“是否正确地建立了仿真模型和仿真系统”，即验证关心的是建模与仿真设计人员是否按照建模仿真的需求正确地进行了设计，以及建模与仿真开发人员是否正确地实现了设计人员所进行的设计；验证侧重于对仿真结果的检验，关心的是“是否建立了正确的仿真模型和仿真系统”，即验证关心的是建模与仿真设计人员的设计、开发人员对仿真模型的实现及整个仿真系统在具体应用中多大程度地反映了真实世界的情况；而确认则是在校核与验证的基础上，由权威机构来最终确定建模与仿真对于某一特定应用是否可接受。

6.1.2　仿真 VV&A 的必要性

随着建模方法的多样化，仿真系统日益复杂，仿真试验难度不断加大，系统建模与仿真校核、验证和确认（VV&A）的重要性愈来愈突出，完全有必要对 VV&A 技术和方法进行更进一步的广泛、系统、深入的研究。

VV&A 工作是伴随着仿真系统的设计、开发、运行、维护整个生命周期过程的一项重要活动，它的重大意义在于可以有效地提高仿真系统的可信度水平和仿真精度，减少由于仿真结果的不准确或错误给分析和决策带来的风险。具体来讲，VV&A 的意义如下：

（1）VV&A 工作能够增强应用 M&S 的信心

在 M&S 开发过程中开展校核与验证工作，可以为 M&S 应用于特定目的的可信度评估提供客观依据，从而能够增强 M&S 应用的信心，需要注意的是模型校验工作是在一定的条件下开展的，为系统的应用目标服务的。

（2）VV&A 工作可以减少 M&S 的风险

VV&A 工作可以尽早地发现 M&S 设计开发中存在的问题和缺陷，帮助设计开发人员采取措施，修改模型设计和软件开发，尽可能地避免由设计开发中存在的错误和缺陷给仿真系统造成的风险和损失。

（3）VV&A 工作能够增强 M&S 在未来的可用性

VV&A 工作是与仿真系统的设计、开发、测试、应用的全过程紧密结合的一项工作，VV&A 工作对整个仿真生命周期中的活动都有所记录，可以保留大量有用的 M&S 相关数据资料，为 M&S 未来的应用提供历史文档。

（4）VV&A 工作实际上减少了 M&S 的费用

通过 VV&A 工作，可以极早地发现设计开发中的错误，减少损失，设计开发错误造成的损失远超过检验工作本身开支。此外，模型校验工作可以为 M&S 在未来的应用提供重要的数据资料，其经济效益是不容忽视的，研究结果表明，VV&A 工作的费用通常是仿真系统开发费用的 5%～17.8%。

（5）VV&A 工作能够为更好地完成系统分析提供潜在的动力

为了实施经济有效的 VV&A 工作，必须对所校验的仿真系统和其所仿真的真实系统的情况、M&S 的目标、条件资源限制等问题进行深入的分析研究，这样会有力地促进系统分析工作的开展。

（6）VV&A 适应国际标准要求

美国国防部 1996 年 4 月 26 日公布 DoD Instruction 5000.61《国防部 M&S 的校核、验证与确认》，明确要求其所属的 M&S 研究机构建立相应的校核、验证与确认政策指导小组，以提高 M&S 的可信度。有关校核、验证与确认的国际标准（IEEE1278－4）也于 1997 年公布。我国虽然目前还没有关于仿真系统校验和可信度评估的标准规范，但在可以预见的将来出台相应的标准规范是大势所趋。

6.1.3　仿真 VV&A 理论的发展过程

随着计算机技术、信息技术和通信技术等相关领域科学技术的发展，仿真技术取得了很大的进步，作为系统仿真研究重要组成部分的模型校验技术也取得了很大进展。纵观国外模型校验技术研究的发展历程，可分为以下 3 个阶段：

（1）20 世纪 60 年代初至 70 年代中期

仿真可信性研究的萌芽阶段。仿真结果的评估工作始于 20 世纪 60 年代，Biggs 和 Cawthorne 对“警犬”导弹系统仿真的评估，是有关仿真结果评估的最早记录。1967 年，Fishman 和 Kiviate 指出评估仿真模型时要包括两个方面：模型校核和模型验证。Mckenny 和 Shrank（1967）提出了模型的有效性和仿真结果的应用相关的观点。Mihram（1972）将模型开发过程分为 5 个步骤，即系统分析、系统集成、模型校核、模型验证和模型分析，首次将仿真可信性分析作为仿真工作的一个有机组成部分。70 年代中期美国计算机仿真学会（Science of Computer Simulation，SCS）组织成立了模型可信性技术委员会（Technical Committee on Model Credibility，TCMC），其目的是建立一系列与模型可信性相关的概念、术语和规范。该事件是仿真可信性研究的一个重要里程碑，表明该领域的研究已进入规范化和组织化。该阶段提出了很多重要的有关仿真可信性的概念和原则，为后来可信性研究工作的开展奠定了良好的基础。

（2）20 世纪 70 年代中期至 90 年代中期

仿真模型的校核、验证技术蓬勃发展阶段。Holmes（1984）提出了确定模型动态特性置信度等级的 CLIMB（Confidence Levels in Model Behavior）方法，并针对导弹系统模型的验证总结开发了一种十分有效的分析工具——随机工具箱，该工具箱包含的方法有对照比较法、专家评定法、半实物仿真法、CADET 法、Monte Carlo 法、TIC 指数法、数据图法、均值和方差检验法、假设检验法、数据覆盖法、频谱分析法、回归分析法等。Schruben（1980）提出了图灵检验法（Turing Test）；Hess（1988）提出了最优时间匹配法来验证实时仿真系统的输出结果。Balci 和 Sargent（1994）综述了模型验证的各种方法并对其进行了分类，主要有静态分析法、动态测试法、约束分析法、理论证明法、图灵测试法、灵敏度分析法、极端条件测试法、统计检验法、主观有效性检验等。Murray-Smith（1995）综述了外部验证的概念和方法，将外部验证的方法归纳为输出数据比较法、系统辨识法、灵敏度分析法和逆系统模型（Inverse Model）方法等。该阶段学术界对仿真模型的校核和验证方法（主要是验证方法）进行了深入研究和系统总结，并广泛应用于工程实践，取得了较好的效果。

（3）20 世纪 90 年代中期至今

仿真可信性评估标准化和规范化，面向新技术应用和适应新需求挑战的可信性研究萌芽阶段。一方面，各行业各部门纷纷制定自己的 VV&A 手册。以仿真技术发展先进国家为例，美国国防部于 1996 年 11 月提交了《VV&A 建议实施指南》（VV&A Recommended Practices Guide，VV&A RPG），并于 2002 年秋组织各部门进行了修订，后将其推荐为 IEEE 标准；美国陆军部、海军部、空军部、导弹防御机构分别以此为基础，制定了自己的VV&A手册，包括概念、原则、过程、方法和文档等；此外，在航空航天、机械工程、核联盟、工程计算等领域也都建立了相应的VV&A标准。英、法等国家的VV&A标准化研究也紧随其后。2001年，英法国防研究组织（Anglo - French Defense Research Group，AFDRG）资助了一项VV&A框架，对两国间相关领域所遵循的共同性问题进行研究。VV&A的标准化和规范化因其具有简化操作、节省费用和协调沟通等优点，已被日益多样化、规范化和制度化的当今社会所接受。

另一方面，出现了面向新技术应用的可信性研究的萌芽。如Johns Hopkins大学针对先进飞行模拟器中人的行为表示进行了验证研究，美国RAND公司对多分辨率模型的验证进行了探索研究，West Virginia大学计算机科学系对自适应软件系统的V&V的特点、含义和方法进行了探讨。这些研究通常是结合具体的仿真系统对可信性评估的理论、方法和应用进行探索性研究，并开发了小型的测试与评估工具，但迄今为止还没有形成完整的理论体系。

在我国，仿真可信性研究也得到了充分的重视，其主要思路是在跟踪国外先进评估技术的同时，结合国内仿真工程的实际需要进行有益的研究和探索，遵循的是一条跨越式发展路线。目前，在仿真评估的理论、原则、方法、工具和应用上均已取得了一系列成果；这些成果的取得通常以特定的仿真系统和技术为背景，如国防科技大学以导弹系统为背景进行了仿真可信性研究，以HLA技术为背景进行了仿真系统VV&A的理论和方法研究。此外，还启动了仿真评估的标准化进程，如空军工程大学在建模与仿真术语的规范化方面进行了一些探索性研究；国防科技大学已制定出DIS仿真系统VV&A的军队标准，并正着手制定HLA仿真系统的通用测试标准。

VV&A从根本上来说是方法论，同软件工程相同，需要有规范来加以制约和指导。美国国家科学研究委员会（National Research Council，NRC）将VV&A标准/规范的建立作为应对2020年制造业重大突破的技术。在我国，系统仿真可信性研究也日益得到重视，然而这方面的研究工作还比较粗浅和分散，尚属于起步阶段。我国也应该更多地开展VV&A及其标准/规范的研究，这不仅是系统仿真技术的重要内容，也是我国国防和军用仿真领域亟待解决的难题，是一项具有重大意义的工作，应该根据我国的特点制定符合国情的VV&A标准/规范，同时大力推进军用和民用项目的VV&A工作，促进我国仿真水平和质量的提高。

6.1.4 仿真VV&A原则

仿真VV&A原则是VV&A理论研究人员和工程应用人员在工程实践中总结的一些基本原则和基本观点。对于这些原则的理解有助于VV&A人员正确合理地制定VV&A计划，并指导工作开展，提高校核验证工作效率。参考文献[7 - 8]详细描述了建模与仿真中关于VV&A的一些准则和原则，参考总结出几大原则。

原则 1：VV&A 必须贯穿于仿真的全生命周期。

VV&A 不是仿真生命周期中的某一个阶段或步骤，而是贯穿于整个生命周期的一项持续不断的活动。生命周期本质上是一个反复迭代的过程，且是可逆的。因此，生命周期的每一个阶段都有一套适当的 VV&A 活动，其广度和深度部分取决于仿真的特定应用。遍及 M&S 生命周期所进行的 VV&A 活动是要揭示在 M&S 开发过程中（从问题定义到结果分析中）可能出现的缺陷，以便尽可能早地检测错误和纠正错误。

原则 2：VV&A 结果不应被看作是一个非对即错的二值变量，即模型或仿真不应是绝对正确或错误的。

因为模型是对系统的一种抽象，所以完美的模型描述是不可能得到的。模型 VV&A 的结果应被认为是可信度为 0～100 之间的数值，其中 0 表示绝对错误，100 表示绝对正确。

原则 3：仿真模型根据建模与仿真对象而建立，其可信度也应由相应的建模与仿真对象来评判。

仿真的目的在问题形成阶段被确定下来，并在生命周期中的系统与对象定义阶段被进一步具体化。研究对象技术指标的描述对仿真的成功是关键性的。

不同研究对象对模型的描述精度是不同的。有时 60%的精度就是充分的，有时要求的精度达 95%，这要视决策在多大程度上依赖于仿真结果而定。所以，仿真可信度需由研究对象来评判。

原则 4：V&V 需由建模与仿真开发人员以外的机构独立来完成，以避免偏见。

模型校验应由无偏见的人员来完成。由模型开发人员进行的校验最不具有独立性。同样，负责仿真合同的机构也常常存有偏见，因为否定性的校验结果可能会损害该机构的信誉，由此可能要承担失去未来合同的风险。

原则 5：仿真模型的 VV&T（校核、验证与测试）是困难的，它要求 VV&T 人员具有创造性和敏锐的洞察力。

为了设计和完成有效的测试，并确定合适的测试安全，必须对整个仿真模型有一个全面的了解。但是，人们不可能完全理解所有各方面的大量复杂模型。所以说，完成一个复杂仿真模型的测试是一项难度非常大的任务，它需要创造性和洞察力。

原则 6：仿真模型的可信度仅仅是针对模型测试下的特定条件而言的。

仿真模型的输入—输出转换精度受输入条件的影响。在一组输入条件下正常的转换，可能会在另一组输入条件下得出错误的输出。在特定条件下建立的具有充分可信度的模型，并不一定适合其他输入条件。已建立的模型可信度描述条件被称为试验仿真模型的应用域。模型可信度仅针对模型的应用域而言。

原则 7：完全的仿真模型测试不是可能的。

完全测试要求对模型所有可能的输入条件下进行测试。模型输入变量各种可能取值的组合会产生巨大的模型运行次数。由于时间和经费的限制，不可能完成如此巨大规模的测试，这取决于期望获得的试验模型的应用域。

用测试数据进行模型测试时，不在于使用了多少个测试值，而在于测试数据涵盖了多大百分比的有效输入域。涵盖的百分比越大，模型的可信度越高。

原则 8：必须制订仿真模型的 VV&A 计划并进行相应的文档记录。

测试不是模型开发生命周期中的一个阶段或步骤，而是贯穿于全生命周期的一项连续活动。测试应得到确认，应准备好测试数据或条件，制订好测试计划，并对整个测试过程进行记录。特殊或随意性的测试并不能提供合理的模型精度测量，甚至会引导我们得出错误的模型可信度评估结果。成功的测试需要制订详细的测试计划。

原则 9：应当防止三类错误的发生。

VV&A 中的三类错误指在仿真研究中，容易出现的三种类型的错误：

1）第 1 类错误是指 M&S 及其仿真结果本来达到了足够的可信度，却判为不可信；

2）第 2 类错误是指 M&S 及其仿真结果本来没有达到足够的可信度，却判为可信；

3）第 3 类错误是指研究目的不明确而误认为明确，需求定义的描述不准确而误认为准确，导致 M&S 研究的实际内容与所需研究的内容不相符。

第 1 类错误不会增加模型开发的费用，而第 2、3 类错误出现所带来的后果可能是灾难性的，特别是当重要决策的做出要以该仿真结果为基础时。第 3 类错误的出现意味着得到的仿真结果与真正要求解的问题不相关。

原则 10：应尽可能早地发现仿真生命周期中存在的错误。

急于进行模型的具体实现是仿真研究中的一个通病。尽可能早地在仿真研究生命周期中发现和纠正系统中存在的错误是 VV&A 的主要目的。在生命周期的后期阶段纠正所发现的错误将耗时更多、代价更高。而有些至关重要的错误在后期阶段是不可能被发现的，这将会导致第 2、3 类错误的发生。

原则 11：必须认识到多响应问题并恰当解决。

所谓多响应问题，即带两个或多个输出变量的验证的问题，不可能通过每次比较一个相应模型和系统输出变量的单变量统计过程来完成测试。对于多响应问题，必须采用多变量统计方法把各输出变量之间的相关性考虑在内。

原则 12：每一个子模型成功通过验证并不意味着整个模型就是可信的。

针对研究对象可接受的容许误差，可以判断每个子模型的可信度是否充分。可能每个子模型是充分可信的，但并不能由此得出整个模型也是充分可信的。每个子模型的容许误差可能会在整个模型中累积到不可接受的程度。因此，即使每个子模型经测试是充分可信的，集成后的整个模型仍然需要进行可信度的验证。

原则 13：仿真模型验证并不能保证仿真结果的可信度和可接受度。

对于仿真结果的可信度和可接受度来说，模型验证是一个必要但不充分条件。根据仿真研究的目的，通过比较仿真模型与所定义系统进行模型验证。如果对仿真研究目的的确认不正确，或者对系统的定义不恰当，仿真结果都将是无效的。然而，在此情况下，通过将仿真结果与定义不恰当的系统以及没有得到正确确认的仿真目的相比较，仍可能得出模型是充分有效的结论。

在模型可信度和仿真结果可信度之间存在明显的不同。模型可信度由系统定义和仿真研究目的来评判，而仿真结果的可信度则由实际问题的定义来评判，其中包括对系统定义的评估和研究目的的确认。所以，模型可信度评估是仿真结果可信度评估的一个子集。

原则 14：问题描述的准确性会大大影响仿真结果的可接受度和可信度。

问题的准确描述是求解成功的一半，对问题的准确描述甚至比求解本身更为关键。仿真的最终目的不应只是为了得到问题的解，而是要提供一个充分可信和可接受的解并被决策人员所用。问题描述的准确性影响到 VV&A 评估问题的准确性，这也将会大大影响仿真结果的可信度和可接受度。必须认识到，如果问题描述不准确影响到 VV&A，将会导致错误的问题形成，因而不论我们对问题求解得多么好，其仿真结果都将与实际问题无关。

原则 15：VV&A 应该满足资源限制的条件。

资料研究结果表明，VV&A 的花费占 M&S 的 5%～17.8%，一般为 10%～12%。因此，完全的 VV&A 是不可能的。如何确定 VV&A 在 M&S 中的人力、物力和财力占比，是 VV&A 人员需要研究的问题。为了取得经济有效的 VV&A，VV&A 应紧紧围绕模型或仿真的应用目标和功能需求，选取对提高模型或仿真可信度最有贡献的工作内容。

6.2　体系仿真 VV&A 过程主要活动

仿真 VV&A 过程应融入体系仿真系统研制过程之中，在仿真模型建立的各阶段都必须进行 VV&A，是一个反复迭代的过程（如图 6-1 所示），主要包括以下活动：需求校核、制定 VV&A 计划、系统方案校核、模型设计校核、模型实现校核、模型验证和模型确认。

（1）需求校核

VV&A 人员依据仿真系统任务书或合同对仿真系统需求分析报告进行校核，形成需求校核报告，包括需求分析的准确性、一致性和完整性，确保需求分析报告完全表达用户的要求，建模需求应该明确、清晰，具有可跟踪性。当需求变更时，应重新进行校核。

（2）制定 VV&A 计划

VV&A 人员制定仿真系统 VV&A 计划，有效地利用 VV&A 资源、监督、控制 VV&A 执行过程，明确建模过程中各阶段的 VV&A 活动的各项任务、可用资源、生成文档、存在问题和潜在风险等。VV&A 计划的设计应与仿真系统需求分析和开发计划设计阶段同步开始，并且延伸到模型设计校核阶段。

（3）系统方案校核

VV&A 人员针对系统方案进行校核并形成系统方案校核报告，目的是确保系统方案设计对满足仿真需求，预期达到的应用目标是合理、恰当和正确的。主要内容包括：

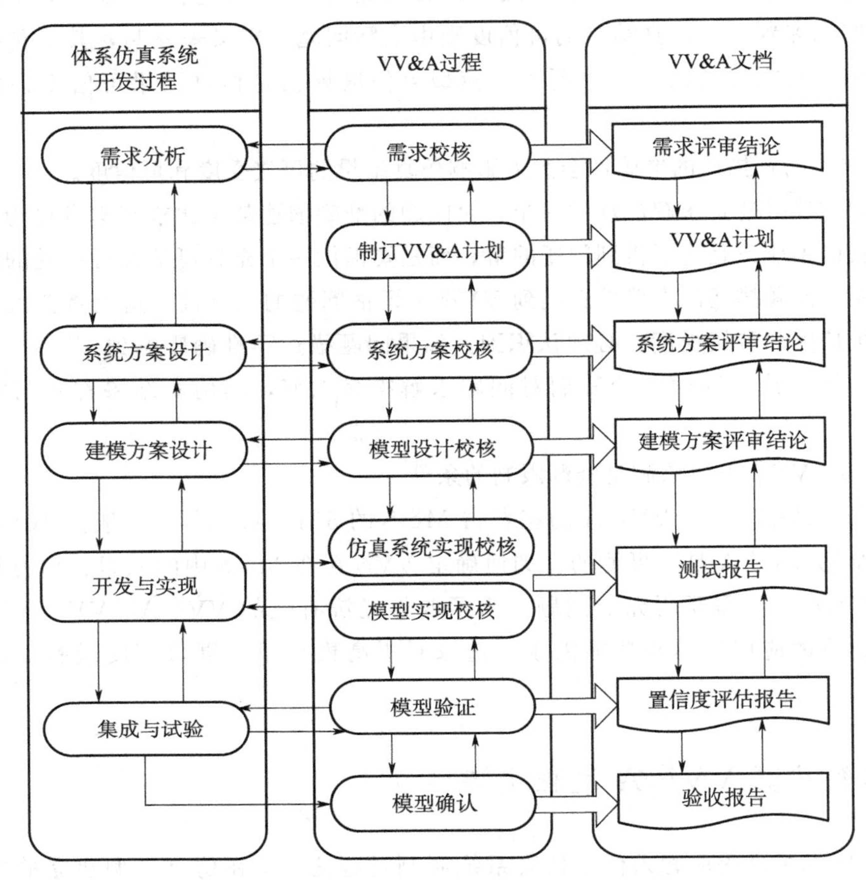

图 6-1　体系仿真全生命周期 VV&A 过程

1）校核系统方案是否与仿真系统需求项符合，是否包含了所有需求；

2）校核系统是否能够满足仿真系统整体的性能指标要求，包含系统架构、仿真要素、信息接口和仿真置信度等；

3）校核系统是否满足仿真系统的可信度要求，确定模型可接受的标准；

4）校核系统与需求之间的可追溯性；

5）评价技术途径对开发进度、可维护性、应用方式的影响。

（4）模型设计校核

VV&A 人员针对模型设计方案进行校核并形成模型设计校核报告，目的是在开始软件编码和硬件实现之前，对模型建模报告进行审查，确保模型设计的内容符合模型方案，具有可操作的实现途径。主要内容包括：

1）评价仿真系统要素的建模粒度、装备仿真功能和能力是否满足仿真系统应用目标的需求；

2）评价模型各功能模块设计、接口设计的合理性，与装备的对应性；

3）评价战场环境及效应模型设计的合理性，重点关注装备部署环境、导弹飞行环境、雷达探测环境和光学探测环境等；

4）校核建模过程中的假设、算法以及约束条件是否正确，所用数据是否有效；

5）评价建模校模方法的合理性和可行性。

（5）仿真系统实现校核

VV&A 人员与仿真系统开发人员协同完成仿真系统实现校核，目的是确保仿真系统实现的基础关键要素满足要求，不影响仿真系统的可信性。主要工作包括：

1）时空统一精度校核，测试仿真系统实现采用的坐标系和时统精度是否满足要求，保证仿真系统的空间一致性和时间一致性；

2）网络环境校核，测试仿真系统网络环境的延迟是否满足要求，保证仿真系统的网络环境与原始系统保持一致；

3）系统误差校核，测试仿真系统的误差精度是否满足要求，保证仿真系统的误差与原始系统保持一致；

4）系统技术架构校核，确认仿真系统采用的技术架构是否满足要求，保证仿真系统架构与原始系统保持一致；

5）系统接口校核，确认仿真系统的接口是否完备，保证仿真系统接口与原始系统保持一致；

6）系统其他要素校核。

由于整个仿真系统包含的因素很多，而且含有很多不确定因素，开展全面的、覆盖所有因素的仿真系统实现校核是极其困难的。在实际过程中，需要结合具体仿真需求找出影响仿真可信度的主要因素，综合考虑从多角度对仿真系统实现进行校核。

（6）模型实现校核

VV&A 人员与模型开发人员协同完成模型实现校核，目的是确保模型实现的正确性，主要工作包括：

1）模型代码静态和动态测试；

2）标准解比对；

3）评估模型测试计划的完整性；

4）评估模型测试方法的合理性；

5）监督模型测试过程；

6）审查模型测试报告。

（7）模型验证

VV&A 人员通过全面的迭代测试和对所有功能、模型行为、仿真输出响应的分析来验证仿真系统和实际系统的一致程度，评估模型的可信度，说明仿真系统是否达到了预期应用目标。主要工作包括：

1）收集外场飞行试验、半实物仿真试验等模型验证对比数据；

2）按照飞行试验、半实物仿真试验、理论分析和战技指标的优先顺序实施模型验证；

3）监督模型验证过程；

4）审查模型校核验证报告。

（8）模型确认

确认是由用户或官方正式评估仿真系统的可用性，在校核验证的基础上，对所有阶段性报告进行汇总，并综合考虑V&V结果、仿真系统开发和使用记录、运行环境要求、配置管理以及仿真系统中存在的局限和不足，对仿真系统的可接受性和有效性做出正式的确认。也可以说，V&V是确认工作的一部分，确认工作增强了整个仿真系统所要求的结果的可信性以及仿真过程的正确进行。

VV&A紧紧围绕仿真建模工作，确认过程是在V&V的基础上进行的，整个过程是循环进行的。在仿真和建模的过程中，V&V发现了M&S的错误，则重新修改模型，再进行V&V，直到确认后才可应用，并把VV&A的结论汇入相关文档中。

6.3 基于试验数据的模型校核验证

6.3.1 影响模型校核验证的主要因素

对于建模仿真和模型校验而言，最为关心的问题就是模型是否达到了必要的可信度。下面列出了影响模型可信度的一些主要因素，在建模与仿真中，充分考虑这些因素的影响，有望对模型可信度的提高提供帮助。

（1）建模过程中忽略了部分次要因素（模型结构的影响）

在建模中，一些因素可能因为与所研究的系统或研究的目标相关性较小，因而被忽略掉了，但这种忽略在一定程度上具有潜在的危险。首先，因为对于系统的影响小到什么情况才值得忽略，并没有明确的评价指标，因此对某个因素是否应该被忽略，在技术上可能存在着分歧，但最后却是由于人为意志而被忽略的；其次，在对模型进行多次修改的过程中，很可能偏离了最初的目标，这时，某个被忽略的因素可能不能够被忽略了；第三，有些被忽略的因素不是由于其对系统的影响小到可以忽略，而是因为求解数学模型的数值方法上的限制，比如求解太困难甚至不可解、求解的代价太高等，从而被折中忽略掉。

（2）模型运行数据（参数等）的确定失误（模型参数的影响）

仿真模型的初始状态（包括模型参数、运行时的初始数据）对仿真的输出有着直接的影响，特别是在仿真时间很短的情况下，输出结果会有较大的偏差。因此，模型参数的确定要参考原型系统状态以及模型要求，减少人为因素的影响。模型运行的初始数据可以从建模过程中使用的原始数据中选用，也可以对这些原始数据重新规划进行使用。

（3）随机数据的模拟不准确（模型中随机因素模拟的影响）

一般情况下，仿真模型中会含有一定数量的随机变量，这些随机变量都是遵循所要求的概率分布，这些概率分布是通过对原型系统采集的大量数据进行分析，或是通过从原理上分析这些随机因素的产生背景以后来确定的，这些随机变量所遵循的概率分布，甚至分布参数的正确与否直接影响着模型的质量。一般情况下，只要对原型系统进行深入的原理分析，或者是采集到足够多的数据，严格按科学的方法来分析，就可以确定合适的概率分布和分布参数。但在实际建模研究过程中，由于各种原因，对于原型系统中随机因素的分析很难深入进行，或者是由于数据的采集十分困难，对于这些随机变量的模拟存在着一定的偏差，这些偏差在模型运行过程中进行传递和放大，最终导致模型的运行结果的偏差，从而影响到模型的可信度。

（4）仿真输出结果的统计误差（可信度评估所用数据的影响）

很多对于模型可信度的评估（或验证）工作，是通过对仿真输出结果和原型系统输出结果进行处理来实现的，这样的处理方法有很多种，大多数都要求有较大的数据量才能得出比较科学和准确的可信度评估结论。但实际模型校验工作中，由于各种原因，导致可供比较的数据量比较少，这样运用模型校验方法所得出的可信度结论，其准确性就会受到很大的影响。换言之，就是由于进行模型校验时样本量的不足，导致了可信度的评估结论与模型的实际可信度之间有较大的偏差。也就是说，可能模型本身可信较高，但由于样本量的不足，评估的可信度却不高；更危险的是，评估结果表明仿真模型输出与原型系统输出是一致的，有着较高的可信度，但是由于样本量的不足，这仅仅是小样本情况下的模型输出与原型系统输出偶然巧合。因此这一点也提醒我们的模型校验人员，要充分理解每种方法的适用前提和使用要求，不能盲目乱用和滥用模型校验方法。

（5）通过可信性评估的子模型的误差累积（子模型误差累积效应的影响）

在给定的应用背景下，每一个通过了可信度评估的子模型，都有着足够的可信度。但是，这并不意味着整个模型的应用是可信的。这是因为每个子模型允许的误差会产生累积，严重时会到整个模型或仿真无法接受的程度，这是在 M&S 过程中经常被忽视的一个问题。因此，即使每个子模型都通过了可信度的评估，由它们组合而成的整个模型仍然需要重新进行可信度的评估。

6.3.2　常用模型校核方法

随着国内外 VV&A 理论研究的逐步深入以及相关成果的应用和推广，VV&A 方法在仿真系统全生命周期中的重要性和必要性已经被仿真系统的开发者、评估者和使用者所认识和接受。作为 VV&A 过程的第一步，校核（verification）不仅为验证（validation）的执行提供所需的前提和基础，而且为确认（accreditation）的实现提供必要的数据和文档支持。

6.3.2.1　非规范校核方法

非规范校核方法是在 VV&A 工作过程中经常使用的方法。之所以称它们“非规范”，是因为这些方法依赖人工推理和主观判断，没有严格的数学描述和分析推理，并不是说它们使用效果差，相反，如果应用得当，会取得很好的效果。常用的非规范校核方法有：

（1）审核（Audit）

评估 M&S 是否符合现有的计划、规程和标准，并尽量使 M&S 的开发过程具有可追溯性，便于当M&S出现错误时查找错误的根源。审核一般通过会议、检查的形式进行。

(2) 检查（Inspections）

一般由四到六人组成一个检查小组，对M&S开发各阶段中的M&S需求定义、概念模型设计、M&S详细设计等进行审查。检查过程通常包括概览、准备、检查、修改和跟踪五个阶段。在概览阶段，M&S设计人员向检查小组成员以正式文档的形式提交M&S设计，包括问题定义、应用需求、软件设计细节等内容。在准备阶段，小组成员各自仔细审查所提交的报告，并记录所发现的错误。在检查阶段，由小组组长按照既定议程来召开会议进行讨论，由讲解员对M&S设计文档进行说明。检查小组公布他们在准备阶段发现的错误并进行讨论，并由会议记录人员负责在会议结束后起草所发现错误的报告。在第四阶段，M&S设计人员解决所有在报告中提出的问题。在最后一个阶段，由小组组长负责监督这些问题的解决情况，确保所有错误都已改正并且在改正过程中没有出现新的错误。

6.3.2.2 静态校核方法

静态校核方法用于评价静态模型设计和源代码的正确性。与动态校核方法相比，静态校核方法不需要运行建模与仿真系统。使用静态校核方法可以揭示有关模型结构、建模技术应用、模型中的数据流和控制流以及语法等多方面信息。常用的静态校核方法有：

(1) 因果关系图（Cause - Effect Graphing）

因果关系图着眼于考查模型中的因果关系是否正确。它首先根据模型设计说明确定模型中的因果关系，并用因果关系图表示出来，在图中注明导致这些因果关系的条件。根据因果关系图，就可以确定导致每一个结果的原因。借此可以创建一个决策表，并将其转化为测试用例（Test Cases）对模型进行测试。

(2) 控制分析（Control Analysis）

控制分析包括调用结构分析、并发过程分析、控制流分析和状态变化分析。所谓调用结构分析，就是通过检查模型中的过程、函数、方法或子模型之间的调用关系，来评价模型的正确性。并发过程分析技术在并行和分布式仿真中用处极大。通过分析并行和分布式仿真中的并发操作，可以检查出同步和时间管理等方面存在的问题。控制流分析是指通过检查每个模型内部的控制流传输顺序，即控制逻辑，来检查模型描述是否正确。状态变化分析就是检查模型运行时所历经的各种状态，以及模型是如何从一个状态变换到另一个状态的，通过分析触发状态变化的条件来衡量模型的正确性。

(3) 数据分析（Data Analysis）

数据分析包括数据相关性分析和数据流分析，用于保证数据对象（如数据结构）的恰当使用和正确定义。数据相关性分析技术用于确定变量和其他变量之间的依赖关系。数据流分析技术则是从模型变量的使用角度评价模型正确性，可用于检测未定义和定义后未使用的变量，追踪变量值的最大、最小值以及数据的转换，同时也可用于检测数据结构声明的不一致性。

(4) 错误/失效分析(Fault/Failure Analysis)

这里所说的错误是指不正确的模型组成部分,失效则是指模型组成部分的不正确响应。错误/失效分析是指检查模型输入/输出之间的转换关系,以确定模型是否会出现逻辑错误。同时检查模型设计规范,确定在什么环境和条件下可能会发生逻辑错误。

(5) 接口分析(Interface Analysis)

接口分析包括模型接口分析和用户接口分析,这些技术对于交互仿真尤其适用。模型接口分析是指检查模型中各子模型之间的接口或者联邦中联邦成员之间的接口,来确定接口结构和行为是否正确。用户接口分析则是指检查用户和模型之间的接口,来确定当人与仿真系统进行交互时是否可能发生错误。

(6) 语义分析(Semantic Analysis)

语义分析一般由编程语言编译器进行。在编译过程中,编译器可以显示各种编译信息,帮助开发者将自己的真实意图正确转换成可执行程序。

(7) 结构化分析(Structural Analysis)

结构化分析用于检查模型结构是否符合结构化设计原则。通过建立模型结构的控制流程图,对模型结构进行分析并检查该流程图是否存在不规范、不符合结构化设计原则的地方(如滥用goto语句)。

(8) 语法分析(Syntax Analysis)

和语义分析类似,语法分析一般也是通过编程语言编译器来进行,确保编程语言语法使用的正确性。

(9) 可追溯性评估(Traceability Assessment)

可追溯性评估用于检查在各要素从一种形态转换到另一种形态,例如从需求定义阶段转换到设计阶段,再从设计阶段转换到实现阶段时,是否还保持着一一对应的匹配关系。没有匹配的要素可能意味着存在未实现的需求,或者是未列入需求的多余的功能设计。

6.3.2.3 *动态校核方法*

动态校核方法需要运行建模与仿真系统,根据运行的表现来评定建模与仿真系统。动态校核方法在使用时一般分为三个步骤:第一步,在可执行模块中加入作为检测工具的测试程序;第二步,运行可执行模块;第三步,对仿真输出进行分析并做出评价。常用的动态校核方法有:

1) 可接受性测试(Acceptance Testing)将原型系统的输入数据作为仿真系统的输入并运行仿真,根据输出结果确定M&S开发合同中所列的所有需求是不是得到满足。

2) 阿尔法测试(Alpha Testing)由M&S开发者在M&S最初版本完成之后对M&S进行的测试。

3) 断言检查(Assertion Checking),断言是在仿真运行时应当有效的程序语句。断言检查是一种校核技术,用于检测仿真运行过程中可能出现的错误。断言可以被放置要执行的模块的各个不同的部分以检查模块的运行情况。现在大多数编程语言都支持这种测试。

4）贝塔测试（Beta Testing）第一个正式面向用户的 M&S 测试版完成后，由 M&S 开发者对其进行的测试。与阿尔法测试不同的是，贝塔测试是在真实的用户使用环境中进行，而阿尔法测试是在测试实验室中进行。

5）自下而上测试（Bottom-Up Testing）用于测试自下而上开发的模型。在自下而上开发过程中，模型的建立是从最底层，即从不能再进行分解的模块开始，一直到最高层为止。相应地，自下而上测试则从最底层模块开始，当同一层次的模块测试完毕后，再将它们集成在一起进行测试。自下而上测试的好处是符合分而治之、简化处理的原则，操作比较简单，错误容易在本模块中找到。另外，同一个层次的模块常常可以共用一个测试程序。

6）一致性测试（Compliance Testing）将仿真与有关的安全和性能标准进行比较，包括权限测试、性能测试、安全测试和标准测试等，常用于测试分布交互仿真中的联邦成员。权限测试技术用于测试在 M&S 中各种访问权限等级的设置是否正确，以及这些权限与有关安全规则和规范的符合程度。性能测试技术用于测试 M&S 所有的性能特征是否正确，是否满足制定的性能需求。安全测试技术用于测试 M&S 是否符合有关的安全规程，采用的保护策略是否正确。标准测试技术用于测试 M&S 是否符合有关的标准和规范。

7）调试（Debugging）是一个循环往复的过程，用于查找 M&S 出错的原因，并修正这些错误。调试过程一般分为四个步骤：第一步，对模型测试，找出其中存在的错误；第二步，找到导致这些错误的原因；第三步，根据这些原因来确定如何修正模型；第四步，修改模型。第四步之后再回到第一步，直到模型修改之后错误不再出现，且未引起新的错误。

8）功能测试（Functional Testing）又称为黑箱测试，用于评价模型的输入-输出变换的正确性。它不考虑模型的内部逻辑结构，目的在于测试模型在某种输入条件下，能否产生期望的功能输出。测试输入数据的选取是一件很困难的工作，将直接影响测试效果。测试输入数据并不在多，但覆盖面要尽量广。实际上，对于大规模的复杂仿真系统来说，测试所有的输入输出情况是不大可能做到的，功能测试的目的在于提高对模型使用的信心，而不是验证它是否绝对正确。

9）图形化比较（Graphical Comparison）通过将 M&S 输出变量值的时间历程曲线与真实系统的输出变量的时间历程曲线进行比较，来检查曲线之间在变化周期、曲率、曲线转折点、数值、趋势走向等方面的相似程度，对 M&S 进行定性分析。这种方法虽然带有很强的主观性，但因为人的眼睛可以识别许多用定量方法很难甚至无法识别的特征，所以作为初始的 VV&A 手段，还是很有实用价值的。

10）接口测试（Interface Testing）包括数据接口测试、模型接口测试和用户接口测试。与前面介绍的接口分析技术相比，接口测试技术运用起来要更严格。数据接口测试是测试仿真运行过程中模型输入输出数据的正确性，尤其适用于输入数据来自数据库或者是输出数据将要保存到数据库的情况。模型接口测试则用于测试子模型或者联邦成员之间是否能够协调、匹配，尤其适用于面向对象的仿真和分布式仿真。用户接口测试技术常用于人在回路仿真系统或其他交互式仿真，用于评估用户和模型之间的交互作用。

11）成品测试（Product Testing）由 M&S 开发者在所有的子模型或联邦成员成功集成并通过接口测试后所进行的测试，同时又是前面提到的可接受性测试的前期准备。由 M&S 开发者组成的质量控制小组必须确保 M&S 在提交给用户进行可接受性测试之前，能够满足合同上列出的所有要求。成品测试和接口测试是保证 M&S 可信度所必需两种技术。

12）敏感性分析（Sensitivity Analysis）通过在一定范围内改变模型输入值和参数，观察模型输出的变化情况。如果出现意外的结果，说明模型中可能存在错误。通过敏感性分析，可以确定模型输出对哪些输入值和参数敏感。相应地，如果提高这些输入值和参数的精度，就可以有效提高 M&S 输出的正确性。

13）结构测试（Structural Testing）又称白箱测试（White box Testing）。与功能测试（黑箱测试）不同的是，结构测试要对模型内部逻辑结构进行分析。它借助数据流图和控制流图，对组成模型的要素如声明、分支、条件、循环、内部逻辑、内部数据表示、子模型接口以及模型执行路径等进行测试，并根据结果分析模型结构是否正确。

14）代码调试（Symbolic Debugging）应用调试工具，通过在运行过程中设置断点等手段对模型的源代码进行调试。几乎所有的程序开发环境都支持断点设置，单步执行和查看变量值等代码调试手段，从而大大提高了可执行代码调试效率。

15）自上而下测试（Top - Down Testing）与前面介绍的自下而上测试相反，这种技术用于测试自上而下开发的模型。它从最顶层的整体模型开始测试，逐层往下一直到最底层。

16）可视化/动画（Visualization/Animation）仿真的可视化和动画技术对模型的校核与验证具有很大的帮助。以图形图像方式显示模型在运行过程中的内部和外部动态行为，将有助于发现错误。但在使用时应注意，这种技术本身只是一种辅助手段，并不能保证模型的正确性。

6.3.2.4　规范校核方法

规范校核方法是指基于数学推理、运算来证实 M&S 正确性的方法。虽然目前已有一些方法可以算作规范校核方法，但实际上，这些方法还只能作为非规范校核方法的补充，还没有一种真正的规范校核方法可用于直接推证 M&S 的正确性。规范校核方法还有待于进一步研究和发展。

表 6 - 1 列出了上述的校核方法可以应用的 M&S 的主要阶段（M&S 需求定义、概念模型开发、M&S 设计、M&S 实现、M&S 应用和 M&S 评估）。在具体选用时，还要根据模型类型、M&S 的预期应用和应用的限制条件（如时间、费用、进度）等各种因素综合考虑。

表 6-1　M&S过程中各阶段可以应用的校核方法

类别	校核方法		M&S阶段					
			M&S需求定义	概念模型开发	M&S设计	M&S实现	M&S应用	M&S评估
非正规方法	审核(Audit)		√	√	√	√		
	检查(Inspection)		√	√	√	√	√	√
静态方法	因果关系图(Cause-Effect Graphing)		√	√	√	√		
	控制分析(Control Analysis)	调用结构分析(Calling Structure Analysis)		√	√	√		
		并发过程分析(Concurrent Process Analysis)				√	√	
		控制流分析(Control Flow Analysis)		√	√	√		
		状态变化分析(State Transition Analysis)		√	√	√		
	数据分析(Data Analysis)	数据相关性分析(Data Dependency Analysis)		√	√	√		
		数据流分析(Data Flow Analysis)		√	√	√		
	错误/失效分析(Fault/Failure Analysis)					√	√	
	接口分析(Interface Analysis)	模型接口分析(Model Interface Analysis)	√	√	√			
		用户接口分析(User Interface Analysis)		√		√	√	√
	语义分析(Semantic Analysis)					√	√	
	结构化分析(Structural Analysis)			√	√			
	语法分析(Syntax Analysis)					√		
	可追溯性评估(Traceability Assessment)			√	√	√	√	

续表

类别	校核方法		M&S 阶段					
			M&S 需求定义	概念模型开发	M&S 设计	M&S 实现	M&S 应用	M&S 评估
动态方法	可接受性测试(Acceptance Testing)						√	√
	阿尔法测试(Alpha Testing)					√	√	
	断言检查(Assertion Checking)					√		
	贝塔测试(Beta Testing)					√	√	
	自下而上测试(Bottom - Up Testing)					√		
	一致性测试(Compliance Testing)	权限测试(Authorization Test)				√	√	√
		性能测试(Performance Test)					√	√
		安全测试(Security Test)					√	√
		标准测试(Standards Test)					√	√
	调试(Debugging)					√		
	功能测试(Functional Testing)					√	√	
	图形化比较(Graphical Comparison)					√	√	
	接口测试(Interface Testing)	数据接口测试(Data Interface Test)				√	√	
		模型接口测试(Model Interface Test)				√	√	√
		用户接口测试(User Interface Test)				√	√	

续表

类别	校核方法		M&S阶段					
			M&S需求定义	概念模型开发	M&S设计	M&S实现	M&S应用	M&S评估
动态方法	成品测试(Product Testing)						√	√
	敏感性分析(Sensitivity Analysis)					√	√	√
	结构测试(Structural Testing)	分支测试(Branch Testing)				√		
		条件测试(Condition Testing)				√		
		数据流测试(Data Flow Testing)				√		
		循环测试(Loop Testing)				√		
		路径测试(Path Testing)				√	√	
	自上而下测试(Top - Down Testing)					√		
	可视化/动画(Visualization/Animation)					√	√	√

6.3.3 常用模型验证方法

目前的模型验证方法均是对于模型行为的验证，即是通过比较模型与原型系统的输入/输出，从而分析模型的输入/输出与原型系统的一致性，并以此作为该模型的可信度结果，见表6-2。

表6-2 常用模型验证方法分类表

数理统计方法		动态关联分析法	频谱分析法
参数估计法	假设检验法		
点估计法（包括频率法、矩估计法、最小二乘法、极大似然法等） 区间估计法（包括均值、方差区间估计，两总体均值差、方差比值区间估计等） Bayes估计 …	参数假设检验法（包括t-检验法、χ^2-检验法、F-检验、Bayes检验法） 非参数假设检验法（包括游程检验法、秩和检验法、K-S检验法等） Bayes假设检验法 …	TIC不等式系数法 灰色关联分析法（包括聚类法、变权法、定权法等） 回归分析法（包括一元线性回归、多元线性回归、逐步回归、非线性回归等） 灵敏度分析法 系统辨识方法（包括随机序列辨识、最小二乘辨识、极大似然辨识、系统结构辨识等） …	经典谱估计法 瞬时谱法 最大熵谱估计法 最小交叉熵谱估计 …

6.3.3.1 数理统计方法

（1）参数估计法

对于一些非线性、非定长、非确定性的复杂随机动力学系统来说，其性能参数可分为两大类：静态数据和动态数据。以导弹武器系统为例，其静态性能包括脱靶量、杀伤概率等，可以将它们看做随机变量；动态性能是指导弹在飞行过程中随时间变化的性能特征，如推力、质量、指令、位置、姿态（角）、速度等，可视为多维随机过程。

将静态性能记为Y，其观测值与具体的实验有关，而与观测时间无直接关系；将动态性能记为Y_t，其观测值不仅与具体实验有关，而且是观测时间t的函数。这样，关于实际系统的每一次试验观测结果可视为静态性能随机向量Y或动态性能随机过程$Y(t)$的一次实现，记作$y^{(i)}$和$y_t^{(i)}$，其中，上标i表示第i次试验，m为试验的次数，即试验观测样本的容量。

对于仿真试验来说，可以引进相应的记号X，X_t及$x^{(i)}$，$x_t^{(i)}$，$i=1, 2, \cdots, n$。于是，建模与仿真验证转化为这样一个问题：根据观测样本$x^{(i)}$和$y^{(i)}$或$x_t^{(i)}$与$y_t^{(i)}$，比较判断随机向量X与Y或随机过程X_t与$Y(t)$之间的一致性，分别称为静态性能和动态性能的验证，有时也称为它们之间的相容性检验。

参数估计法主要有点估计和区间估计，目前对静态性能验证较有效和常用。利用点估计和区间估计法进行模型验证的基本思想是：设θ是与系统静态性能有关的某一特征参数，$\theta_x=f(x_1, x_2, \cdots, x_n)$和$\theta_y=f(y_1, y_2, \cdots, y_m)$分别是根据仿真系统试验样本观测值$x_1, x_2, \cdots, x_n$和实际系统试验样本观测值$y_1, y_2, \cdots, y_n$求得的关于$\theta$的点估

计值，而 $[a_x, b_x]$ 和 $[a_y, b_y]$ 分别是根据两类观测样本求得的关于 θ 的区间估计。如果系统模型是精确可靠的，那么样本观察值 x_i 和 y_i（$i=1, 2, \cdots, n$；$j=1, 2, \cdots, m$）应该来自同一母体，从而点估计值 θ_x 和 θ_y 应该充分靠近，置信区间 $[a_x, b_x]$ 和 $[a_y, b_y]$ 应基本重合。换句话说，当 x_i 和 y_i（$i=1, 2, \cdots, n$；$j=1, 2, \cdots, m$）来自同一母体时，认为 $\{|\theta_x - \theta_y| \geqslant \varepsilon\}$ 和｛可信区间 $[a_x, b_x]$ 和 $[a_y, b_y]$ 不相交或其交集比期望值小得多｝为小概率事件（其中 ε 为给定的容许值）。并有如下命题：

命题 1：如果对于给定的容许值 ε，有 $|\theta_x - \theta_y| \geqslant \varepsilon$，则认为小概率事件已经发生，从而否定模型输出与实际系统输出之间的一致性，即认为模型是不能接受的。

命题 2：对于取定的可信水平 $1-\alpha(0<\alpha<1)$，如果可信区间 $[a_x, b_x]$ 和 $[a_y, b_y]$ 的交集为空集或其交集比期望值小得多，则认为样本 x_i 和 $y_i(i=1, 2, \cdots, n$；$j=1, 2, \cdots, m)$ 不是来自同一母体，否定仿真试验结果与实际系统试验结果的一致性，即认为仿真模型是不能接受的。

常用的点估计方法有频率法、矩估计法、最小二乘法、极大似然法、Bayes 方法等。常用的区间估计方法则主要是对正态总体参数的估计，包括均值的区间估计、方差的区间估计、二正态总体均值差的区间估计以及二正态总体方差之比值的估计等。

①应用条件

将参数估计法适用于模型的静态性能验证，但需注意以下几点：

1）要求样本观测值相互独立；

2）由于参数估计的理论依据是大数定律和中心极限定理，所以一般要求样本容量足够大，否则有可能产生较大的方法误差。样本容量究竟取多大，要视具体问题的精度要求而定。目前发展的 Bayes 小子样理论可用于小样本下的估计和检验。

常用参数估计方法有频率法、矩估计法、最小二乘法、极大似然法估计、均值的区间估计、方差的区间估计、二正态总体均值差的区间估计、二正态总体方差之比值的估计等。

②优点

1）经典统计方法，易为 M&S 各方所认同；

2）对静态数据的验证较有效且常用；

3）能够找到满足相合性、无偏性、有效性的最优统计量；

4）客观、准确、稳定、可重复。

③缺点

1）样本量要求大；

2）样本分布要求苛刻；

3）对两组矩（如均值、方差等）相同但实际上空间分布的几何形态完全不同的两个总体有时分辨不出来；

4）用该方法对模型输出与原型系统之间的一致性进行分析判断时，不可轻易地做出接受仿真模型的肯定性结论，最好多采取几种方法做进一步的分析。

④适合对象与范围

适用于对于一些非线性、非定长、非确定性的复杂随机动力学系统模型的静态数据分析与验证。如导弹武器系统的脱靶量、杀伤概率等指标。

（2）参数/非参数假设检验法

假设检验方法可用于仿真系统与实际系统之间静态性能特征参数的相容性检验。假设检验可分为参数假设检验和非参数假设检验。参数假设检验同参数估计之间存在一种对偶关系，主要讨论总体服从正态分布的情况，所构造的检验统计量服从正态分布、χ^2 分布、t 分布或 F 分布等，样本来自含有某个参数或参数向量的分布族，统计推断是对这些参数进行的；非参数假设检验，对总体的分布类型不做任何假设，至多假设分布是连续型的，统计推断是针对总体分布的，即对总体分布作某种假设检验，例如总体是否服从某一指定的分布，两个分布是否一致等。非参数检验适用于总体分布未知的任何分布的统计检验，比参数检验的适用范围更广。

对某一研究对象而言，若已知 X 和 Y 分别表示仿真系统和实际系统的相应的静态性能的随机变量，则静态性能验证就是要考察 X 和 Y 是否来自同一总体。如果随机变量 X 和 Y 的总体分布函数分别为 $F(x)$ 和 $G(x)$，那么，静态性能验证问题转化为下列统计假设检验问题：

原假设 H_0：$F(x)=G(x)$

备择假设 H_1：$F(x)\neq G(x)$

对于分布函数 $F(x)=G(x)$ 来说，存在以下几种情况：

1）已知 $F(x)$ 和 $G(x)$ 是同一随机变量的分布函数，则问题归结为两个总体分布已知的分布参数（如随机变量数字特征）的假设检验问题；

2）如果已知 $F(x)$ 和 $G(x)$ 中的某一个，而另一个未知，不妨设 $G(x)$ 已经确定，$F(x)$ 未知，那么问题转化为考察随机变量 X 是否服从已知分布 $G(x)$，这属于分布拟合优度检验问题；

3）$F(x)$ 和 $G(x)$ 都是未知的，这属于分布特性未知的两总体是否相等的非参数假设检验问题。

对上述三种情况的假设检验问题已有各自成熟的处理方法，对于参数假设检验，有 U 检验法、t 检验法、χ^2 检验法、F 检验法等；对于分布拟合优度检验有 χ^2 拟合优度检验法、K－S 检验法等；对于二总体分布特性未知的非参数检验，有符号检验法、秩和检验法、游程检验法等。对信息量要求较少的检验方法适用面较广，但其针对性和可靠性往往较差，检验效果也较差。就假设检验来说，可采用多种假设检验方法对同一问题进行检验，为提高检验的功效及减少犯第二类错误的概率，只要有一种检验方法的检验结果是拒绝原假设 H_0，就应该否定 H_0。

①应用条件

在误差分析中假设检验是在各种试验条件下，比较模型和系统输出响应的参数、分布和时间序列，以判断模型输出响应是否达到可接受的精度范围。所谓精度的可接受范围就是指在预定目的下要求模型达到的精确程度。验证模型的假设检验法可按以下步骤进行。

(a) 建立初始假设

H_0：在一定的试验条件下，模型在可接受的精度范围内有效；

H_1：在一定的试验条件下，模型在可接受的精度范围内无效；

“可接受的精度范围”是问题的关键，它反映了用户的需求。仿真有效或可信的前提是“在一定试验条件和目的下，在可接受的精度范围内”，离开这两点，不能说有效或无效。上述假设可能引起两类错误：第一类错误是当零假设 H_0 为真时接受假设 H_1，即拒绝有效模型；第二类错误当假设 H_1 为真时接受零假设 H_0，即接受无效模型。第一类错误和第二类错误的概率分别称为弃真的概率或建模者风险 α 和采伪的概率或模型用户风险 β 。

模型的精度可由有效性参数 λ 来度量，λ 为检验中的检出比：

$$H_0:\theta=\theta_0\leftrightarrow H_1:\theta=\lambda\theta_0$$

其中 $0\leqslant\lambda\leqslant\lambda^*$ ，当 λ 的值在其有效范围时则认为模型有效，否则拒绝接受模型。根据有效性参数 λ 可绘出正确判断模型有效的概率 P_α 随 λ 变化的特性曲线。根据给定的 α^* 和 λ^* ，可找出 α 和 β 的变化范围：

$\alpha^*\leqslant$ 建模者风险 $\alpha\leqslant(1-\beta^*)$

$0\leqslant$ 模型用户风险 $\beta\leqslant\beta^*$

α 、β 、λ^* 和观测值样本长度间具有直接关系，只能折中选择这些参数。

(b) 产生测试信号

在给定了假设后，必须选择合适的测试信号，如系统输出和模型输出的残差，以下分析中的测试信号均为这种残差。好的测试信号应该具有以下性质：

1) 应该反映建模误差；

2) 应尽可能降低系统初始条件对测试信号的影响；

3) 信号的测试应尽可能地简单。

(c) 选择统计量和假设变换

要从测试信号中提取合适的统计检验参数和将初始假设变换成一对新的假设。在新的假设里，将“精度的可接受范围”用选定的统计量表示，且必须保持初始假设和新假设间的等价性。为使两假设等价，须考虑两个因素：

1) 所选定的统计参数应充分反映建模误差的影响；

2) 选定的参数必须在初始假设的“可接受范围”内进行准确的变换。

(d) 假设检验设计

该设计是用一种统计算法来估计统计参量，依据检验规则做出接受还是拒绝假设的判断。估计统计量通常是建立一个随机变量，应用各种标准的检验技术检验前面形成的假设（给定 α^* 和 β^* ）。

常用的参数假设检验方法有：均值 μ 、方差 σ^2 的 u 检验法、t 检验法、χ^2 检验法、两个正态总体期望（均值）之差 $\mu_1-\mu_2$ 的双边 t 检验法、配对试验情况下二总体期望值的比较检验法—— t 检验法、两个正态总体方差异同的 F 检验等。

常用的非参数假设检验方法有：χ^2 拟合优度检验法、K－S（Kolmogorov－Smirnov）检验法、两个总体分布函数相比较的K－S检验、符号检验法、秩检验、游程检验等。

②优点

1）经典统计方法，易为M&S各方所认同。

2）对静态数据的验证较有效且常用。

3）能够找到满足相合性、无偏性、有效性的最优统计量。

4）客观、准确、稳定、可重复性好。

③缺点

1）样本量要求大，小样本情况下结果不正确。

2）样本分布要求苛刻。

3）计量比较复杂，运算量大。

4）对同一问题往往采用多种假设检验方法进行验证，可以从多侧面考察模型的有效性，但不同的验证方法有可能得出不同甚至矛盾的结论。

④适合对象与范围

假设检验方法适于处理大样本情况下的静态性能数据，在鱼雷脱靶量、稳定航行的深度偏差信号、导弹系统仿真模型的验证等相关领域有较多的应用。

（3）Bayes假设检验法

假设检验的贝叶斯方法是：不引进检验统计量、两类错判概率及 H_0 的否定域。利用参数 θ 的后验分布 $h(\theta \mid X)$，分别计算 H_0 与 H_1 的后验概率 $p_0=h(\theta \in \Omega_0 \mid X)$ 与 $p_1=h(\theta \in \Omega_1 \mid X)$，其中 $X=(x_1,\ x_2,\ \cdots,\ x_n)$ 为样本观测值。当 $p_0<p_1$ 时，则否定 H_0；当 $p_0>p_1$ 时，不否定 H_0。Ω 为参考空间。

$$H_0:\theta \in \Omega_0 \quad H_1:\theta \in \Omega-\Omega_0=\Omega_1$$

贝叶斯理论的宗旨是利用验后分布制定一个贝叶斯决策理论。由贝叶斯决策理论来讨论对假设的检验时，对于多个相互竞选的假设情况，最佳决策应使对应的贝叶斯损失最小。

$$B=\sum_{j=1}^{n} C_j P(H_j/X)$$

在模型假设检验中，常把上式形式的贝叶斯损失看成与模型采用的各种假设有关的损失平均值。假设有 q 个模型假设 $H_1,\ H_2,\ \cdots,\ H_q$，并用 C_{ij} 表示由于采用假设 H_i 而造成的损失，条件是假设 H_j 正确，此时损失 B 的平均值是贝叶斯损失：

$$\begin{aligned} B &= \sum_{i,j=1}^{q} \int_{L_i} C_{ij}\, p(z^N, H_j)\, \mathrm{d}z^N \\ &= \sum_{i,j=1}^{q} C_{ij}\, p(H_j) \int_{L_i} p(z^N, H_j)\, \mathrm{d}z^N \end{aligned}$$

式中，L_i 是在假设为 H_i 是所选用的空间，$P(H_j)$ 是假设 H_j 的先验概率。

用贝叶斯方法对模型假设进行检验的过程是分为两个阶段来完成的。

第一阶段为快速分析阶段，目的是确定系统数学模型的结构。为此，先利用常系数线性微分方程对描述系统运动情况的系统“输入”和“输出”阶（n，m）进行快速分析，并对不同阶次下的未知参数用最小二乘法进行计算，进而对测量误差方差 σ^2 进行估计。然后引入上式的贝叶斯损失，在所选假设下使其最小。

第二阶段是确定各种性能指标，从方程的既定假设集中选择出最可信的数学模型。由于验后概率表征了模型假设的采用及偏差的可信度，因此必须进行验后概率的计算。对复杂系统来说，验后概率的计算主要是参数的估计，可以采用卡尔曼滤波和较精确的参数估计算法。

该方法所确立数学模型结构的可靠性，可以通过以频率特性为基础的频率法来检验。

①应用条件

应用贝叶斯方法要基于以下基本观点：

1）认为未知参数量是一个随机变量，而非常量。

2）在得到样本以前，用一个先验分布来刻画关于未知参数的信息。

3）贝叶斯方法是用数据也就是样本来调整先验分布，得到一个后验分布。

4）任何统计问题都应由后验分布出发。

②优点

1）小子样甚至特小子样情况下，效果良好。

2）充分利用先验知识等所有有用信息。

3）通过似然函数和选择损失函数来完成决策，可操作性强，易于理解。

4）执行模型验证工作比较经济实用。

③缺点

1）样本分布要求的条件苛刻。

2）对系统的验前信息的有效性和继承性有较高的要求，验前分布受主观影响较大。

3）验后分布的分析计算比较复杂。

4）模型验证算法复杂，计算量大。

④适合对象与范围

常用于复杂动力系统的静态、动态数据的模型验证。例如可靠性鉴定，飞行器试验分析、复杂系统模型的假设检验，导弹系统静态性能一致性验证。适用于不同的仿真阶段，在仿真建模过程中，可对各功能子系统的仿真模型进行验证，也可对全系统的有效性进行验证。

6.3.3.2 动态关联分析法

6.3.3.2.1 系统辨识方法

系统辨识方法通过对系统输入-输出数据进行辨识，构建系统的数学模型，包括模型结构辨识和模型参数辨识。利用系统辨识建立系统的数学模型之后，可以基于模型得到大样本数据，然后可以利用时域一致性检验方法进行模型验证。系统辨识的步骤和方法如下：

1）明确辨识目的，决定模型的类型、精度要求及所采用的辨识方法。

2）掌握先验知识，确定验前假定模型。

3）试验设计。对于无法进行试验干预的系统，只能利用现有数据进行辨识。

4）数据预处理。对输入和输出数据进行中心化/零均值化和剔除高频成分的预处理。

5）系统结构辨识。在假定模型结构的前提下，利用辨识方法确定模型结构参数，如差分方程中的阶次 n 和纯迟延 d 等。

6）模型参数辨识。在模型结构确定之后，利用测量数据估计模型中的未知参数。

7）模型检验。验证模型是否恰当地表示了被辨识系统。如果不合适，则要迭代修正。

（1）随机时序列辨识

①平稳时序

一般在工程上，我们通常会首先考虑采用AR模型，因为AR模型的回归方程是线性的，计算简单、速度快；但AR模型一般不超过5阶，否则可以考虑采用ARMA模型。

$AR(n)$ 模型可以表示为

$$x_t = a_1 x_{t-1} + a_2 x_{t-2} + \cdots + a_n x_{t-n} + \varepsilon_t \tag{6-1}$$

其中，$\varepsilon_t \sim NID(0,\ \sigma_\varepsilon^2)$ 。

所谓参数估计，就是采用平稳、正态、零均值的时序 $\{x_t\}$（$t=1,\ 2,\ \cdots,\ N$）按某一方法估计出 $a_1,\ a_2$，…，a_n 和 σ_ε^2 这 $n+1$ 个参数，考虑到

$$\begin{aligned}\varepsilon_t &= x_t - a_1 x_{t-1} - a_2 x_{t-2} - \cdots - a_n x_{t-n} \\ \sigma_\varepsilon^2 &= \frac{1}{N-n}\sum_{t=n+1}^{N}\left(x_t - \sum_{i=1}^{n} a_i x_{t-i}\right)^2\end{aligned} \tag{6-2}$$

通常所指的参数估计，是指通过估计出 $a_i(i=1,\ 2,\ \cdots,\ n)$ 这 n 个参数。AR(n) 模型可以利用Marple算法进行递推参数求解。

②非平稳时序

工程应用中，我们所得到的时序很可能是非平稳时间序列，对非平稳时序的分析则更加复杂，此处我们只讨论方差是平稳的时间序列，此时，非平稳时间序列由确定性部分与平稳随机部分叠加而成。该非平稳时序的建模方法有两种：一是直接剔除法（d阶差分）；二是趋势项提取法。

直接剔除法一般通过差分将确定性部分从非平稳时间序列中直接剔除掉，得到平稳的增量序列 $\{\nabla^d x_t\}$ 再建立ARMA模型。直接剔除法实质上消除的是多项式趋向，对于含有其他成分的序列可能处理后仍然非平稳。更重要的是，该方法对于时序短、阶次高的情形是不适用的。

趋势项提取法就是采用确定性函数关系式来描述其确定性部分，采用ARMA模型或者AR模型来描述其平稳部分。对于时序 $\{x_t\}$ ，表示为 $x_t = P_t + \xi_t$ ，其中 P_t 称为趋势项，是随时间变化的确定型函数；ξ_t 是提取了趋势项后剩下的平稳随机序列。这样，我们要进行的动态一致性比较包括了两个组成部分：一是两时间序列的趋势项一致性比较；二是两动态序列的平稳随机部分一致性比较。

趋势项提取法关键在于求取 P_t，而对于 ξ_t 的建模完全可以参照平稳时序建模方法。如果趋势结构比较单一，可采用相对简单的方法提取，例如线性最小二乘法；当趋势项结构复杂时，只能采用逐步回归方法，建模过程相当烦琐。

(a) 应用条件

1) 随机时序列建模方法适用于系统输入难以确定或采集，只有输出数据的系统建模。

2) 平稳时序建模方法要求时间序列具有平稳性、各态历经性。

3) 非平稳时序建模方法要求趋势项结构简单。

4) 时间序列的 AR 模型阶数一般不超过 5 阶，否则模型求解困难。

(b) 优点

1) 数学含义明确，可信性强。

2) 平稳时序列建模可以进行递推求解。

3) 对序列长度要求不高，适用于短时序、小采样的数据处理。

(c) 缺点

1) 实际数据很难满足平稳性要求，因而无法直接运用平稳时序列建模方法。

2) 非平稳序列的处理方法复杂难解，很多情况下难以建模。

3) 对方差平稳的时间序列进行差分处理，需要足够的数据量。

4) 趋势项提取法需要先验知识，且仅对简单函数比较有效。

(d) 适合对象与范围

平稳时序列建模法对数据要求极为严格，选用此方法时应该谨慎；所介绍的非平稳时序列应用范围也较小。

(2) 最小二乘法辨识

设单输入-单输出线性定常系统的差分方程为

$$x(k)+a_1x(k-1)+\cdots+a_nx(k-n)=b_0u(k)+b_1u(k-1)+\cdots+b_nu(k-n)$$
$$k=1,2,3,\cdots \tag{6-3}$$

式中，$u(k)$ 为输入信号；$x(k)$ 为理论上的输出值。输出信号在观测过程中会附加随机噪声，即观测值 $y(k)=x(k)+n(k)$，则观测值和输入信号之间可建立如下关系

$$\begin{aligned}y(k)=&-a_1y(k-1)-a_2y(k-2)-\cdots+a_ny(k-n)+\\&b_0u(k)+b_1u(k-1)+\cdots+b_nu(k-n)+\xi(k)\quad k=1,2,3,\cdots\end{aligned} \tag{6-4}$$

其中，$\xi(k)=n(k)+\sum_{i=1}^{n}a_in(k-i)$，为总的观测噪声，且假定为不相关随机序列。

当分别测出 $n+N$ 个输出输入值 $y(1)$，$y(2)$，…，$y(n+N)$，$u(1)$，$u(2)$，…，$u(n+N)$ 时，可以得到 N 个方程，其矩阵形式为（下标 n 表示阶数）

$$\boldsymbol{Y}_n=\boldsymbol{\Phi}_n\boldsymbol{\theta}_n+\Xi_n \tag{6-5}$$

其中

$$\boldsymbol{Y}_n=\begin{bmatrix} y(n+1) \\ y(n+2) \\ \vdots \\ y(n+N) \end{bmatrix},\boldsymbol{\theta}_n=\begin{bmatrix} a_1 \\ \vdots \\ a_n \\ b_0 \\ \vdots \\ b_n \end{bmatrix},\Xi_n=\begin{bmatrix} \xi(n+1) \\ \xi(n+2) \\ \vdots \\ \xi(n+N) \end{bmatrix} \tag{6-6}$$

$$\boldsymbol{\Phi}_n=\begin{bmatrix} -y(n) & \cdots & -y(1) & u(n+1) & \cdots & u(1) \\ -y(n+1) & \cdots & -y(2) & u(n+2) & \cdots & u(2) \\ \vdots & & \vdots & \vdots & & \vdots \\ -y(n+N-1) & \cdots & -y(N) & u(n+N) & \cdots & u(N) \end{bmatrix}$$

当 $N>2n+1$ 时，可以用数理统计方法求解 $\boldsymbol{\theta}_n$ ，以减小噪声的影响。推导可得最小二乘估计为

$$\hat{\boldsymbol{\theta}}_n=(\boldsymbol{\Phi}_n^{\mathrm{T}}\boldsymbol{\Phi}_n)^{-1}\boldsymbol{\Phi}_n^{\mathrm{T}}\boldsymbol{Y}_n \tag{6-7}$$

要求矩阵 $\boldsymbol{\Phi}_n^{\mathrm{T}}\boldsymbol{\Phi}_n$ 非奇异。

为了适应不同的情况，也有多种不同的最小二乘改进方法。为了避免矩阵求逆，可以利用阶数递增的递推求解方法。为了适应在线辨识建模，可以采用递推最小二乘法。当上式中噪声 Ξ_n 是相关随机序列时，可以使用辅助变量法和广义最小二乘法保证参数估计的无偏性。

①应用条件

1）适用于单输入-单输出线性定常系统。

2）通常要求输入信号可设计，以保证最小二乘估计方程可解。

3）采样数据不能太少，通常要满足 $N>2n+1$，其中 N 为序列长度，n 为方程阶数。

②优点

1）当噪声为不相关随机序列时，最小二乘估计具有无偏性和一致性。

2）最小二乘估计具有快速解法，而且改进方法可适用于噪声相关的情形。

3）可以递推求解，适用于在线辨识。

③缺点

1）计算量大。

2）对输入信号有限制，以保证矩阵 $\boldsymbol{\Phi}_n^{\mathrm{T}}\boldsymbol{\Phi}_n$ 非奇异。

（3）极大似然法辨识

设系统观测的差分方程为

$$\begin{aligned} y(k)=&-a_1y(k-1)-a_2y(k-2)-\cdots+a_ny(k-n)+ \\ &b_0u(k)+b_1u(k-1)+\cdots+b_nu(k-n)+\xi(k) \quad k=1,2,3,\cdots \end{aligned} \tag{6-8}$$

假定已知观测值 $\{y(k)\}$ 的联合概率密度函数为 $L(y_1, y_2, \cdots, y_n \mid \theta)$，其中 θ 为待估参数。$L(y_1, y_2, \cdots, y_n \mid \theta)$ 即为似然函数。由于对数函数是单调递增函数，因而似然函数取极大值时

$$\frac{\partial \ln L}{\partial \theta}=0 \tag{6-9}$$

解式（6－9）可得待估参数的极大似然估计 $\hat{\theta}_{ML}$ 。

若 $\{\xi(k)\}$ 为零均值高斯白噪声，则极大似然估计结果与最小二乘法完全相同，如式（6－7）所示。

在实际工程问题中，$\{\xi(k)\}$ 往往不是白噪声序列，而是相关噪声序列，设噪声可以表示为

$$\xi(k)=\varepsilon(k)+c_1\varepsilon(k-1)+\cdots+c_n\varepsilon(k-n) \tag{6-10}$$

其中，$\{\varepsilon(k)\}$ 为零均值高斯白噪声。

对于相关噪声序列情况，被估计参数为 $\theta=[a_1,\ a_2,\ \cdots,\ a_n,\ b_1,\ b_2,\ \cdots,\ b_n,\ c_1,\ c_2,\ \cdots,\ c_n]$。预测误差可表示为

$$e(k)=y(k)+\sum_{i=1}^{n}a_i y(k-i)-\sum_{i=0}^{n}b_i u(k-i)-\sum_{i=1}^{n}c_i e(k-i) \tag{6-11}$$

如果 $\{e(k)\}$ 为零均值高斯白噪声且方差为 σ^2，则极大似然函数为

$$L(Y_N \mid \theta,\sigma^2)=\frac{1}{(2\pi\sigma^2)^{N/2}}\exp\left(-\frac{1}{2\sigma^2}e_N^{\mathrm{T}}e_N\right) \tag{6-12}$$

令 $\dfrac{\partial \ln L}{\partial \sigma^2}=0$，可得

$$\hat{\sigma}^2=\frac{2}{N}\cdot\frac{1}{2}\sum_{k=n+1}^{n+N}e^2(k)=\frac{2}{N}\cdot J \tag{6-13}$$

由于预测误差 $\{e(k)\}$ 的方差 σ^2 越小越好，需要对 $J=\dfrac{1}{2}\sum\limits_{k=n+1}^{n+N}e^2(k)$ 求极值，即

$$\frac{\partial J}{\partial \theta}=0 \tag{6-14}$$

当式（6－14）成立时，$\dfrac{\partial \sigma^2}{\partial \theta}=0$，因而 $\dfrac{\partial \ln L}{\partial \theta}=\dfrac{\partial \ln L}{\partial \sigma^2}\cdot\dfrac{\partial \sigma^2}{\partial \theta}=0$。所以由式（6－14）求得的 $\hat{\theta}$ 可以使得式（6－12）取得极大值。即使当 $\{e(k)\}$ 的分布未知，式（6－14）所确定的预测误差最小准则也是可取的，因而该方法具有广泛的适用性。

由于 J 关于待估参数 θ 是非线性的，因而难以直接求解式（6－14），通常可用 Lagrangian 乘子法或 Newton－Raphson 法进行数值求解。

①应用条件

通常要求能够写出输出量条件概率密度函数。

②优点

1）参数估计量具有良好的渐近特性。

2）可用来处理残差序列 $\{e(k)\}$ 相关的情况。

3）可以递推求解，适用于在线辨识。

③缺点

1）仅适用于具备概率分布密度函数先验知识的情况，且要求似然函数的极值条件式

可解。

2）不能保证估计值无偏。

3）计算量较大。

（4）系统结构辨识

在一些实际问题中，模型的阶可以按理论推导获得，而在另一些实际问题中模型的阶却无法用理论推导的方法确定，需要对模型的阶进行辨识。在此，介绍几种常用的模型阶的确定方法。

①按残差方差定阶

可以利用式（6-14）所示的估计误差方差作为衡量指标，即

$$J_n = \frac{1}{2}\sum_{k=n+1}^{n+N} e^2(k) \tag{6-15}$$

对某一系统，当 $n=1$，2，… 时，J_n 随着 n 的增加而减小。如果 n_0 为正确的阶，则在 $n=n_0-1$ 时，J_n 出现最后一次陡峭的下降，n 再增大，则 J_n 保持不变或只有微小的变化。

②确定模型阶的 F 检验法

由于 J_n 随着 n 的增加而减小，在阶数 n 的增大过程中，我们对那个使 J_n 显著减小的阶 n_{i+1} 感兴趣。为此，引入准则

$$t(n_i, n_{i+1}) = \frac{J_i - J_{i+1}}{J_{i+1}} \cdot \frac{N - 2n_{i+1}}{2(n_{i+1} - n_i)} \tag{6-16}$$

式中，J_i 表示具有 N 对输入和输出数据、有 $2n_i+1$ 个模型参数的系统估计误差的平方和。

由于统计量 t 是服从 F 分布的，对于式（6-16）所示统计量 t 则有

$$t(n_i, n_{i+1}) \sim F(2n_{i+1} - 2n_i, N - 2n_{i+1}) \tag{6-17}$$

对于单输入-单输出系统模型，由于 $n_{i+1} = n_i + 1$，所以统计量 t 可写成

$$t(n, n+1) = \frac{J_n - J_{n+1}}{J_{n+1}} \cdot \frac{N - 2n - 2}{2} \sim F(2, N - 2n - 2) \tag{6-18}$$

若取风险水平为 α，查 F 分布表可得 $t_\alpha = F(2, N-2n-2)$，试选定模型阶次 n_0，如果

$$\begin{cases} t(n, n+1) > t_\alpha & \text{when} \quad n < n_0 \\ t(n, n+1) > t_\alpha & \text{others} \end{cases} \tag{6-19}$$

则系统模型的阶次应取 n_0+1。

③确定阶的 Akaike 信息准则

该准则考虑了模型的复杂性，定义为

$$AIC = -2\ln L + 2p \tag{6-20}$$

式中，L 是模型的似然函数；p 是模型中的参数数目。当 AIC 最小时所得到的模型即最佳模型。因而，这个准则优点就在于它是一个完全客观的准则。

④按残差白色定阶

如果模型的设计合适，则残差为白噪声，因此计算残差的估计值 $\hat{e}(k)$ 的自相关函数，检查其白色性，即可验证模型的估计是否合适。残差的自相关函数为

$$\hat{R}(i)=\frac{1}{N}\sum_{k=n+1}^{n+N}\hat{e}(k)\hat{e}(k+i) \tag{6-21}$$

把 $\hat{R}(i)$ 写成规格化

$$\hat{r}(i)=\frac{\hat{R}(i)}{\hat{R}(0)} \tag{6-22}$$

取不同阶次时的 $\hat{r}(i)$ 曲线，可以选择合适的阶次。

(a) 应用条件

需要结合参数辨识方法对不同阶次的模型进行多次试验。

(b) 优点

方法简单易行。

(c) 缺点

1) 模型定阶方法需要对模型进行多次迭代辨识。

2) 确定模型阶次的准则依赖于人的主观判断，而且 Akaike 信息准则其两部分的权重也没有足够的理论依据。

6.3.3.2.2 回归分析法

回归分析是一种动态数据的建模方法，可根据原型系统的实验输出数据建立真实系统的回归模型：

$$Y=f(X,\beta)+\varepsilon \tag{6-23}$$

式中，Y 为原型系统输出向量；X 为输入向量；f 一般函数，可根据动态实验数据散点图来确定函数的形式；β 为回归参数向量；ε 随机测量误差向量，通常 ε 的分布 F 未知，且 $E_F(\varepsilon)=0$，$\mathrm{Var}_F=(\varepsilon)=\sigma^2$（未知）。

对于系统输出及输入 (y_1, x_1)，(y_2, x_2)，…，(y_n, x_n)，则有

$$y_i=f(x_i,\beta)+\varepsilon_i \tag{6-24}$$

$i=1, 2, \cdots, n$，$\varepsilon_1, \varepsilon_2, \cdots, \varepsilon_n$ 相互独立，且 $E_F(\varepsilon_i)=0$，$\mathrm{Var}_F=(\varepsilon_i)=\sigma^2$，$i=1, 2, \cdots, n$。

由 $\sum_{i=1}^{n}+[y_i-f(x_i, \hat{\beta})]^2=\min\sum_{i=1}^{n}[y_i-f(x_i, \beta)]^2$，得到 β 的最小二乘估计 $\hat{\beta}$。

系统仿真模型在相同的输入条件下运行模型，得到一组仿真计算输出：(y'_1, x_1)，(y'_2, x_2)，…，(y'_n, x_n) 由这组数据对仿真模型二次建模，得到回归模型：

$$Y'=f(X,\beta')+\varepsilon' \tag{6-25}$$

式中，Y' 为仿真模型的输出向量；X 为取与真实系统相同的测试向量；f 为取与真实系统相同的函数形式；β' 由仿真模型输出数据确定的回归模型参数向量；ε' 随机误差向量，一般与 ε 有相同的分布，且 $E_F(\varepsilon')=0$，$\mathrm{Var}_F=(\varepsilon')=\sigma^2$。

根据模型仿真输出数据由最小二乘原理得到 β' 的估计 $\hat{\beta}'$。

仿真模型的验证可以通过比较原型系统回归模型参数的估计 $\hat{\beta}$ 与仿真模型回归参数估计 $\hat{\beta}'$ 来实现。

(1) 应用条件

根据先验知识，提出某一关联性能指标，利用该性能指标对仿真输出与原型系统输出进行定性分析、比较。回归分析方法是一种从事物因果关系出发进行预测的方法，该方法不是研究变量之间是否存在因果关系，而是在假定因果关系存在的前提下，测量变量之间的因果关系的具体形式。在操作中，根据统计资料求得因果关系的相关系数，相关系数越大，因果关系越密切。依据这种因果关系的函数表达式是线性或非线性，分为线性回归分析和非线性回归分析。对于非线性回归问题通常借助数学手段将其转化为线性回归问题处理。

(2) 一元线性回归

设因变量 y 自变量 x_1，x_2，…，x_k 之间服从如下线性关系：

$$y=\beta_1 x_1+\beta_2 x_2+\cdots+\beta_k x_k+\varepsilon \tag{6-26}$$

写成矩阵形式为：

$$y=X\beta+\varepsilon \tag{6-27}$$

对 ε 做如下假定：

$$\left.\begin{aligned}&E(\varepsilon)=0\\&\operatorname{cov}(\varepsilon,\varepsilon)=\sigma^2 I_{n\times n}\end{aligned}\right\} \tag{6-28}$$

其中 σ^2 是未知参数，$\boldsymbol{I}_{n\times n}$ 是单位矩阵，即有

$$\left.\begin{aligned}&E(\varepsilon_t)=0\\&D(\varepsilon_t)=\sigma^2\\&\operatorname{cov}(\varepsilon_t,\varepsilon_s)=0,t\neq s\end{aligned}\right\}(t=1,2,\cdots,n,s=1,2,\cdots,n)$$

就是说，对随机误差项 ε_1，ε_2，…，ε_n 做这样的假定：无偏差、等方差性、不相关性，这种假定在一般情况是合理的或允许的。

对于满足上述要求的 y，我们称它是服从线性模型，并且简记作（y，$X\beta$，$\sigma^2\boldsymbol{I}_{n\times n}$）。

若对 ε_1，ε_2，…，ε_n 做具有独立同分布 $N(0,\sigma)$ 的假定，则称其为正态线性模型。

对与线性模型（y，$X\beta$，$\sigma^2\boldsymbol{I}_{n\times n}$），所考虑的统计推断问题主要是：

1) 对未知参数向量 β 及 σ^2 进行估计；

2) 对关于 β 的某种假设以及 y 服从线性模型的假设进行检验；

3) 对 y 进行预测与控制。

(3) 多元线性回归

设因变量 y 与 p 个自变量 x_1，x_2，…，x_p 有关，现收集了 n 组独立的观测数据

$$(x_{i1},x_{i2},\cdots,x_{ip},y_i),\quad i=1,2,\cdots,n \tag{6-29}$$

假定为多元线性回归模型：

$$\begin{cases}y_i=\beta_0+\beta_1 x_{i1}+\beta_2 x_{i2}+\cdots+\beta_p x_{ip}+\varepsilon_i, & i=1,2,\cdots,n\\E(\varepsilon_i)=0,\quad \operatorname{Var}(\varepsilon_i)=\sigma^2,\quad \operatorname{cov}(\varepsilon_i,\varepsilon_j)=0, & i\neq j,i,j=1,2,\cdots,n\end{cases} \tag{6-30}$$

为了进行有关假设的检验，还进一步假设：ε_1，ε_2，…ε_n 相互独立，服从同一分布 $N(0,\sigma^2)$，此时可把模型表示为

$$\begin{cases} y_i = \beta_0 + \beta_1 x_{i1} + \beta_2 x_{i2} + \cdots + \beta_p x_{ip} + \varepsilon_i, \quad i = 1,2,\cdots,n \\ \text{各 } \varepsilon_i \text{ 独立,均服从 } N(0,\sigma^2) \end{cases}$$

可简记为 y_1，y_2，…，y_n 相互独立，$y_i \sim N(\beta_0 + \beta_1 x_{i1} + \beta_2 x_{i2} + \cdots + \beta_p x_{ip}, \sigma^2)$，$i = 1, 2, \cdots, n$。

(4) 逐步回归

逐步回归是选择变量子集的另一种方法，这种方法是通过对偏回归平方和的检验，当其显著时在原有的变量子集中加入新的变量，而一旦有新的变量加入后，又需对原有的变量的偏回归平方和进行检验，一旦有不显著的变量后就要立即加以删除。直到没有变量可以删除也没有变量可以再加入为止，最后用所选上的变量子集建立回归模型。用逐步回归的方法所建立的回归方程中不含系数不显著的变量。

在选择变量、进行检验时需要用到同时求线性方程组的解及系数矩阵的逆矩阵的紧凑变换。设线性方程组的系数矩阵 $\boldsymbol{A}$ 为 $n \times n$ 的方阵，常数项向量 $\boldsymbol{b}$ 为 $n \times 1$ 的，记 $n \times (n+1)$ 的增广矩阵为 $\boldsymbol{U} = (\boldsymbol{A}, \boldsymbol{b}) = (u_{ij})$，取 $\boldsymbol{A}$ 的第 k 个对角元为枢轴元，则紧凑变换的表达式为：$\boldsymbol{U}' = L_k \boldsymbol{U} = (u'_{ij})$，其中

$$u'_{ij} = \begin{cases} u_{ij} - u_{ik} u_{kj} / u_{kk}, & i, j \neq k \\ u_{kj} / u_{kk}, & i = k, j \neq k \\ -u_{ik} / u_{kk}, & i \neq k, j = k \\ 1 / u_{kk}, & i = j = k \end{cases}$$

(5) 非线性回归方法

①非线性关系的线性化

一般将呈非线性关系的指数曲线、对数曲线、幂函数曲线、双曲线和 S 形曲线化为直线形式。

②一般方法

通过适当的变量替换将非线性关系线性化；用线性回归分析方法建立新变量下的线性回归模型；通过新变量之间的线性相关关系反映原变量之间的非线性相关关系。

(a) 优点

1) 能够建立反映各个要素之间具体的数量关系的数学模型。

2) 方法容易解释和使用。

3) 有许多商业化的算法库来求解回归问题。

(b) 缺点

1) 不能有效处理缺失值，必须通过一定的数据加工和信息转换才能处理。

2) 难把握数据中的非线性关系下各变量间的互动关系。

3) 模型假定变量呈正态分布，受样本极端值的影响往往比较大。

4) 样本量要求大。

5) 非线性情况下的回归模型建立比较复杂。

6) 计算量大。

（c）适合对象与范围

常用于复杂动力学系统的静态和动态数据的仿真模型验证。以导弹武器系统为例，其静态性能包括脱靶量、杀伤概率等，可以将它们看做随机变量；其动态性能是指导弹在飞行过程中随时间变化的性能特征，如推力、质量、指令、位置、姿态（角）、速度等。在导弹控制系统仿真模型验证方面有较为有效的应用。

6.3.3.2.3　TIC不等式系数法

Theil不等式法（Theil's Inequality Coefficients）的基本思路是：

假设有两个在某一时间上的时间序列 p_1，p_2，$p_3 \cdots p_i \cdots p_n$ 和 A_1，A_2，$A_3 \cdots A_i \cdots A_n$ 。n 为采样点数。TIC法的系数定义为：

$$U=\frac{\sqrt{\frac{1}{n}\sum_{i=1}^{n}(p_i-A_i)^2}}{\sqrt{\frac{1}{n}\sum_{i=1}^{n}p_i^2}+\sqrt{\frac{1}{n}\sum_{i=1}^{n}A_i^2}}\quad (0\leqslant U\leqslant 1) \tag{6-31}$$

式中，U 为Theil不等式系数。n 为样本容量，对于 U 的不同取值，表示了不同的意义，当 $U=0$ 时，即 $p_i=A_i(\forall i)$，表示这两个时间序列的采样值完全相等；$U=1$，即表示这两个时间序列的对应采样值相差很大（即最不相等）。

式（6－31）的分子是预报误差二阶矩的均方根值，分母是两个时间序列矩均方根之和。

实际上，Theil不等式法还可用于不止两个变量的情况。对于多变量TIC法常称为复合（或总体）Theil法。其Theil不等式系数称为复合TIC系数，复合TIC系数由下列因素确定：

1）观测次数（即样本容量）；

2）所有变量的采样值；

3）对应变量的Theil不等式系数TICj，由式（6－31）确定。

考虑到 $U\in[0,1]$ ，当 $U=0$ 时，表示这两个时间序列具有一致性；当 $U=1$ 时，表示这两个时间序列不具有一致性。

①应用条件

1）两个时间序列要求由相同时刻的采样值构成，对于时间不一致的采样序列需要利用插值等办法进行数据预处理。

2）强噪声会使得单次采样序列的TIC系数变化较大，因而需要利用均值等办法预先分析和补偿噪声的影响。

3）根据理论分析和工程经验，提出合理的模型有效性的判决指标值。

②优点

1）对样本容量不做任何限制，特别适合小样本序列的情况。

2）不要求样本总体的统计分布规律。

3）原理简单、计算量小。

③缺点

1）TIC 系数只反映了两条空间曲线之间的平均距离，而未考虑曲线形状的相似度，因而多与灰色关联分析方法结合使用。

2）TIC 系数与模型输出的实际意义之间没有什么关系，因而不可能选择一个理论指标值作为判断模型有效性的准则。

3）TIC 系数没有严格理论作支撑，因此不能对仿真模型的有效性做出统计陈述，TIC 法还不能做出相容性的统计特性分析，这也是其应用受到限制的主要原因。

4）由于没有考虑时间序列的随机因素，TIC 系数输出结果受随机噪声影响较大，可能不同采样曲线对应的输出值变化较大。

④适合对象与范围

TIC 法可广泛应用于平台运动模型、雷达探测航迹等模型验证过程，其时间序列可以是仿真数列、真实数据序列或由数学模型计算获得的数据。

6.3.3.2.4　灰色关联分析法

灰色关联法是分析两组数据曲线的形状的接近程度，或者说是对数据序列整体的比较，可作纵观全局的、全貌的分析。灰色关联分析法的技术内涵是获取序列间的差异信息，建立差异信息空间，建立和计算差异信息比较测度（灰色关联度），通过灰色关联度来分析数据序列。若两组数据的灰色关联度高，即两组数据变化的态势是一致的、同步变化程度较高，则可以认为两者关联较大；反之，则两者关联度较小。

灰色关联分析法的主要步骤：

（1）求关联系数

$$\zeta(k)=\frac{\min\limits_{k}|x(k)-y(k)|+\rho\max\limits_{k}|x(k)-y(k)|}{|x(k)-y(k)|+\rho\max\limits_{k}|x(k)-y(k)|}$$

式中，ρ 为分辨系数，ρ 越小，分辨率越大。ρ 对 ζ 的影响主要有：ρ 能调节 ζ 的大小，当 $\rho\to+\infty$时，不能进行关联度分析。一般情况下 ρ 的取值范围为［0，1］，更一般地取 $\rho=0.5$。

（2）求关联度

$$\gamma=\sum_{j=1}^{N}\xi(j)a(j)$$

式中，$a(j)$ 为加权系数（权重），满足 $\sum_{j=1}^{N}a(j)=1$，$a(j)\geqslant 0$。权重系数表明了不同特征在决策中的重要性和地位性，也反映了不同特征在决策中的可靠性。通常将选择权重系数设置为平均值，即 $a(j)=1/N$ 。按平均值计算关联度时，实际上是将比较数列的各指标或空间做平权处理，即将各指标或空间视为同等重要。因此，在计算时，合理的确定分辨系数和权数是取得正确结果的重要条件之一。

①应用条件

两个时间序列要求由相同时刻的采样值构成，对于时间不一致的采样序列需要利用插值等办法进行数据预处理。

②优点

1）对样本量的多少没有限制。

2）对样本的分布规律没有严格要求。

3）它不需要对数据进行预处理，避免了人为因素造成干扰信息的增加或有用信息、的丢失。

4）计算量小。

5）可是对数据序列整体的比较，可做统观全局的、全貌的分析。

③缺点

1）只考查了模型与原型系统输出数据在空间中的几何形状的一致性程度，没有反映数据在数值上的接近程度。

2）是一种定性分析的方法。

3）仅以此方法验证仿真模型的可信度存在一定的风险，常需要与其他考查数据在数值上的接近程度的方法（如 TIC 法等）一起使用。

④适合对象与范围

基于灰色关联度的仿真模型可信度分析方法，在被仿真对象存在并且其输出数据是可以获得的情况下，此方法是仿真模型可信度分析的有效方法，经常用于小规模的仿真系统或仿真系统的某些侧面的可信度评估。

6.3.3.3　频谱分析法

谱分析法的基本原理是计算仿真系统动态输出和实际系统动态输出两个随机序列在频率域中的功率谱，通过比较功率谱的一致性来判断这两个随机序列一致性的程度。频谱分析法包括谱估计和相容性检验两部分。谱估计常用的有经典谱估计法、现代谱估计法。经典谱估计法在理论和算法上比较成熟，计算速度较快，但精度不高。现代谱估计法以其特有的优势成为研究热点。这里讨论经典谱估计法以及现代谱估计法中的最大熵谱估计法、最小交叉熵谱估计法和瞬时谱估计法在模型校验中的应用。

（1）经典谱估计法

经典谱估计法是以傅里叶变换为基础的，主要包含直接法和间接法两种。直接法是先计算数据的傅里叶变换，然后取频谱和其共轭的乘积得到功率谱。间接法则是先根据样本数据估计样本的自相关函数，再计算样本自相关函数的傅里叶变换得到功率谱。直接法和间接法所估计出的功率谱常称为周期图。周期图方法估计出的功率谱为有偏估计，为了减少其偏差，通常需要加窗函数对周期图进行平滑。加窗函数有两种，一种是加时窗谱估计，一种是加谱窗谱估计。加时窗谱估计是将窗函数直接加给样本数据，这里的窗函数称为数据窗，得到的功率谱常称为修正周期图。加谱窗谱估计法是将窗函数加给样本自相关函数，这里加的窗函数称为滞后窗，得到的功率谱称为周期图平滑。经典的窗函数有截断（矩形）窗、Bartlett 窗、丹尼尔窗、图戈伊窗等。

①应用条件

经典谱估计法理论和方法都是基于各态历经的平稳时间序列，但实际应用中，系统的输出大都是非平稳的时间序列，不能完全满足平稳性假设。针对非平稳和非各态历经的随机序列，一般要对原始数据进行预处理后认为平稳条件满足，再利用此法进行相容性检验。对原始数据平稳化处理可采用零均标准化处理、提取趋势项、差分、拟合等方法。

②优点

这种方法在理论上和算法上比较成熟，计算速度快，简便易行。另外，它具有很好的渐进分布性质，所以利用统计检验的方法来检验两时序的一致性很方便。

③缺点

分辨率较低，这是因为由于给自相关函数加窗的结果，使得谱估计得到了平滑，有限的窗宽会将谱估计的“细节”平滑掉，不能把谱密度中原有的缝都显示出来。一般窗宽越小，分辨率越低，它与所使用的数据长度成正比。另外，经典谱估计法还会造成频谱泄露。这是因为窗谱中旁瓣的存在，在某一特定频率处褶积的结果必然也会使其他频率成分不同程度地“泄露”出来。这样在低信噪比情况下，若信号的主瓣容易被强噪声的旁瓣所淹没，从而造成谱的模糊和失真。而且，某些加窗的函数还会使功率谱估计出现负值，这也是经典谱估计法的一个缺憾。

④适合对象与范围

在要求评估快速性的场合下或对评估精度要求不高的情况下比较适用。

(2) 最大熵谱估计法

最大熵谱估计法是现代谱估计法之一，经典谱估计法是利用加窗的数据或加窗的自相关函数估计值的傅里叶变换来计算的。加窗处理隐含地将窗外的为观测到的数据或自相关函数视为零。最大熵谱估计法的主要思想是处理样本数据段以外的未知领域时，不用补零的方法来扩展自相关函数的长度，而是进行预测外推，以得到未知的自相关序列值。

最大熵谱估计方法的求解可有多种解法，典型解法有直接求解 Y-W 方程、Levinson-Durbin 递推算法（简称 L-D 算法）、Burg 递推算法、Marple 算法等。L-D 算法是通过根据采样数据获得的自相关函数的估值代替其真实值，再求解近似的 Y-W 方程。Burg 和 Marple 方法可称为近似最小均方预测误差法，其共同思想是：利用有限的采样数据构成预测误差均方值的一个估计函数，通过使该估计函数极小化来求得最大熵谱的估计。

①应用条件

最大熵谱分析方法本质上是统计方法，所以应用此方法时首先要保证模型行为与系统行为是在相同的试验框架下得到的，否则统计比较的结果没有意义。其次，最大熵谱分析方法都是针对各态历经的平稳随机序列来讨论的。但实际应用中，系统的输出大都是非平稳的时间序列，不能完全满足平稳性假设要求。针对非平稳和非各态历经的随机序列，一般要对原始数据进行预处理后认为平稳条件满足，再利用此法进行相容性检验。对原始数据平稳化处理可采用零均标准化处理、提取趋势项、差分、拟合等方法。

②优点

最大熵谱估计法突出特点在于分辨率高，其分辨率与序列长度 N^2 成反比，序列长度越长，分辨率越高。在数据点数相同时，最大熵谱法要比经典的周期图法的谱分辨率增加

2～4 倍。对短记录数据，即使其他方法不能使用，仍可用最大熵谱法进行可靠分析。最大熵谱估计法还解决了旁瓣泄露问题。

③缺点

最大熵谱估计法运算是非线性的，当研究两个以上信号的功率时，不能运用通常的叠加原理。样本容量较大时，会受到非平稳性的影响。最大熵谱估计法分辨率虽高，但对信噪比极敏感，易受噪声的影响，在低信噪比下，它失去了对傅里叶变换估计法的优越性。

④适合对象与范围

最大熵谱估计法是通过分析仿真系统数据与原型系统数据的一致性程度来分析仿真系统的可信性，所以该方法适合验证原型系统存在、原型系统的数据可获取的仿真系统。最大熵谱估计法是对系统动态性能（随机序列）进行一致性检验，特别适合短时序、低信噪比的时间序列。例如雷达电子战系统中，天线瞬时增益、目标 RCS 瞬时值及一些位置、速度、姿态角等飞行数据都属于此范围。目前，最大熵谱估计法已成为验证导弹系统等仿真模型最受欢迎的方法之一。

（3）最小交叉熵谱估计法

最小交叉熵谱估计可以视为考虑了先验估计信息而拓延自相关函数的一种方法。这种方法不是使所研究的随机过程的熵最大，而是使所研究的随机过程与先验估计间的交叉熵为最小。若先验功率谱估计是平坦的，则最小交叉熵谱估计与最大熵谱估计等效。

①应用条件

最小交叉熵谱估计可以看成是最大熵谱估计原理的一种推广，所以应用条件和最大熵谱估计法一样，首先要满足利用统计方法进行比较时的条件。最小交叉熵谱估计也针对平稳随机信号的分析和处理，原始数据也要进行平稳化处理。运用最小交叉熵谱估计还需要知道先验概率密度 $p(x)$ 或先验谱的信息。如果缺少先验信息，通常用两种方法来解决，一种方法认为在缺少先验谱形状信息时，使用均匀先验概率密度。另一方法是认为先验功率谱是平坦的。

②优点

最小交叉熵谱能够同时给出两组动态数据的频谱、相位差、相关性、增益等方面的信息，并且能够给出两者之间一致性的定量估计。与最大熵谱分析法相比，最小交叉熵谱由于增加了先验估计的信息，其分辨率有明显的提高。特别是，该方法用于分析多信号的信号组时，可得到每一信号的验后估计值，因此被认为是谱估计技术的一次突破性进展。

③缺点

最小交叉熵谱虽可改善谱估计性能，但需知道功率谱的先验信息，有时是不现实的，另外涉及非线性方程组的迭代求解，运算时间较长，且所得的解可能并不唯一。

④适合对象与范围

同最大熵谱估计法，但因计算量较大，所以应用并不广泛。

（4）瞬时谱法

瞬时谱法是处理非平稳信号的有效方法。它能给出任一时刻信号的频率成分以及在任一频率点上的功率谱密度。设 $W_f(t, \omega)$ 为信号的自 Wigner Distribution（WD）分布函数，它是包括时间 t 和角频率 ω 的实函数，能同时在时域和频域反应信号特征。取定某时刻 t_0，可得到 t_0 时刻信号在角频率 ω 轴上的瞬时能量谱，在 t_0 时刻沿 ω 轴上积分得到信号的瞬时功率。取定角频率 ω_0，可得到 ω_0 频率分量信号在 t 轴上分布和传递，沿 t 轴积分得到信号的能量谱密度。关于频率的时变规律，可由自 WD 分布函数 $W_f(t, \omega)$ 的一阶局部矩来刻画。

①应用条件

瞬时谱法是针对非稳态信号讨论的。

②优点

不论是傅里叶谱还是熵谱都只适用于平稳信号的分析和处理，它给出的结果表示的是信号总体包含的各种频率成分，无法给出频率随时间的变化。瞬时谱是一种时频分析方法，它能给出频率随时间的变化，而不是总体的平均信息，因此是处理非平稳信号的有效方法。

③缺点

在瞬时谱计算中不能保证在整个时频平面上都有正值，这就违背了时频能量不能为负的原则。实际应用中一般采用高斯窗函数以消除瞬时谱计算中可能出现的负值，但有时加高斯窗函数也不能完全消除负值，因此瞬时谱估计法不能完全精确地在时间、频率域里同时表现信号，它在理论上有较大的意义，在实际过程应用中计算误差比较大。

④适合对象与范围

适合于强非平稳信号，特别是常见的平稳化方法难以奏效的序列信号。如在近场复杂目标电磁散射特性的建模时，反映近场复杂目标运动特性的多普勒信号，它们是时变频的，起伏强度也随时间大范围变动，这时适合用瞬时谱分析法检验数字仿真的多普勒信号和物理仿真的多普勒信号的一致性。

6.3.4　模型校核验证示例

以雷达天线方向图方位和的模型的校核、验证为例（注：数据仅供参考）。

（1）模型校核

使用阵面方向余弦阵面方向余弦坐标系下的 sinc 方向图和函数，根据理论和差函数关系建立模型。方位和模型如下：

$$F(\theta) = \left| \frac{\sin(a \cdot \theta)}{a \cdot \theta} \right|$$

其中，a 为归一化系数，与天线参数相关。

使用非规范校核方法，天线方向图方位和模型校核＝0.6。

（2）模型验证

天线方向图方位和模型可信度评估数据源为仿真数据和实测数据，仿真数据和实测数据对比图如图 6－2 所示。

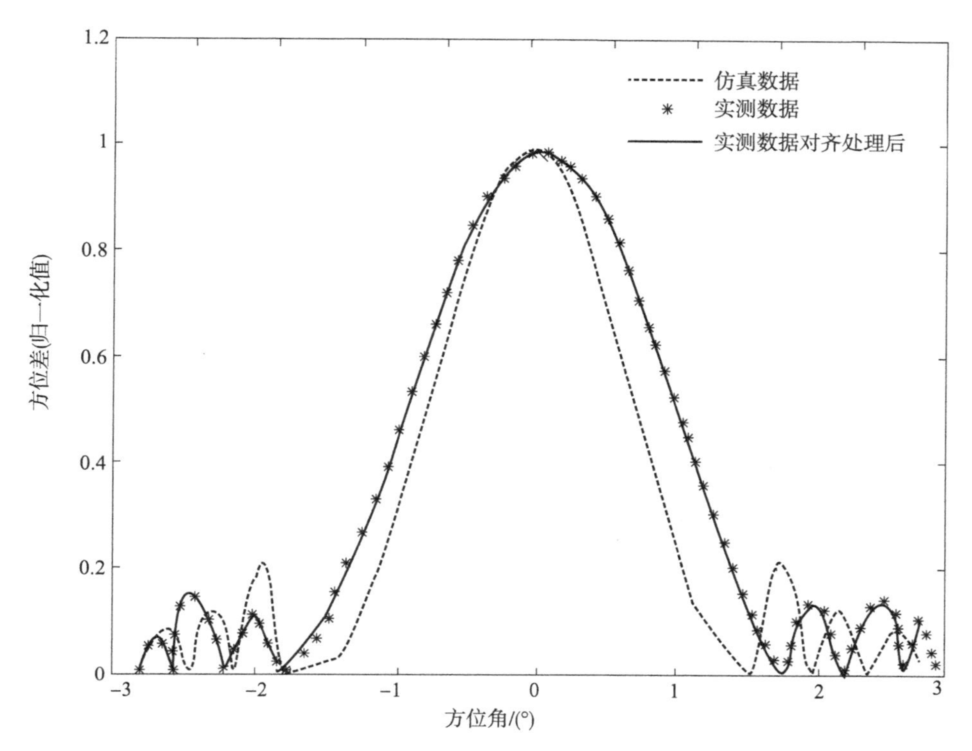

图 6－2　天线方向图方位差数据对比图

TIC 方法：0.882 3（权重值：0.5）

灰色关联方法：0.609 0（权重值：0.5）

天线方向图方位和模型验证＝ 0.882 3×0. 5 ＋ 0.609 0×0.5 ＝ 0.745 7。

综合模型校核和验证结果得到天线方向图方位和可信度＝（0.6＋0.745 7）/2 ＝ 0.672 9。

表 6－3　天线方向图方位和数据

序号	仿真方位角/(°)	仿真数据	实测方位角/(°)	实测数据	实测数据对齐处理后
1	－2.834 0	0.025 2	－2.899 6	0.001 1	0.022 4
2	－2.794 9	0.049 2	－2.800 4	0.049 9	0.054 3
3	－2.764 3	0.069 6	－2.713 5	0.070 1	0.074 0
4	－2.727 5	0.084 1	－2.644 2	0.001 4	0.077 6
5	－2.690 8	0.090 9	－2.579 2	0.113 8	0.047 1
6	－2.660 2	0.089 0	－2.515 5	0.145 9	0.012 2
7	－2.623 5	0.078 0	－2.450 5	0.138 1	0.023 7
8	－2.586 7	0.058 5	－2.386 8	0.107 3	0.097 9
9	－2.550 0	0.031 7	－2.323 1	0.064 2	0.140 2
10	－2.519 4	0.000 0	－2.258 1	0.014 0	0.146 1

续表

序号	仿真方位角/(°)	仿真数据	实测方位角/(°)	实测数据	实测数据对齐处理后
11	−2.484 0	0.033 9	−2.194 4	0.043 5	0.145 8
12	−2.444 9	0.066 8	−2.129 4	0.087 4	0.136 1
13	−2.414 3	0.095 4	−2.065 7	0.112 6	0.122 6
14	−2.377 5	0.116 4	−2.000 7	0.093 0	0.101 6
15	−2.340 8	0.127 3	−1.937	0.052 3	0.077 0
16	−2.310 2	0.126 1	−1.872	0.011 4	0.052 9
17	−2.273 5	0.112 0	−1.808 3	0.011 6	0.022 5
18	−2.236 7	0.085 0	−1.744 6	0.001 4	0.016 1
19	−2.200 0	0.046 8	−1.679 6	0.025 6	0.038 9
20	−2.169 4	0.000 0	−1.615 9	0.053 1	0.061 0
21	−2.134 0	0.051 8	−1.550 9	0.082 5	0.084 6
22	−2.094 9	0.103 9	−1.487 2	0.116 7	0.105 0
23	−2.064 3	0.151 5	−1.422 2	0.152 7	0.112 6
24	−2.027 5	0.189 2	−1.358 5	0.191 9	0.105 8
25	−1.990 8	0.212 2	−1.294 8	0.234 3	0.087 5
26	−1.960 2	0.216 2	−1.229 8	0.278 0	0.068 2
27	−1.923 5	0.198 1	−1.166 1	0.323 6	0.042 6
28	−1.886 7	0.155 9	−1.101 1	0.372 6	0.018 6
29	−1.850 0	0.089 4	−1.037 4	0.421 3	0.008 1
30	−1.819 4	0.000 0	−0.972 4	0.469 8	0.010 2
31	−1.413 6	0.034 7	−0.910 1	0.520 8	0.157 7
32	−1.397 9	0.052 3	−0.843 7	0.570 0	0.167 1
33	−1.385 7	0.060 7	−0.800 1	0.618 7	0.174 7
34	−1.371 0	0.065 4	−0.738 34	0.667 5	0.183 9
35	−1.356 3	0.071 3	−0.671 34	0.713 7	0.193 3
36	−1.344 1	0.072 5	−0.605 68	0.757 6	0.201 3
37	−1.329 4	0.081 6	−0.538 68	0.800 4	0.211 0
38	−1.314 7	0.090 0	−0.473 02	0.838 4	0.220 9
39	−1.300 0	0.098 5	−0.406 02	0.873 7	0.230 8
40	−1.287 8	0.096 7	−0.340 36	0.905 3	0.239 0
41	−1.273 1	0.106 8	−0.274 7	0.932 4	0.248 9
42	−1.258 4	0.120 2	−0.207 7	0.955 3	0.258 7
43	−1.243 7	0.124 6	−0.142 04	0.974 1	0.268 6
44	−1.231 5	0.129 4	−0.075 04	0.988 1	0.276 9
45	−1.216 8	0.141 7	−0.009 38	0.996 8	0.287 1

续表

序号	仿真方位角/(°)	仿真数据	实测方位角/(°)	实测数据	实测数据对齐处理后
46	−1.202 1	0.146 9	0.057 62	1.000 0	0.297 5
47	−1.189 8	0.159 5	0.123 28	0.998 6	0.306 3
48	−1.175 1	0.166 2	0.190 28	0.992 2	0.317 0
49	−1.160 4	0.174 9	0.255 94	0.980 7	0.327 8
50	−1.145 8	0.184 1	0.321 6	0.964 5	0.338 7
51	−1.133 5	0.195 2	0.388 6	0.943 1	0.347 9
52	−1.118 8	0.200 7	0.454 26	0.917 1	0.359 1
53	−1.104 1	0.214 2	0.521 26	0.887 8	0.370 2
54	−1.091 9	0.219 4	0.586 92	0.854 0	0.379 6
55	−1.077 2	0.224 7	0.653 92	0.817 0	0.390 8
56	−1.062 5	0.245 6	0.698 1	0.776 2	0.402 1
57	−1.047 8	0.253 2	0.761 8	0.733 2	0.413 3
58	−1.035 6	0.263 6	0.826 8	0.687 7	0.422 6
59	−1.020 9	0.277 9	0.890 5	0.641 3	0.433 6
60	−1.006 2	0.289 6	0.955 5	0.592 4	0.444 4
61	−0.994 0	0.304 7	1.019 2	0.542 4	0.453 5
62	−0.979 3	0.314 1	1.084 2	0.493 8	0.464 6
63	−0.964 6	0.324 8	1.147 9	0.444 1	0.476 0
64	−0.949 9	0.336 1	1.212 9	0.394 0	0.488 0
65	−0.937 7	0.344 8	1.276 6	0.347 0	0.498 1
66	−0.923 0	0.359 4	1.340 3	0.299 7	0.510 2
67	−0.908 3	0.376 9	1.405 3	0.254 3	0.522 2
68	−0.896 0	0.384 1	1.469	0.212 2	0.531 0
69	−0.881 3	0.396 7	1.534	0.170 8	0.541 2
70	−0.866 7	0.412 4	1.597 7	0.133 9	0.551 7
71	−0.852 0	0.427 4	1.662 7	0.099 5	0.563 1
72	−0.839 7	0.437 0	1.726 4	0.067 8	0.574 0
73	−0.825 0	0.452 5	1.791 4	0.039 6	0.589 9
74	−0.810 3	0.463 8	1.855 1	0.016 7	0.606 8
75	−0.795 7	0.480 1	1.918 8	0.092 8	0.623 0
76	−0.783 4	0.489 8	1.983 8	0.124 4	0.634 2
77	−0.768 7	0.505 7	2.047 5	0.137 3	0.646 2
78	−0.754 0	0.518 1	2.112 5	0.131 3	0.656 9
79	−0.741 8	0.530 8	2.176 2	0.101 4	0.665 2
80	−0.727 1	0.547 1	2.241 2	0.054 3	0.675 4

续表

序号	仿真方位角/(°)	仿真数据	实测方位角/(°)	实测数据	实测数据对齐处理后
81	−0.712 4	0.557 8	2.304 9	0.009 0	0.685 6
82	−0.697 7	0.568 2	2.368 6	0.057 3	0.695 7
83	−0.685 5	0.585 1	2.433 6	0.103 2	0.704 1
84	−0.670 8	0.601 8	2.497 3	0.133 5	0.714 0
85	−0.656 1	0.612 2	2.562 3	0.141 2	0.723 9
86	−0.643 9	0.624 8	2.626	0.126 4	0.732 2
87	−0.629 2	0.641 9	2.692 6	0.109 9	0.742 0
88	−0.614 5	0.656 3	2.750 1	0.001 3	0.751 8
89	−0.599 8	0.667 7	2.812 3	0.069 9	0.761 5
90	−0.587 6	0.678 9	2.857 6	0.112 7	0.769 5
91	−0.572 9	0.693 1	2.902 3	0.050 6	0.778 9
92	−0.558 2	0.708 1	2.953 1	0.000 1	0.788 3
93	−0.545 9	0.717 6			0.795 9
94	−0.531 2	0.730 8			0.804 9
95	−0.516 6	0.743 1			0.813 6
96	−0.501 9	0.756 8			0.822 2
97	−0.489 6	0.769 3			0.829 1
98	−0.474 9	0.780 4			0.837 3
99	−0.460 2	0.794 9			0.845 4
100	−0.448 0	0.801 5			0.852 0
101	−0.433 3	0.813 9			0.859 7
102	−0.418 6	0.827 7			0.867 3
103	−0.403 9	0.837 7			0.874 7
104	−0.391 7	0.846 9			0.880 9
105	−0.377 0	0.857 8			0.888 1
106	−0.362 3	0.866 9			0.895 1
107	−0.347 6	0.880 8			0.902 0
108	−0.335 4	0.884 6			0.907 5
109	−0.320 7	0.894 3			0.913 9
110	−0.306 0	0.905 6			0.920 1
111	−0.293 8	0.912 3			0.925 0
112	−0.279 1	0.916 5			0.930 7
113	−0.26 4	0.927 6			0.936 2
114	−0.249 7	0.934 3			0.941 5
115	−0.237 5	0.941 7			0.945 7

续表

序号	仿真方位角/(°)	仿真数据	实测方位角/(°)	实测数据	实测数据对齐处理后
116	−0.222 8	0.947 4			0.950 5
117	−0.208 1	0.954 7			0.955 2
118	−0.195 8	0.962 5			0.959 0
119	−0.181 2	0.966 1			0.963 4
120	−0.166 5	0.972 0			0.967 6
121	−0.151 8	0.977 7			0.971 6
122	−0.139 5	0.979 7			0.974 7
123	−0.124 9	0.985 3			0.978 2
124	−0.110 2	0.988 0			0.981 4
125	−0.097 9	0.988 3			0.983 9
126	−0.083 2	0.991 8			0.986 7
127	−0.068 5	0.997 5			0.989 2
128	−0.053 9	0.999 0			0.991 5
129	−0.041 6	0.999 4			0.993 2
130	−0.026 9	0.999 4			0.995 0
131	−0.012 2	1.000 0			0.996 5
132	0.000 0	0.998 6			0.997 6
133	0.012 2	1.003 0			0.998 4
134	0.026 9	0.998 4			0.999 2
135	0.041 6	1.002 0			0.999 7
136	0.053 9	0.996 3			1.000 0
137	0.068 5	0.995 6			1.000 1
138	0.083 2	0.992 3			1.000 0
139	0.097 9	0.990 3			0.999 7
140	0.110 2	0.988 6			0.999 3
141	0.124 9	0.986 2			0.998 5
142	0.139 5	0.979 5			0.997 5
143	0.151 8	0.975 1			0.996 5
144	0.166 5	0.969 5			0.995 1
145	0.181 2	0.969 5			0.993 4
146	0.195 8	0.955 9			0.991 4
147	0.208 1	0.955 9			0.989 6
148	0.222 8	0.949 6			0.987 2
149	0.237 5	0.943 2			0.984 5
150	0.249 7	0.937 5			0.982 0

续表

序号	仿真方位角/(°)	仿真数据	实测方位角/(°)	实测数据	实测数据对齐处理后
151	0.264 4	0.925 8			0.978 9
152	0.279 1	0.913 4			0.975 5
153	0.293 8	0.910 5			0.971 9
154	0.306 0	0.902 4			0.968 8
155	0.320 7	0.892 0			0.964 7
156	0.335 4	0.888 0			0.960 5
157	0.347 6	0.876 1			0.956 8
158	0.362 3	0.866 7			0.952 1
159	0.377 0	0.858 2			0.947 1
160	0.391 7	0.849 6			0.942 0
161	0.403 9	0.835 7			0.937 4
162	0.418 6	0.826 4			0.931 7
163	0.433 3	0.812 7			0.925 8
164	0.448 0	0.802 4			0.919 7
165	0.460 2	0.797 0			0.914 6
166	0.474 9	0.780 2			0.908 4
167	0.489 6	0.767 9			0.902 0
168	0.501 9	0.757 8			0.896 6
169	0.516 6	0.744 1			0.890 0
170	0.531 2	0.731 6			0.882 9
171	0.545 9	0.721 0			0.875 6
172	0.558 2	0.707 8			0.869 3
173	0.572 9	0.692 1			0.861 6
174	0.587 6	0.681 1			0.853 7
175	0.599 8	0.669 3			0.847 6
176	0.614 5	0.656 3			0.840 3
177	0.629 2	0.638 8			0.832 5
178	0.643 9	0.621 4			0.823 7
179	0.656 1	0.616 4			0.815 2
180	0.670 8	0.599 2			0.802 4
181	0.685 5	0.583 7			0.788 4
182	0.697 7	0.571 7			0.776 5
183	0.712 4	0.561 8			0.764 9
184	0.727 1	0.548 3			0.754 6
185	0.741 8	0.532 4			0.745 3

续表

序号	仿真方位角/(°)	仿真数据	实测方位角/(°)	实测数据	实测数据对齐处理后
186	0.754 0	0.518 4			0.737 9
187	0.768 7	0.506 8			0.728 7
188	0.783 4	0.488 8			0.718 7
189	0.795 7	0.482 1			0.710 1
190	0.810 3	0.475 4			0.699 6
191	0.825 0	0.449 9			0.689 0
192	0.839 7	0.436 7			0.678 4
193	0.852 0	0.423 6			0.669 6
194	0.866 7	0.412 7			0.658 9
195	0.881 3	0.395 8			0.648 1
196	0.896 0	0.382 0			0.637 2
197	0.908 3	0.374 1			0.628 1
198	0.923 0	0.360 5			0.617 1
199	0.937 7	0.345 5			0.606 0
200	0.949 9	0.336 9			0.596 7
201	0.964 6	0.321 0			0.585 3
202	0.979 3	0.311 1			0.573 8
203	0.994 0	0.303 1			0.562 2
204	1.006 2	0.288 4			0.552 6
205	1.020 9	0.280 0			0.541 1
206	1.035 6	0.265 7			0.530 0
207	1.047 8	0.252 9			0.520 8
208	1.062 5	0.244 3			0.509 9
209	1.077 2	0.231 3			0.499 0
210	1.091 9	0.221 6			0.487 9
211	1.104 1	0.215 5			0.478 4
212	1.118 8	0.202 5			0.467 0
213	1.133 5	0.191 3			0.455 4
214	1.145 8	0.183 1			0.445 8
215	1.160 4	0.174 3			0.434 3
216	1.175 1	0.168 4			0.422 9
217	1.189 8	0.136 9			0.411 6
218	1.202 1	0.147 4			0.402 2
219	1.216 8	0.141 6			0.391 1
220	1.231 5	0.128 8			0.380 1

续表

序号	仿真方位角/(°)	仿真数据	实测方位角/(°)	实测数据	实测数据对齐处理后
221	1.243 7	0.121 5			0.371 1
222	1.258 4	0.117 2			0.360 3
223	1.273 1	0.107 4			0.349 6
224	1.287 8	0.100 4			0.338 7
225	1.300 0	0.095 0			0.329 6
226	1.314 7	0.087 7			0.318 7
227	1.329 4	0.080 3			0.307 8
228	1.344 1	0.077 0			0.297 0
229	1.356 3	0.071 3			0.288 2
230	1.371 0	0.064 7			0.277 9
231	1.385 7	0.059 1			0.267 7
232	1.397 9	0.055 2			0.259 3
233	1.649 2	0.000 0			0.106 4
234	1.693 3	0.089 4			0.084 0
235	1.730 0	0.155 9			0.066 1
236	1.774 1	0.198 1			0.046 6
237	1.818 2	0.216 2			0.025 4
238	1.862 2	0.212 2			0.021 1
239	1.899 0	0.189 2			0.064 4
240	1.943 0	0.151 5			0.111 3
241	1.987 1	0.103 9			0.125 4
242	2.023 8	0.051 8			0.134 3
243	2.069 2	0.000 0			0.137 7
244	2.113 3	0.046 8			0.131 1
245	2.150 0	0.085 0			0.116 3
246	2.194 1	0.112 0			0.089 5
247	2.238 2	0.126 1			0.056 6
248	2.282 2	0.127 3			0.020 2
249	2.319 0	0.116 4			0.012 6
250	2.363 0	0.095 4			0.051 1
251	2.407 1	0.066 8			0.086 9
252	2.443 8	0.033 9			0.109 3
253	2.489 2	0.000 0			0.130 8
254	2.533 3	0.031 7			0.140 8
255	2.570 0	0.058 5			0.140 4

续表

序号	仿真方位角/(°)	仿真数据	实测方位角/(°)	实测数据	实测数据对齐处理后
256	2.614 1	0.078 0			0.130 0
257	2.658 2	0.089 0			0.123 8
258	2.702 2	0.090 9			0.094 6
259	2.739 0	0.084 1			0.020 2
260	2.783 0	0.069 6			0.020 9
261	2.827 1	0.049 2			0.090 1
262	2.863 8	0.025 2			0.109 6

6.4 体系仿真置信度及VV&A评估标准

6.4.1 体系仿真系统置信度内涵

置信度在统计学中也称置信水平，是指一个测量参数样本值落在某一给定区间内的概率，该给定区间称为置信区间。置信度和置信水平表征的是测量参数值的可信程度，即测量参数的真实值有多大概率落在测量参数值周围。

体系仿真置信度借用统计学中置信度概念，是指在满足仿真目的前提下，仿真系统实现的逼真程度，即多大程度上实现了原物理系统的功能和性能，其结果不代表仿真结果正确与否，而是判断仿真逼真度是否达到可以接受或拒绝的程度。事实上，体系仿真置信度是一个指标集合的综合度量值，该指标集合包括完备性、一致性、精度等。完善而有效的仿真置信度评估工作需要依赖于仿真系统全生命周期校核、验证和确认（VV&A）活动的有效开展来实现。体系仿真系统置信度包含模型校核验证以及仿真系统需求的满足程度，因此体系仿真系统的置信度评估应综合模型校核验证结果以及系统满足度两个方面。

6.4.2 常用复杂系统评估方法

6.4.2.1 层次分析法

层次分析法（AHP）的基本思想是先按问题要求建立一个描述系统功能或特征的内部独立的递阶层次结构，通过两两比较因素（或目标、准则、方案）的相对重要性，给出相应的比例标度；构造上层某要素对下层相关元素的判断矩阵，最终给出相关元素对上层某要素的相对重要序列。

层次分析法可以将人们的主观判断用数量形式来表达和处理，是一种定性与定量相结合的决策分析方法，它体现了人们决策的基本思维特征，即分解—判断—综合，这也是系统仿真可信性评估的基本过程。通常AHP法进行可信度评估可分为五个步骤：

1）建立层次结构评价指标体系模型；

2）构造判断矩阵；

3）计算权重；

4）进行一致性检验；

5）计算可信度。

在仿真系统可信性评估中，最高层表示 AHP 所要达到的仿真系统可信度的总目标；中间层为指标层，是评价的主指标体系，即决定系统仿真可信度的主要因素，最低层为子指标层，是对主评价指标的具体化。但是，在确定标度值的过程中，应尽量减少人为因素所造成的误差。

（1）使用条件

在应用层次分析法研究问题时，必须处理好以下两个难题：如何根据实际情况抽象出较为贴切的层次结构；如何将某些定性的量作比较接近实际的定量化处理。针对难题，就要请有经验的学科专家、行业工程师和项目主管来进行参与。

（2）优点

1）使用简便；

2）能够集中领域专家经验和智慧；

3）可操作性强，计算机实现方便；

4）能够反映影响可信度的多种因素。

（3）缺点

1）主观性强；

2）专家判断的尺度和标准难于统一，结果的非确定性明显；

3）只能是一种半定量（或定性与定量结合）的方法；

4）比较、判断过程较为粗糙，不能用于精度要求较高的决策问题。

（4）适合对象与范围

层次分析法一般来说比较适合精度要求不太高的情况下的模型验证，也可以用于较复杂系统的模型校验，例如制导仿真系统的可信度评估等。

6.4.2.2 模糊综合评判法

模糊理论是以模糊集合（fuzzy set）为基础，基本思想是接受模糊性现象存在的事实，而以处理概念模糊不确定的事物为研究目标，并积极地将其严密地量化成计算机可以处理的信息，不主张用繁杂的数学分析即模型来解决模型。

模糊综合评判方法是利用模糊数学的方法对评判对象进行综合评判而得到对评判对象综合评判结果的一种方法，它是 20 世纪 70 年代随着模糊数学的发展而发展起来的。由于模糊现象或多或少地存在于任何系统中，因此模糊综合评判方法已成为人们对系统进行综合评判的一种主要手段。

（1）使用条件

在应用模糊综合评判法的过程时，对于影响可信度的确定性因素和随机因素，通过测量和测试做单因素评判；对于模糊性因素，作单因素模糊评判。最后将上述单因素评判结论通过适当的模糊算法综合起来，得到总体的评估结论。模糊评判模型有三个基本因素共同构成，在应用该方法时要确定三个基本因素的内容，这三个基本因素为：

1）因素集 $U=\{u_1, u_2, \cdots, u_n\}$；

2）评判集 $V=\{v_1, v_2, \cdots, v_m\}$；

3）单因素评判，即模糊映射：

$f: U \to F(V)$

$u_i \to f(u_i)=(r_{i1}, r_{i2}, \cdots, r_{in}) \in F(V)$

由 f 可以诱导出一个模糊关系：

$$\boldsymbol{R}=\begin{bmatrix} f(u_1) \\ f(u_2) \\ \cdots \\ f(u_n) \end{bmatrix}=\begin{bmatrix} r_{11} & r_{12} & \cdots & r_{1m} \\ r_{21} & r_{22} & \cdots & r_{2m} \\ \cdots & \cdots & \cdots & \cdots \\ r_{n1} & r_{n2} & \cdots & r_{nm} \end{bmatrix}$$

由 $\boldsymbol{R}$ 再诱导一个模糊变换：

$$T_R: F(U) \to F(V)$$

$$A \to T_R(A)=A \circ R$$

那么三元体（U，V，R）构成了一个模糊综合评判模型。

（2）优点

1）能从系统、层次的角度进行综合评估；

2）能解决系统中存在的模糊性问题；

3）为解决多因素的问题提供了易于操作实现的方法。

（3）缺点

1）信息简单的模糊处理将导致系统的控制精度降低和动态品质变差；

2）若要提高精度则必然增加量化级数，从而导致规则搜索范围扩大，降低决策速度，甚至不能实时控制；

3）模糊综合评判的设计尚缺乏系统性，无法定义翔实精确目标；

4）评判规则、论域、量化因子的选取，模糊集的定义等缺乏统一快速的标准和方法。

（4）适合对象与范围

模糊综合评判法可以用于简单系统或较复杂系统模型校验，如果与层次分析法结合使用，可以对较复杂系统模型的各个阶段进行校验。

6.4.2.3 灰色关联聚类法

灰色系统理论是我国著名学者邓聚龙教授于1982年创立的一门横断学科。灰色系统理论认为：一个系统由许多因素组成，如果组成系统的因素明确，因素之间的关系清楚，组成系统的结构明确及系统作用原理完全明确，则该系统称为白色系统；反之，信息完全不明确的系统称为黑色系统；介于上述两者之间的系统，即信息部分明确、部分不明确的系统称为灰色系统。

灰色系统理论中的灰色关联聚类法是一种因素分析法，通过对系统统计数列的几何关系的比较来分析多因素数列间的关联程度。关联度是系统之间、事物之间关联程度的度量。因此可以分析仿真系统输出数据与各评判等级的特征数据的关联度，与仿真系统输出数据的关联度最大的特征数据的等级即为仿真系统所属的可信度等级。

（1）使用条件

在灰色关联聚类法进行模型或系统可信度分析时，需要确定各步骤中涉及的相关内容，有些因素需要知道模型或系统的背景信息才能完成，这就需要收集校验对象设计的目的、方法、实现等内容，采用灰色关联聚类法对仿真系统进行可信度分析可按如下的步骤进行：

1）选取指标集 C ，确定评判集 U 和指标聚类权重集 W ；

2）确定原始数据矩阵 $\boldsymbol{X}'$ ；

3）数据的规范化处理；

4）计算 $x_0(i)$ 的 $x_k(i)$ 关联系数；

5）计算 x_0 的 x_k 灰色关联度；

6）可信度等级的确定。

（2）优点

1）能适用于原型系统不存在的情况；

2）对复杂大系统比较有效；

3）能很好地处理检验对象多因素，多指标，多级别和多层次的可信度综合评判问题；

4）概念清晰、易于计算机实现。

（3）缺点

1）易受两极最大差和两级最小差的影响；

2）只适用于各指标的量纲和数量级相同的情况；

3）白化权函数是由领域专家根据特定的背景信息，借助自己的经验和知识确定的，具有主观性，操作比较烦琐。

（4）适合对象与范围

灰色关联聚类法可以用于复杂大系统模型校验。

6.4.2.4 神经网络法

“神经网络”或“人工神经网络”是指用大量的简单计算单元（即神经元）构成的非线性系统，它在一定程度和层次上模仿了人脑神经系统的信息处理、存储及检索功能，因而具有学习、记忆和计算等智能处理功能。

应用神经网络法开展模型校验，主要研究内容有两个方面，即寻找合适的神经网络模型和学习算法。其中，模型研究是指构造合适的单个神经元模型，及确定神经元之间的连接方式，并探讨其所适用的场合；学习算法研究是指在神经网络模型的基础上，找出一种调整神经网络结构和权值的算法，并满足学习样本的要求，同时具有较快的学习速度。

（1）使用条件

神经网络模型是以神经元的数学模型为基础来描述。神经网络模型由网络拓扑、节点特点和学习规则来表示。这就对该方法的使用提出了很高的要求，必须有较专业的团队来完成神经网络可信度分析方法设计。

(2) 优点

1) 能够并行分布处理；

2) 具有高度鲁棒性和容错能力，可以处理例外及不正常的输入数据；

3) 具有分布存储及学习能力；

4) 能充分逼近复杂的非线性关系。

(3) 缺点

1) 计算复杂度大，硬件要求较高；

2) 要设计高效的并行算法；

3) 构建神经网络所定义的条件有太多因素需要考虑，如训练的算法、体系结构、每层的神经元个数、有多少层、数据的表现等等，实现难度较大。

(4) 适合对象与范围

神经网络法可以用于复杂大系统模型校验，如导弹防空过程等。

6.4.2.5 灵敏度分析法

灵敏度分析法的主要思想是通过计算一组灵敏度系数、分析模型输出误差分布来判断仿真模型是否能被接受。它可通过定性和定量的方面来进行分析。

定性方面，设 S 是实际系统的某一给定的敏感系数集合，S_M 是相应的模型参数集，Y 是实际系统输出集，Y_M 是相应的模型输出集，那么灵敏度分析要解决以下定性问题：

1) 设 $0<|S_M-S|<\varepsilon$，是否有 $|Y_M-Y|<\delta$。

式中，ε 为给定的允许值；δ 为可接受的允许值。

2) 设 S_M，R_M 均是模型敏感参数，与真实系统敏感系数 S 相对应，且 $0<|R_M-S|<|S_M-S|<\varepsilon$ 那么，是否有：$|Y_M(R_M)-Y(S)|\leqslant|Y_M(R_M)-Y(S)|<\delta$。

定量方面，如果定性近似关系已经成立，就可以设法找出输出的近似程度对输入（灵敏系数）近似的定量依赖关系，即给出一种误差的定量分析表达式，以此来判断系统模型是否可靠。

(1) 应用条件

用于系统动态一致性检验。使用灵敏度法进行模型验证首先要恰当地找出对模型输出影响较大的因素，即确定进行灵敏度分析的参数，其次进行定量分析时要结合其他方法确定定量分析表达式。

(2) 优点

1) 可以从定性、定量两方面对模型进行分析和验证；

2) 可以找出模型/原型系统输出对输入的近似定量依赖关系。

(3) 缺点

对于复杂系统来说，难以定量地分析模型结构参数变化对模型输出的影响，这就使得该法用于复杂系统模型验证时很难获得定量的分析结果。

（4）适合对象与范围

对于有些较复杂的模型，具有多个输入参数，且输入参数具有不确定性，对模型输出的不确定性的影响又各不相同，灵敏度分析法是极其重要的。可利用灵敏度分析法将各参数对模型输出的不确定性的影响进行排序，找出关键影响参数而将模型简化，利用简化模型再进行其他分析计算。

6.4.3 一种体系仿真置信度评估主要流程

体系仿真置信度评估采用自底向上过程的评估方法，如图 6－3 所示，即按仿真系统/模型的组成结构，从纵向上分为基础模型（即不再分解的子模型）置信度评估和组合模型（由基础模型或下一层级组合模型组成）置信度评估。

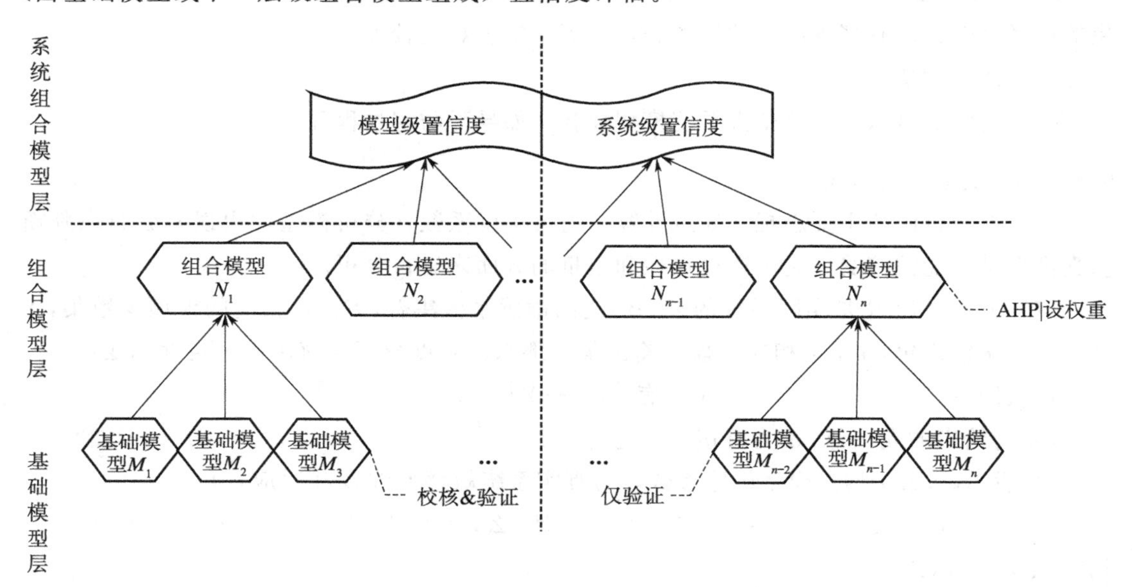

图 6－3 体系仿真置信度评估总体方法

仿真系统/模型置信度评估从横向上又分为模型级和系统级，模型级置信度评估是从仿真系统/模型的功能组成上衡量单个模块的置信度情况，系统级的置信度评估是从仿真系统/模型的性能角度衡量多个模块耦合运转表现的置信度情况。模型级的置信度评估应该覆盖仿真系统/模型的所有功能模块，保证仿真系统/模型实现工作逻辑的完整性。系统级的置信度评估应该覆盖仿真系统/模型的所有性能指标要求，保证仿真系统/模型的技术指标达标。

6.4.3.1 基础模型评估

模型级的基础模型置信度评估将从校核和验证两个方面分别展开，即每个模型从建模方法正向评价和真值数据逆向验证两个方面分别进行评估，然后对两者结果进行平均得到该基础模型的置信度值。系统级的基础模型置信度评估由于建模方法与模型级的一致，因此不再重复考虑建模校核环节，仅从数据验证方面进行置信度评估，作为该基础模型的置信度值。

(1) 模型校核方法

模型校核置信度评估采用定性打分的评估方法，即按照仿真系统/模型的建模方法，定性分析说明与被仿真对象的差异，按照差异程度不同给出置信度评分，如表6-4所示，总体分为以下几种情况：

1) 被仿真对象直接嵌入仿真系统/模型中，校核置信度评分为1.0。例如，装备体系仿真系统某武器系统数字模拟器中火力单元指控模块直接采用实装软件，则火力单元指控模型校核置信度为1。

2) 根据被仿真对象实测数据反演建模，同时还利用不同实测数据对模型进行校验，即虽然被仿真对象未直接嵌入仿真系统，但从数据结果反映上差异极小。其中，在建模校模过程中使用 N（N 取经验值，例如 $N=10$ 等）组以上实测数据支撑的评分为0.9。例如，雷达数字模拟器中天线方向图采用实测数据集建模，且实测数据集 $>N$，则雷达天线方向图模型校核置信度为0.9。

3) 采用理论模型建模，结合部分实测参数代入模型，即被仿真对象未嵌入，也没有实装数据做参考，但关键性能参数与被仿真对象一致，评分为0.7。例如，某武器系统毁伤采用脱靶量结合杀伤区建模，杀伤区杀伤概率与实装一致，则毁伤模型校核置信度为0.7。

4) 采用理论模型建模，结合模型战技指标代入模型，即被仿真对象未嵌入，也未使用实测数据修正模型，评分为0.6。例如，针对国外弹道导弹目标，如民兵-3、三叉戟-2等，无法获取其准确的外形和关键参数，采用理论模型建模，关键参数引用公开资料，则民兵-3、三叉戟-2弹道模型校核置信度为0.6。

表6-4　模型校核评价表

序号	模型建模方法	置信度评分
1	被仿真对象嵌入仿真系统	1.0
2	根据 N 组以上实测数据反演建模	0.9
3	根据 $1\sim N$ 组实测数据反演建模	0.7～0.9
4	理论模型结合实测参数建模	0.7
5	理论模型结合战标建模	0.6

(2) 模型验证方法

对于每个基础模型的输出数据，可以采用多种验证方法，例如雷达的测角误差，可以使用的验证方法有均值验证法、方差验证法、不等式系数法、灰色关联法等。综合的定量验证结果可以通过以下方法获得：

1) 对不同验证方法所获得的结果进行归一化处理（0～1.0），例如均值和方差验证结果归一化为 $(1-\alpha)$ 和 $(1-\beta)$（α、β 为显著水平），不等式系数法结果归一化为 $1-U$（U 为TIC计算结果），灰色关联法直接使用其结果 R。

2) 根据验证对象的不同，确定不同验证方法的权重。通常情况下权重按均分原则分配，同时，可具体根据对象特点，适当调整某种验证方法的权重系数。例如，对于雷达测角误差，更关注误差在全空域的一致性，因此，静态验证方法权重分配为 0.2（均值验证法、方差验证法分别分配 0.1），动态验证方法权重分配为 0.8（不等式系数法、灰色关联法分别分配 0.4），则对均值验证法、方差验证法、不等式系数法、灰色关联法的权重可以分别设为 0.1、0.1、0.4、0.4，则综合后的定量验证结果 $C = 0.1(1-\alpha)+0.1(1-\beta)+0.4(1-U)+0.4R$ 。在工程上，可以直接视该 C 值为模型的仿真置信度。

6.4.3.2　组合模型综合评估

组合模型综合置信度可以通过构建基础模型（或子组合模型）的权重向量自底向上获得。权重向量计算可以使用前文所述的 AHP、模糊法等复杂系统评估方法。以 AHP 方法为例，组合模型置信度综合是在已建立层次分析法的层次结构基础上进行的，其主要步骤包括：

步骤 1：建立两两比较判断矩阵。指标体系中，指标也可称为节点，每一个父节点和该节点的子节点组成一个集合，对于该集合内的各指标由专家来构建判断矩阵。

父节点 B_k 与子节点 A_1，A_2，…，A_n 相关，建立判断矩阵 $\boldsymbol{A}_r = (a_{ij}^r)_{n\times n}$ ，其中 a_{ij} 表示对于父节点 B_k， 子节点 A_i 对 A_j 相对重要性的数值标度。a_{ij} 的取值可以参考 Saaty 提出的标度法，见表 6-5。

表 6-5　标度法

判断尺度	定义
1	u_i 和 u_j 同样重要
3	u_i 比 u_j 稍为重要
5	u_i 比 u_j 重要
7	u_i 比 u_j 重要得多
9	u_i 比 u_j 绝对重要
2,4,6,8	介于上述两个相邻判断尺度中间

步骤 2：由矩阵 $\boldsymbol{A}$ 计算各指标的权重。

w_i 先对矩阵 $\boldsymbol{A}$ 进行列规范化，即 $\bar{a}_{ij} = \frac{a_{ij}}{n}$ ；再按行求和得到 $\overline{w}_i = \sum_{j=1}^{n} \bar{a}_{ij}$ ；最后进行归一化处理得到 $w_i = \frac{\bar{w}_i}{\sum_{i=1}^{n} \bar{w}_i}$，$w_i$ 即为最后确定的权重向量。

步骤 3：进行一致性检验。

$$\lambda = \frac{1}{n}\sum \frac{Aw_i}{w_i}$$

$$\mathrm{CI} = \frac{\lambda_{\max} - n}{n-1}$$

R=CI · RI<0.1 即认为矩阵具有一致性，RI 取值如表 6-6 所示，否则应对判断矩阵

做适当修正。

表 6－6　RI 取值表

指标数 n	2	3	4	5	6
RI	0.00	0.52	0.89	1.12	1.26
指标数 n	7	8	9	10	11
RI	1.32	1.41	1.46	1.49	1.52
指标数 n	12	13	14	15	
RI	1.54	1.56	1.58	1.59	

步骤 4：利用各子节点相对父节点权重，根据建立的指标体系类型以及各指标的模型验证获得的可信度结果，进行加权求和，逐层向上计算，即可计算得到整个仿真模型的可信度。

6.5　本章小结

体系仿真 VV&A 工作是一项复杂的系统工程，随着仿真技术的发展和对于仿真系统需求的不断增加，我们认为体系仿真 VV&A 存在以下问题需要继续研究。一是如前文所述的原则 12，即使是每个子模型都通过了可信度评估，具有足够的可靠性，但是由这些子模型组成的分系统、系统，其可信度仍然是需要重新评估的。目前整个复杂系统的验证大多是专家经验评估、层次分析、模糊评判等方法，这些方法均是对仿真过程某一阶段或某一模型的具体应用，忽略了对 M&S 全过程的综合效应传递。因此研究基于证据理论、人工智能等方法提升复杂大系统的 VV&A，是一个长期需要研究和探索的技术难题。二是有些原型系统难以获得验证数据，比如环境系统、空间对抗系统等，我们难以在实际系统上做试验，或者其输出数据难以采集；有些原型系统，如导弹武器系统，尽管可以通过打靶试验获得原型系统的一些特征数据，但这些参考数据极其有限，对于全面验证来说不够充分。在这些情况下，常规的模型验证方法都难以适用。因此研究建立基于小样本或零样本情况下的模型验证方法，是一个迫切需要解决且具有挑战性的技术难题。

参 考 文 献

[1] 孙世霞．复杂大系统建模与仿真的可信性评估研究［D］．长沙：国防科技大学，2005.

[2] JACQUART R，P BOUC，D BRADE. A Common Verification，Validation and Accreditation Framework for Simulations：Project JP11. 20，REVVA［C］//Spring Simulation Interoperability Workshop，SISO，Arlington，VA. 2004.

[3] Department of Defense. Verification Validation and Accreditation（VV&A）Recommended Practice Guide［Z］. 1996.

[4] Department of Defense. Verification Validation and Accreditation（VV&A）Recommended Practice Guides BUILD 2［Z］. 2000.

[5] Department of Defense. Verification Validation and Accreditation（VV&A）Recommended Practice Guides BUILD 2. 5［EB/OL］. 2005.

[6] 刘晓平，郑利平，等．仿真 VV&A 标准和规范研究现状及分析［J］．系统仿真学报，2007，19（2）：456－459

[7] 刘庆鸿，陈德源，等．建模与仿真校核、验证与确认综述［J］．系统仿真学报，2003，15（7）：925－930.

[8] 许素红，吴晓燕，等．关于建模与仿真 VV&A 原则的研究［J］．计算机仿真，2003，20（8）：39－42.

[9] 曹星平．HLA 仿真系统的校核、验证与确认研究［D］．长沙：国防科技大学，2004.

[10] 冉承新，凌云翔．AHP－Fuzzy 在仿真系统可信度综合评价中的应用［J］．计算机仿真，2005（8）：59－63.

[11] 孙勇成，周献中，江金龙，李桂芳．基于灰色聚类法的仿真系统可信度分析［J］．计算机仿真，2005（10）：94－97.

[12] 孙勇成．M&S 的相关 VV&A 技术研究［D］．南京：南京理工大学，2005.

[13] 黄柯棣，张金槐，查亚兵，等．系统仿真技术［M］．长沙：国防科技大学出版社，2000.

[14] 魏华梁，王肇敏，刘藻珍，等．系统仿真置信度研究中的若干问题与原则［J］．系统仿真学报，2000，12（1）：8－11.

[15] 许素红，吴晓燕，等．关于仿真可信度评估的探讨［J］．计算机仿真，2003，20（4）：1－3.

[16] 徐庚保，曾莲芝．关于建模与仿真的可信性问题［J］．计算机仿真，2003，20（8）：36－38.

[17] 费景高．数字仿真模型的校核验证和测试（一）［J］．计算机仿真，2000，17（1）：72－74.

[18] 康凤举．现代仿真技术与应用［M］．北京：国防工业出版社，2001.

[19] 吴重光．仿真技术［M］．北京：化学工业出版社，2005.

[20] 张伟．仿真可信性研究［D］．北京：北京航空航天大学，2002.

[21] 郭齐胜，董志明，李亮，等．系统建模与仿真［M］．北京：国防工业出版社，2007.

[22] 焦鹏，查亚兵．层次分析法在制导仿真系统可信度评估中的应用［J］．计算机仿真，2005（9）：68－72.

[23]　张伟，王行仁．仿真可信度模糊评判 [J]．系统仿真学报，2001 (7)：473 - 375.
[24]　李姝．导弹系统仿真模型验证方法研究 [D]．长沙：国防科学技术大学，2003.
[25]　邢起峰．导弹系统数学模型验证技术研究 [D]．北京：清华大学，2004.
[26]　王维平，等．仿真模型有效性确认与验证 [M]．长沙：国防科技大学出版社，1998.
[27]　王红卫．建模与仿真 [M]．北京：科学出版社，2002.
[28]　刘兴堂，王青歌．仿真系统置信度评估中的辨识方法 [J]．计算机仿真，2003，20 (3)：25 - 26，35.
[29]　张湘平．小子样统计推断与融合理论在武器系统评估中的应用研究 [D]．长沙：国防科技大学，2003.

第 7 章　新一代体系建模与仿真技术

经过长期发展，体系建模与仿真技术日趋完善，并在国计民生和国家安全等领域取得了长足进步，应用也日趋广泛。在系统工程技术、新信息技术等的影响下，体系建模与仿真技术正向“数字化、虚拟化、高效化、网络化、智能化、普适化”为特征的现代化方向发展，发展重点包括基于模型的体系工程、云仿真、智能仿真等。

7.1　基于模型的体系工程方法

7.1.1　概述

现代战争是体系与体系之间的对抗，以体系化、信息化、实战化为导向开展武器装备建设，已成为武器装备总体论证、制定发展战略和发展规划、优化装备体系结构的重要手段。体系涉及大量系统，且系统间的相互作用也十分复杂。传统烟囱式单武器系统独立研制模式存在资源碎片化、系统孤岛等弊端，已难以适应以信息系统为中心、以联合作战为特征的新军事需求。这时运用建模与仿真的方法具有极大的优势。

体系的研制过程，就是建立体系模型的过程，体系模型是工程设计工作的中心。为解决此类问题，基于模型的体系工程（Model Based System of Systems Engineering，MBSoSE）应运而生。基于模型的体系工程是在基于模型的系统工程（Model Based Systems Engineering，MBSE）基础上，通过继承、创新和实践，以模型和数据驱动贯通体系全寿命周期中的需求、设计、分析、实现、验证、确认、升级活动过程，有效应对体系需求的蠕变性、功能的涌现性、边界的动态性，形成一种大于要素系统的能力之和的体系能力。基于模型的体系工程已成为支撑体系研究的一种常用方法，通过以模型为中心，采取一致的架构模型描述方法，建立多个角度的视图，实现对复杂体系组成、运行过程、能力度量等要素的形式化描述，促进复杂体系研究全寿命周期的各个阶段的用户、利益相关者和团队成员能够对复杂体系对象达成统一认识。

基于模型的体系工程方法建立在一套基于模型的体系工程方法论的基础上，以标准体系为顶层指导，综合运用“需求生成—架构设计—仿真验证—分析评估”全链条贯通的支撑工具，形成需求敏捷捕捉、架构动态验证、仿真精准评估、资源高效运用的体系研发范式，如图 7 - 1 所示。

基于模型的体系设计与仿真是基于模型的体系工程的核心支撑手段，是科学描述复杂军事系统，开展定量试验分析，厘清装备发展需求，快速形成作战能力的倍增器。体系工程的建模与仿真能在体系开发的早期阶段找出问题，大大降低错误和变化导致的成本支出。在训练和教育等应用领域，建模与仿真技术也能应对复杂体系对抗条件下，人在回路、自主决策等运行模式带来的复杂性、涌现性挑战。

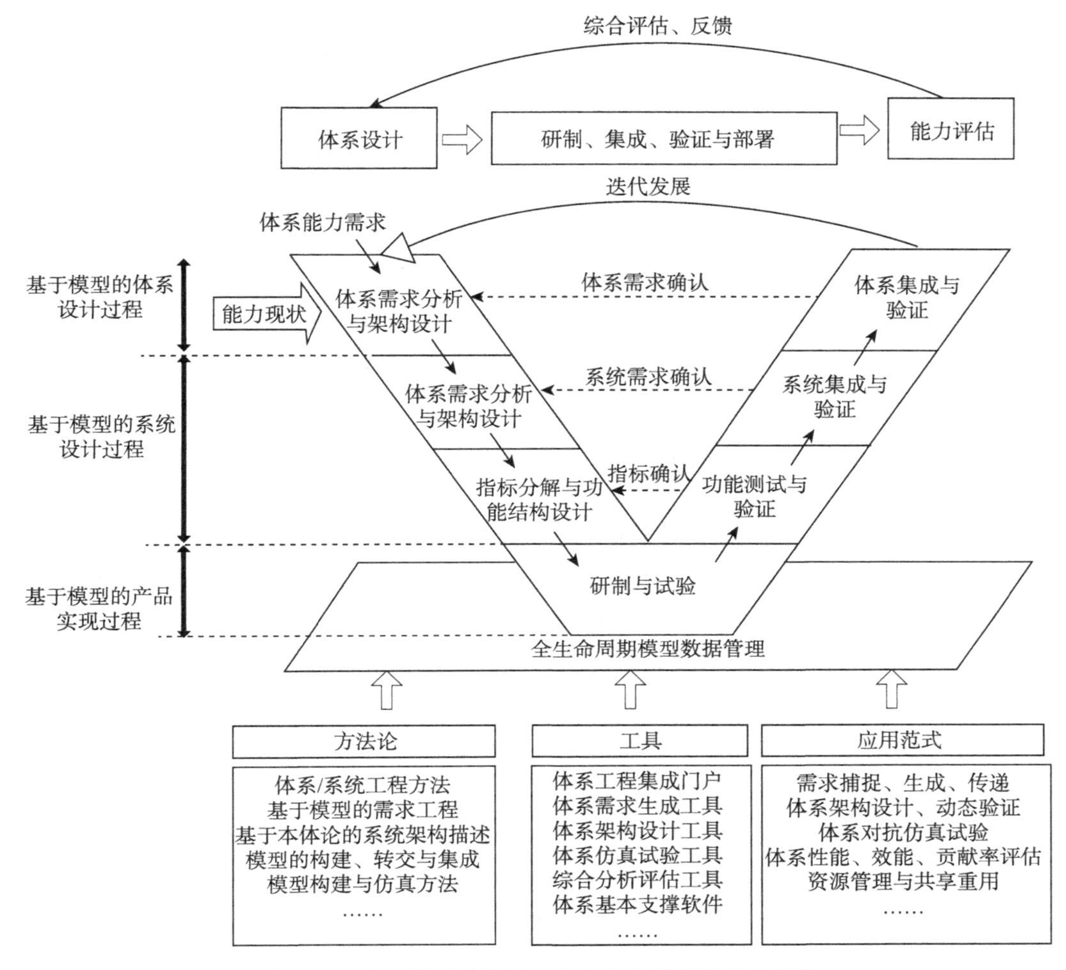

图 7－1　基于模型的体系工程全生命周期活动示意图

7.1.2　重点研究方向

基于模型的体系设计与仿真平台，是开展军事战略决策、装备体系论证、作战方案推演、指挥模拟训练等军事应用的有效支撑手段，是支撑体系仿真应用系统快速构建、仿真模型数据资源高度重用、高置信度仿真实验结论形成的关键性因素。从长远上看，基于模型的体系设计与仿真要解决的问题和达到的目标有：

1）建立完善体系需求与能力生成机制，参考系统工程理论，在“军事需求—架构设计—试验设计—推演评估”等环节开展建模和闭环分析。

2）完善优化体系设计流程，逐步打通“军事需求—体系研究—能力需求—系统总体—多学科设计—产品开发—集成验证—作战运用—需求迭代”的链路。

3）再造体系设计与仿真方法流程，实现模型在不同层级间的传递，支撑混合粒度的数字伴生/孪生系统快速构建与验证应用，适应蠕变性、涌现性等特征。

4）加快体系工程资源的积累与共享。实现知识的快速模型化，以及模型在不同层级、不同学科间的快速流通和协同维护，并构建对应的标准规范支撑模型资源积累与共享。

基于模型的体系设计与仿真平台主要围绕体系设计与仿真验证全链条，重点从以下几个方面开展研究工作：

（1）装备体系能力需求生成

围绕顶层军事需求，以使命任务为切入点，对使命任务进行结构化分析与层次分解，形成一系列有关联关系的作战任务集。综合运用博弈分析、仿真推演等方式分析和捕捉体系能力需求，实现从使命任务、能力目标向体系能力要求的映射，生成面向特定作战任务的体系能力需求清单。针对不同任务形成的分项能力需求清单，进行能力需求优化集成和优先级排序，避免需求重复和缺项，并对需求的任务满足度进行评估分析，建立各需求、解决途径之间的协作关系，形成面向顶层使命任务的装备体系需求清单。

（2）装备体系架构设计与动态验证

从作战、能力、装备系统等不同视角设计描述装备体系架构的视图，明确装备体系的组成、能力要求、作战过程、接口关系等，促进体系架构设计相关方对体系架构的一致认识。在装备体系架构动态验证方面，对架构视图的数据一致性、完备性进行验证，确保视图的数据闭环；通过逻辑解算引擎，对架构视图的逻辑自洽性进行验证，确保视图的逻辑闭环；同时，以外部事件作为输入，驱动架构视图推进事件逻辑，或者在架构视图中直接嵌入可量化分析的第三方模型，对架构视图的逻辑正确性进行验证。

（3）基于对抗推演仿真的体系能力验证评估

在对装备体系架构的形式化描述以及动态验证的基础上，通过对抗推演仿真的方式，将装备体系放在对抗条件下，基于高置信度仿真模型，对装备体系的作战过程进行综合验证，得出装备体系对抗条件下的作战效能、体系贡献率等。

7.1.3 关键技术

7.1.3.1 基于分层有限状态机的可执行架构求解技术

基于模型的体系架构设计是解决基于文档的二义性表征问题和基于图片的不可分析验证问题的手段。基于模型的体系架构设计是可视化建模与基于模型数据仿真分析技术的统一。可视化建模由 UML 家族语系的语法和语义支撑，而如何基于可视化建模过程得到的设计数据进行逻辑解算和仿真分析是技术难点。

架构模型的业务表达都是事件驱动的，因此对模型的执行（有些文献也称为仿真）属于离散事件仿真的范畴，它是指在特定连续的输入条件下，表征目标对象行为相关的视图和数据的变化过程。进一步说，在有人参与（人在回路）或者外部环境的触发的各种事件（外部数据驱动）的影响下，模型需要由合适的解算引擎按照正确的行为运行具有的功能、反映相关的接口，并受状态逻辑的约束。模型的可执行设计关键技术难点就是视图的可视化变化与模型数据的执行过程的统一处理方法。视图的可视化变化是模型执行的外在表象，即设计用活动图、时序图和状态图相关结构块的颜色线条的变化过程，以及运行时时序图在各个实体之间动态交互的消息事件和功能的动态绘制过程；模型数据，即代码（注意，除特定软件架构设计工具的代码生成是用于得到可执行软件程序的目的，体系与系统架构模型的代码生成都是为了进行模型业务测试的辅助手段）执行过程则是模型执行的内在表象，即对象实体（即表达体系架构各类数据实体的架构设计要素，如作战部队、服务节点、系统个体等）在仿真引擎的支持下，接收各种调用事件、时间事件、信号事件（消息）等做出正确响应的过程。

（1）分层有限状态机

解决模型的执行问题主要研究视图的可视化变化与模型数据的执行过程的统一处理方法，而首先要解决的是模型数据的执行机制选择问题。在体系架构模型中，表达行为的视图分为活动图、时序图和状态图，因此，模型数据的仿真验证可以分为活动图、时序图和状态图的执行等三类手段。

活动图的执行目的是测试在接收正确的活动输入数据后，活动是否可以按照设计人员的业务表达向下进行。这种执行主要针对建模人员对自己的设计结果的单元测试，不适合业务人员对模型的业务测试（比如一个测试用例，考虑红蓝双方的对抗因素、突发事件和环境变化等对作战业务与作战流程的影响，模型是否可以正确响应）；时序图的执行目的是在特定的运行参数和数学算法下，验证一个逻辑分支的可达性。抛开数学算法的解算和各类参数的动态变化，时序图的执行将变得没有意义。本质上讲，活动图和时序图的动态仿真执行是不需要代码生成技术支撑的，它们可以基于UML标准，对视图本身的语法进行功能检查，并结合当时的输入数据进行判断，以决定活动逻辑的走向。

为了检验架构模型对输入业务需求的闭环性问题，可以选择基于分层有限状态机的（分层有限状态机、随机着色Petri网和行为树是表达目标对象运行行为的三种重要手段）运行作为的可执行功能基础，需要重点解决的关键技术是引擎的解算和推理方法。架构模型的执行过程是对象调用驱动、对象方法执行、可执行视图数据与对象方法关联以及视图图元接口封装协同完成的。这种运行逻辑最符合业务人员对设计人员的设计结果的测试需求，以保证架构模型面向作战需求和作战业务的设计结果是必要且充分的。

以分层有限状态机的执行逻辑为基础，实现数据仿真过程可视化和视图仿真过程可视化的统一。在模型仿真初始化过程中，对各个调用对象进行初始化，初始化过程包括对象的建立、对象状态机生成、初始状态设置以及运行时序图生命线建立。在仿真推进过程中，各个对象根据状态机的逻辑，接收事件（事件生成器生成或者外部环境注入），进行状态转换，然后按照状态机逻辑调用相关方法。这些方法关联活动，实现活动图的运行，同时，动态绘制时序生命线关联的操作和消息线，实现运行过程中时序图的动态生成。

分层有限状态机（也称状态图）主要描述实体对事件的动态响应方式。其表现形式是在各种事件驱动下的状态转换过程，是行为建模的主要视图之一。状态图的最基本三要素是：状态、转换、事件。

在UML的范畴下，状态图本质上是特殊的活动图，但它是站在用户的角度而不是设计者的角度描述系统的运行行为（常规架构设计工具用活动图表达设计过程，用状态图记录部分设计结果），可以更好地进行红蓝双方的对抗性验证。但为了避免状态爆炸和单一状态（只包含单一活动，没有状态转换触发器或者转换门限）难以理解的问题，通过定义活动图和状态图之间的逻辑关系，对于状态图的可执行原理设计包括状态逻辑表达、状态转换事件设计、事件分析处理和框架模型执行。

（2）状态逻辑表达

状态逻辑表达主要是描述状态和状态转移的内容。在状态机的语法中，状态表示实体在整个运行生命周期中可能出现或处于的模式。一个状态内部有三种行为：进入行为、退出行为和中断行为。进入行为表示刚刚进入这个状态的时候系统会进行的操作行为（也称为活动或功能）；退出行为则表示离开该状态会执行的功能；而中断行为表示正处于某种状态的实体收到非状态转换事件后的响应。状态转移是一个状态向另一个状态转移所需要满足的触发机制和参数条件，有时也称状态转换线。系统的功能既可以设计在状态内部，也可以设计在状态转换线上。

状态机的转换遵循架构建模语言的语法标准，当活动发生在状态转换线上时，表示为：e【c】$/a$ ，其中 e 为能够使转换发生的事件，c 为转换发生的条件，a 为发生了转换后执行的行为（功能）。活动 a 既可以映射至转换上，也可以隶属在状态内部。如果隶属在状态内部，则既可以属于状态进入活动，也可以属于状态退出活动。

（3）状态转换事件

在状态机运行过程中，事件扮演了重要角色。它是状态机逻辑的重要概念，表示实体发生的现象的抽象，可以驱动状态向正确的方向转换。状态转换事件包括以下四种类型：

1）信号事件：即不同的实体对象在特定的业务逻辑下，向其他对象发出的消息，或者数据；

2）调用事件：调用事件不同于信号事件，它类似于 SysML 语言中的同步消息，用于一个对象指挥另一个实体执行特定的功能；

3）改变事件：表达对某个对象实体的状态有影响的外界和内部特定的参数变化，比如环境参数、目标对象状态等；

4）时间事件：比如计时器、延迟或者定时参数，当前执行时钟满足这个参数时即认为是时间事件发生。

上述四种类型的事件都可以驱动模型的状态转换，完成可执行架构的逻辑推进。

7.1.3.2　多分辨率仿真实体建模与模型组合技术

为支撑基于模型的体系架构验证，高置信度的仿真模型发挥了极为重要的作用。对于体系架构，需要面向不同仿真应用场景对仿真模型提出不同形态及模拟粒度的现实需求，建立层次化模型体系，使用参数化可组合的建模方法，并打通不同层级模型间的映射机制，促进不同层级间模型的迭代校核验证，在提高仿真模型置信度的同时提升模型建立及运用效率。

面向不同的研究问题，不同层级的仿真模型均能发挥重要作用，高分辨率模型能够抓住事物的细节，而低分辨率的模型能更好地揭示事物宏观属性。不同层级的仿真模型的分辨率需求也有所不同，不同层级之间可在性能、功能等角度互相迭代验证，从而提高模型的置信度，增强仿真的灵活性与伸缩性。

多分辨率建模方法可为装备体系研究平台提供以战役级、任务级、交战级、工程级层次为代表的不同分辨率模型，允许用户根据应用需要在仿真执行过程中选择适当的模型。建立不同层次模型间的映射关系，高分辨率模型的输出作为低分辨率模型的输入，使不同分辨率的模型在关键的能力指标、性能表征等方面趋同。对高分辨率模型用系统辨识的方法计算低分辨率下模型状态或能力参数，低分辨率模型的输入参数既可以由计算获得，也可以由外界输入，在保证低分辨率模型的置信度的同时，也给仿真提供了恰当的伸缩空间。不同层级模型之间的一致性校准及迭代验证关系如图 7－2 所示。

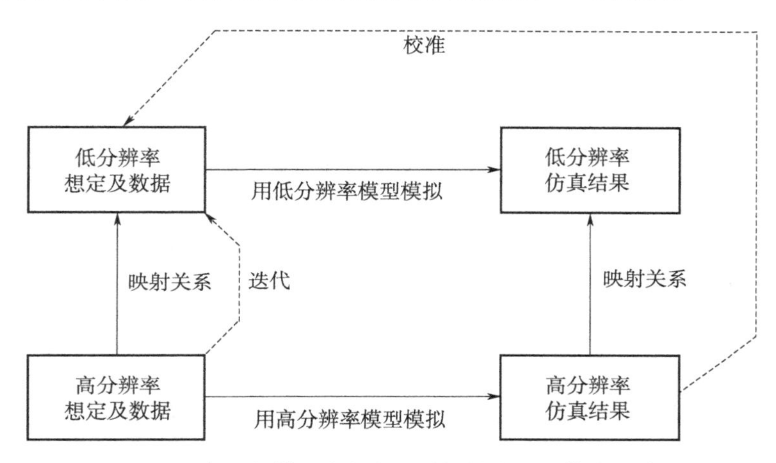

图 7－2　各层级模型之间的一致性校准及迭代验证关系

仿真模型可组合性指依托具有可重用性的模型，通过各种组装机制和样式，快速灵活地将具有跨领域、异构等特征的仿真模型组合在一起的能力。仿真模型的可组合性具体体现在以下几个方面：

1）可重用的仿真模型。可重用模型是可组合性的基础条件，如果模型组件不具备可重用性或可重用能力不足，就难以适应不同的应用情景，影响灵活组装的能力，失去组件式开发的意义。

2）快速、灵活的组合与再组合过程，即各仿真模型之间具备丰富的组合机制和样式，满足不同的组合需求。

3）异构模型集成的能力，具备将不同领域、不同规范甚至是不同分辨率水平的模型集成在一起的能力。

4）有效性。有效性要求组合结果是有效的，并且组合结构能够可靠地反映源系统组合的结果。

5）方便的可定制能力，即组合系统具备多种定制的途径，包括参数定制、体系结构调整、成员的增减及相互作用关系的变化等。

仿真模型的可组合性以可重用性、可操作性和可配置性作为技术支撑，共同形成适应性强的仿真系统。在具有可组合性的仿真系统中，可重用性、可操作性和可配置性之间的关系如图 7 - 3 所示。

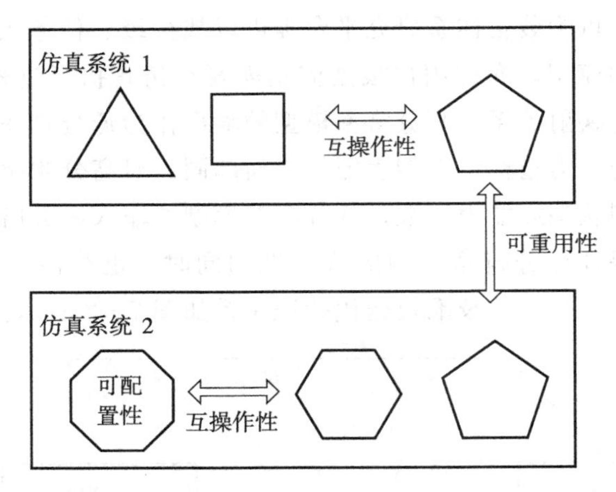

图 7 - 3　仿真模型可组合性相关支撑技术

可重用性是指仿真模型能够适应不同的应用情景，并在其中有效使用的能力，是对仿真模型在新的应用情境下可用性的一种度量。

互操作性是指模型向其他模型提供服务、从其他模型接收服务以及使用这些服务实现相互有效协同工作的能力。

可配置性是指改变系统内部的成员结构、数量等参数的能力。即在原有系统的基础上通过参数调整增强或减弱系统整体在某些方面的功能，不改变系统成员的接口或成员之间固有的交互特征。

对于模型的组合，可通过组装继承、参数化等方法实现。

组装方法：研究通过仿真模型体系框架内组件通过连接集成而实现组合的方法及其实现技术，以提高仿真系统的适应性为目标，关注仿真模型之间的组合机制、组合过程的正确性，完成模型之间有效集成，并尽可能减少集成工作量。

继承方法：研究通过重载仿真模型体系框架内组件的已有方法，对已有组件的功能进行扩展集成的方法及其实现技术。从关注仿真模型自身的结构、模型表示方法的角度，提升模型自身适应多种应用情景的能力。

参数化方法：研究通过设置或修订仿真模型体系框架内组件的控制数据参数，组分接口的调整性适配、组分交互关系的重新调整，以完成组合集成的方法及其实现技术。

7.1.3.3　面向效能评估的体系架构优化技术

在体系架构设计阶段从潜在的众多体系架构设计方案中求取能使体系架构描述的系统达到最大效能的体系架构设计方案。面向效能的系统体系架构优化方法流程如图 7 - 4 所示。

面向效能的系统体系架构优化方法流程分为建模和仿真两个分支，其中建模是基于本体的体系架构建模方法，分为“体系架构模型”“系统方案模型”和“系统仿真模型”。对

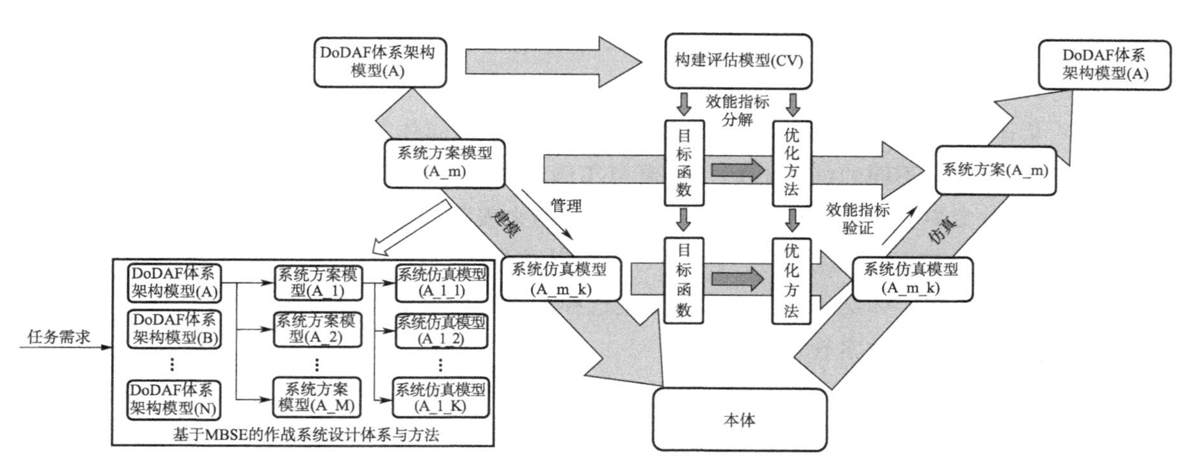

图7－4　面向效能评估的系统体系架构优化方法流程

于一个作战系统，体系架构模型有 N 个，每个体系架构模型通过系统结构的改变可生成 M 个系统方案模型，每个系统方案模型通过参数改变可生成 K 个系统仿真模型，K 个系统仿真模型通过效能评估模型构建的目标函数进行优化，寻找出最优的一个系统仿真模型，如果通过参数的改变寻找不到最优的系统仿真模型，则重新从 M 个系统方案模型中选择一个新的系统方案模型进行寻优，直至找到符合目标函数的系统仿真模型。

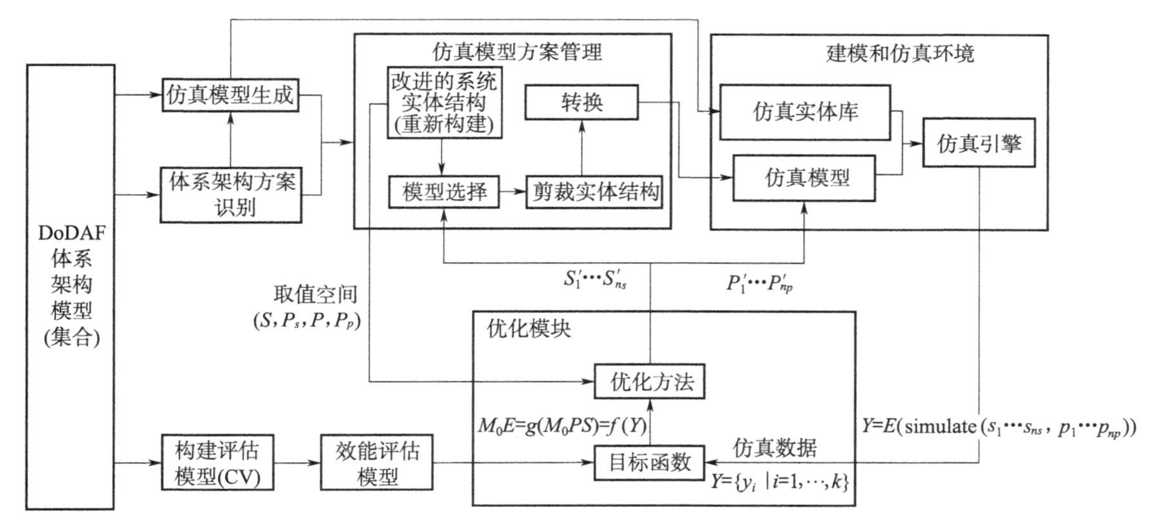

图7－5　面向效能评估的系统体系架构优化方法框架

面向效能的系统体系架构优化方法主要分为三个阶段：

1）构建效能评估模型。开展的体系架构优化研究是以系统的效能为优化目标，而效能的计算需要依赖于效能评估模型。在层次分析法的指导下构建效能评估模型，该模型主要由层次化的效能评估指标体系和评估计算方法组成。以DoDAF2.0为例，其中CV－4

模型描述了系统的能力之间的依赖关系以及底层能力可以由哪些性能指标表征，SV-7 模型描述了系统性能指标的取值范围和单位等，这些模型信息可以作为系统评估者构建效能评估指标体系的依据。

2）从体系架构模型（文件）中识别出针对系统的不同体系架构设计方案（如针对一个作战活动有多个不同的细化 OV-5b 模型实例，将导致不同的设计方案），并将其映射为仿真模型方案集，应用一种改进的系统实体结构来表示。改进的系统实体结构允许用户从中选择某个特定的仿真模型方案，并可以将其快速的转换为综合仿真模型，在图 7-5 中，将改进的系统实体结构、仿真模型方案选择和选定的仿真模型方案到综合仿真模型的转换统称为仿真模型方案管理（模块）。

3）进入优化阶段。该阶段的过程与基于仿真的参数和结构优化方法的过程相似。优化方法（属于优化模块）从仿真模型方案管理模块中获得变量及其取值空间，并选取一组变量的取值，将其传递给仿真模型方案管理模块。仿真模型方案管理模块依据变量的取值选择对应的仿真模型方案，并将其转换为综合仿真模型。综合仿真引擎通过运行该综合仿真模型，获得仿真数据，并将其传送给优化模块的目标函数，由目标函数计算效能度量的结果，然后优化方法依据效能度量的结果选取新的变量取值进入下一轮优化过程或者终止优化过程。终止优化过程的条件可以根据用户的需要设定，常见的终止优化过程的条件包括已获得问题的解、超过设置的最大优化轮次、超过设置的最长优化耗费时间等。

7.2 高效能云平台体系仿真技术

7.2.1 概述

高效能云平台体系仿真技术是在信息技术新模式、新手段和新业态推动下现代建模与仿真技术的一个重要研究焦点，是建模仿真技术与先进信息技术（高性能计算、大数据、云计算/边缘计算、物联网/移动互联网等）、先进人工智能技术（基于大数据的人工智能、基于互联网的群体智能、跨媒体推理、人机混合智能等）的深度融合应用。

高效能云平台包括感知/接入层、虚拟资源/能力层、核心功能层、用户界面层等，详细的体系结构如图 7-6 所示。

资源/能力层：包括仿真资源、试验资源和管理资源，以及与之对应的仿真能力、试验能力和管理能力等。

感知/接入层：支持各类仿真资源/能力的感知、接入、网络互联、信息融合与处理。

虚拟资源/能力层：包括对仿真资源/能力进行虚拟化封装与规范化描述，将物理的资源/能力映射成逻辑的资源/能力，形成虚拟化仿真资源/能力池。

核心功能层：提供平台中间件支撑，包括虚拟资源/能力管理、知识/模型/数据管理、系统构建管理、系统运行管理、系统服务评估等中间件；在中间件功能接口支持下，提供应用支撑服务，包括用户管理、仿真资源/能力交易、运行监控、计费收费等多种服务。

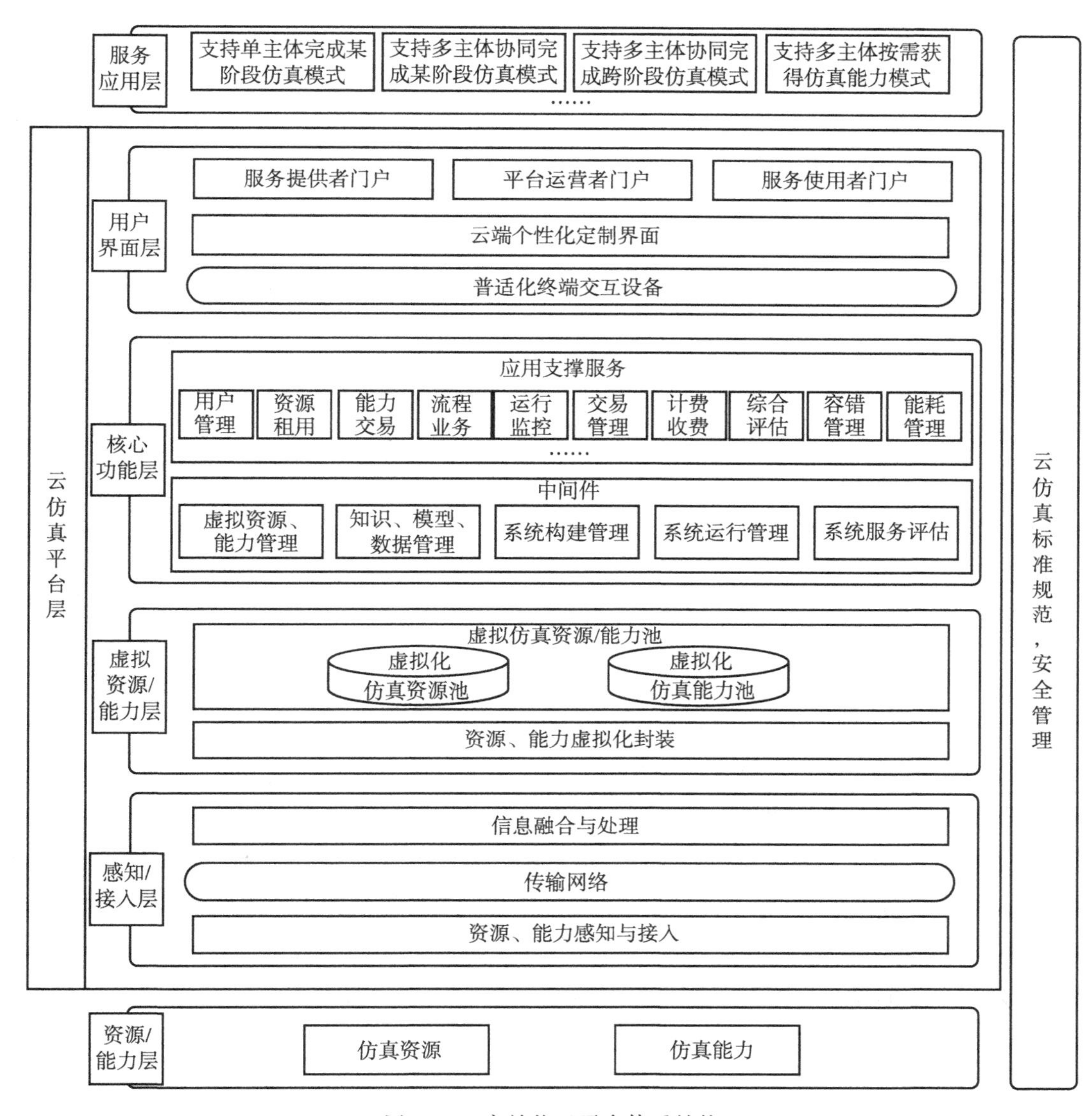

图 7－6　高效能云平台体系结构

用户界面层：提供云端个性化界面定制功能，为服务提供者、平台运营者以及服务使用者三类用户提供门户。通过网页浏览器进入门户，用户就可以使用一系列的仿真资源和能力。

应用层：基于用户界面门户，提供支持多主体独立完成阶段仿真、支持多主体协同完成阶段仿真、支持多主体协同完成跨阶段仿真以及支持多主体按需获得仿真能力四种应用模式及其他模式。应用层提供云服务以及“云加端”服务两种应用方式。

7.2.2 重点研究方向

高效能云平台体系仿真技术主要以重点武器装备体系等复杂系统仿真为典型应用背景，以建模与仿真的“全生命周期、全系统、管理全方位”应用为需求牵引，深度融合新一代人工智能技术，解决复杂军事系统仿真大规模求解与迭代量化分析所遇到的建模难、运行慢、效率低等仿真问题。

重点研究方向包括：

(1) 智能化复杂系统建模仿真语言研究

智能化复杂系统建模仿真语言是一种面向连续、离散、决策、优化问题的、机理和非机理建模方法相结合的新型图形化仿真语言，其核心思想是借助领域专业人员熟悉的原始数学描述形式直观定义仿真模型，采用静态结构和动态行为的多种视图有效组织和组合模型（含直接使用基础组件模型进行组合)，进而从需求、功能、逻辑和物理等方面形成对复杂系统的统一描述，再通过语言自动解析、算法自动链接、代码自动生成等手段高效构建仿真系统，在云、边缘和端按需高效开展仿真实验，使得系统研究人员专注于系统本身，从而大大减少仿真技术学习、仿真程序编制和仿真应用调试的工作量，支持高效开展各类基于模型的系统工程活动。智能化主要体现在：“仿智能”，即支持多种类型的智能体建模仿真手段；“智能仿”，即支持智能体模型的接入集成以及智能化的仿真求解调度。

(2)“云＋边＋端”高性能协同仿真研究

针对复杂体系开展大规模并行交互仿真中的仿真资源分配、仿真互联互操作及仿真效率不高等问题，研究通过“云＋边＋端”仿真运行支撑环境进行高效能协同仿真方法。云计算为仿真应用提供了集中式的强大计算能力和海量数据存储能力，能够满足海量模型并发仿真、海量任务并发仿真、海量用户并发仿真等大规模仿真需求。边缘计算充分发挥边缘设备的存储和计算能力，边缘计算与云计算相互协同。云计算聚焦非实时、长周期数据的大数据分析，能够在周期性维护、业务决策支撑等领域发挥特长。边缘计算聚焦实时、短周期数据的分析，能更好地支撑本地业务的实时智能化处理与执行。“端”作为数据采集或业务执行单元，主要解决高价值数据采集以及末端实时计算问题。在“云＋边＋端”高效能协同仿真中，在云层，主要进行异构高性能仿真计算资源智能调度，为大规模并行仿真提供最优化的仿真计算资源。在边缘层，主要进行仿真任务分发智能决策，通过仿真任务的智能化分析与分发，为仿真任务提供最合理的运行与解算空间。

(3) 高性能大规模仿真运行支撑技术研究

针对复杂体系对抗仿真应用场景中，仿真环境构建慢、仿真推演速度慢、仿真软件部署分散、仿真资源与数据统筹难等问题，高性能大规模仿真运行支撑技术主要围绕高性能高通量大规模并行仿真引擎与复杂体系对抗仿真运行控制开展研究。高性能高通量大规模并行仿真引擎主要针对大规模超实时并行仿真、跨域协同分布式仿真、轻量化云仿真模式，采用复杂大系统高效仿真运行调度、基于轻量级虚拟化容器的云仿真支撑等技术，提升仿真模型交互、调度和执行效率。复杂体系对抗仿真运行控制主要针对仿真引擎与其他若干数字模拟器协同推演场景，实现仿真软件的快速部署、仿真资源的快速分发、仿真运行监控以及对仿真数字模拟器的控制等功能。

（4）高效能仿真基础软硬件支撑环境研究

针对当前高性能计算机的算力尚未充分发挥的现实问题，高效能仿真基础软硬件支撑环境将在计算机硬件平台的基础上，有针对性地封装基础资源、核心服务、仿真服务，支持与上层仿真应用进行有机整合，形成一个智能、高效、便捷、稳定的高效能仿真支撑平台整体，切实满足用户在复杂体系对抗仿真全生命周期的不同使用需求。高效能的基础运行环境主要包括 CPU、GPU、分布式存储集群、网络环境等硬件资源，虚拟机管理、容器管理、网络拓扑、存储虚拟化管理、负载均衡、集群管理等统一云管环境，服务目录、注册、部署、查询、组合等服务管理环境。在此基础上，集成数据处理与存储、仿真基础应用服务等基础软件支撑环境。

7.2.3 关键技术

7.2.3.1 仿真资源管理与高效调度技术

面向高效能云平台的仿真资源管理与调度主要包括资源统一管理、资源调度等内容。

（1）资源统一管理

为了支持对各类资源全生命周期的统一管理，我们首先需要对高效能云仿真系统中涉及的各类资源进行统一建模，给出资源及资源实例的形式化描述。资源统一建模一般从两个角度进行，一个是资源的运营角度，另一个是资源的运行角度。前者关心的是各个资源的分组情况、所有权、可用性及分配状态；后者描述各类资源的静态配置和动态性能，并抽象资源在全生命周期过程中的运行状态。

图 7－7 从资源的运营角度给出了资源及资源实例的形式化描述，还有它们之间的关联关系。其中，资源的属性包括资源 ID、资源名、资源种类以及资源实例集。资源种类可以根据前面的分析，划分为物理资源（用 PR 来标识）、虚拟资源（用 VR 来标识）以及服务资源（用 SR 来标识）。资源实例集实现了资源与资源实例之间的层次化关联，一个资源包括若干个资源实例；而对于每个资源实例，又可以通过索引信息找到其所属的资源。

另外，资源实例的属性包括实例 ID、实例名、资源 ID、资源组 ID、所有权 ID 以及状态。资源组 ID 是资源分配的重要依据，相互之间具有紧密联系、能够协同运行的资源将被分配到同一个资源组中。所有权 ID 是资源占用状态和可用性的重要标志。从资源运营的角度，资源实例的状态是实现资源全生命周期动态管理的重要属性。它包括了空状态、空闲状态、配置状态、预订状态、占有状态、不可连接状态、错误状态以及销毁状态。各个状态之间的转换关系如图 7－8 所示。

资源描述格式如下：

资源＜基本信息 ＜资源 ID、资源名＞、

　　　　属性信息 ＜是否共享存储、操作系统类型＞＞

资源实例＜基本信息 ＜实例 ID、节点名、资源 ID＞、

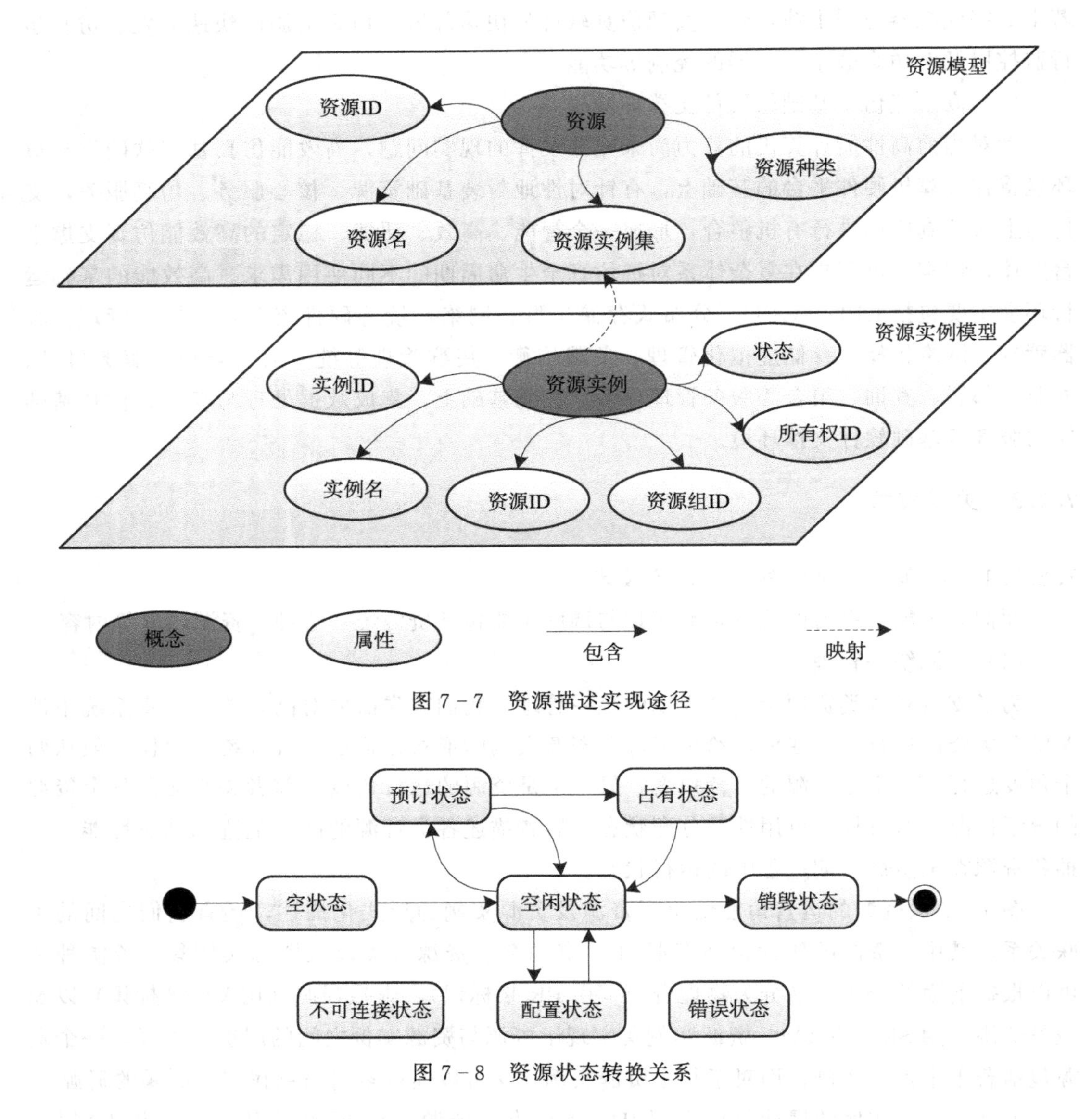

图 7－7　资源描述实现途径

图 7－8　资源状态转换关系

静态配置＜节点 IP 地址、CPU 个数、CPU 速度、内存大小＞、

动态性能＜CPU 利用率、内存利用率＞、

状态｛是否正常运行、是否可用、是否关机｝＞

图 7－9 从资源的运行角度给出了资源及资源实例的形式化描述，还有它们之间的关联关系。其中，资源的属性包括资源的基本信息（诸如资源 ID)、资源的特征信息（诸如操作系统类型）以及资源实例集；资源实例的属性包括资源实例的基本信息（诸如资源实例 ID)、资源实例的静态配置（诸如 CPU 个数)、资源实例的动态性能（诸如 CPU 利用率）以及资源实例的状态。同样地，资源实例集实现了资源与资源实例之间的层次化关联，一个资源包括若干个资源实例；而对于每个资源实例，又可以通过索引信息找到其所

属的资源。

目前，高效能云平台能够对纳入其中的物理计算资源、虚拟计算资源、软件资源、服务资源（主要是计算类服务和工具适配器类服务）等进行良好的定义和统一管理。高端仿真设备等资源也将作为服务接入到高效能云仿真平台，但是毕竟“硬”资源和“软”资源在功能和性能等方面存在诸多不同，需要进一步在资源统一描述和管理方面开展研究。另外，如高端仿真设备，它既是高效能云仿真系统中的重要资源，又是高效能云仿真系统中的特殊用户（需要高性能计算资源来进行环境模拟等），这种双重身份也需要被描述和管理，使得在资源选择时能够合理地考虑到资源之间的空间拓扑关系。

高效能云平台通过资源管理体系框架由三层组成，最下面是资源层，中间是管理层，最上面是供给层，如图 7－9 所示。

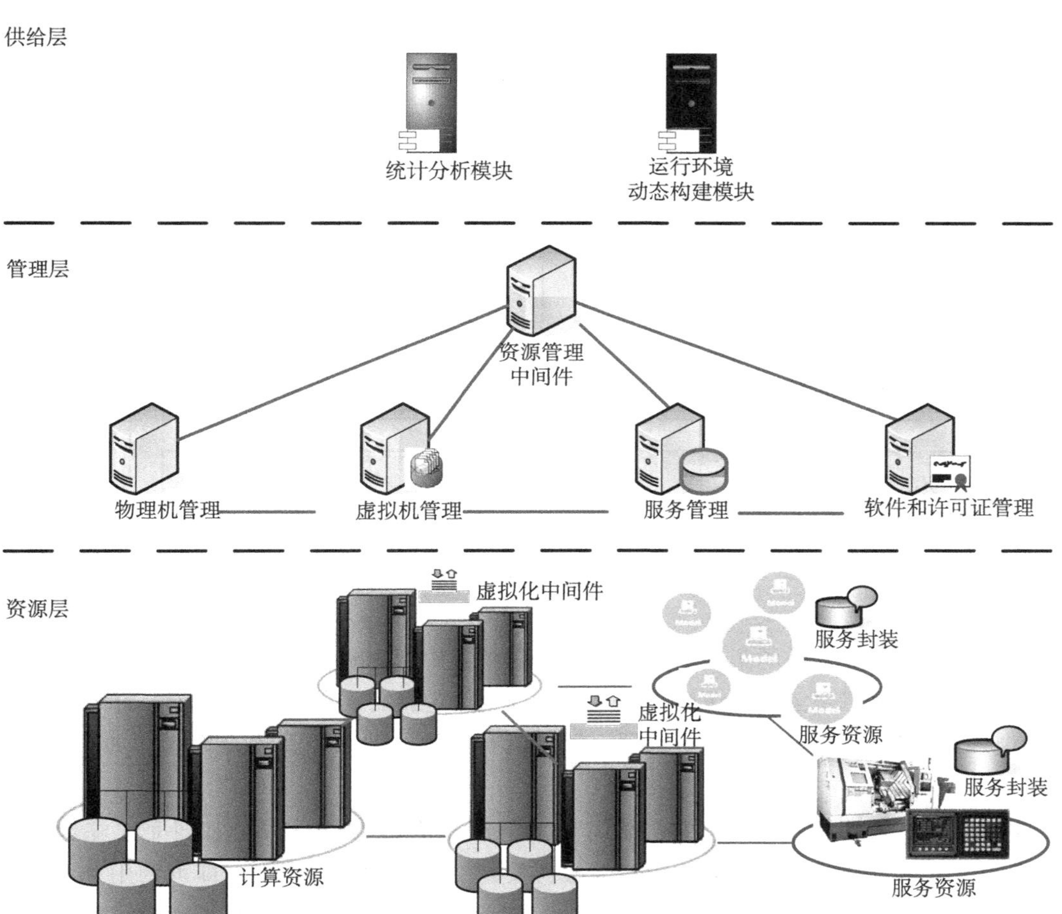

图 7－9　高效能仿真资源管理体系框架

资源层包括，分布在各个部门的高性能计算资源、存储资源、服务资源（服务化的仿真软件、仿真模型、仿真仪器设备）及相应的许可证资源。一部分集群被部署虚拟化中间件，以此为基础按需动态构建虚拟计算节点，形成虚拟计算资源；另一部分集群被用于直接安装仿真分析等高性能工程计算软件，在上面部署监控代理，形成物理计算资源。

管理层包括物理机管理、虚拟机管理、服务管理以及软件和许可证管理，它们都将被资源管理中间件统一整合。资源管理中间件被部署在专属的服务器上（随着资源规模和地域的扩展，将是分布式的部署方式，但仍实现资源的统一管理和分配）。

供给层包括运行环境动态构建模块和统计分析模块。其中，运行环境动态构建模块被部署在专属的服务器上，通过向资源管理中间件申请资源，为上层应用准备好软硬件以及服务环境。统计分析模块的中心也部署在专属的服务器上，为平台提供有关资源的报表服务。

资源管理中间件位于整个云仿真平台的中间件层，主要实现云仿真平台下辖分散资源的集中统一管理，并为上层核心服务模块统一分配资源，以实现集中资源的分散服务。其总体逻辑结构与组成如图 7－10 所示。各模块之间逻辑关系如图 7－11 所示。

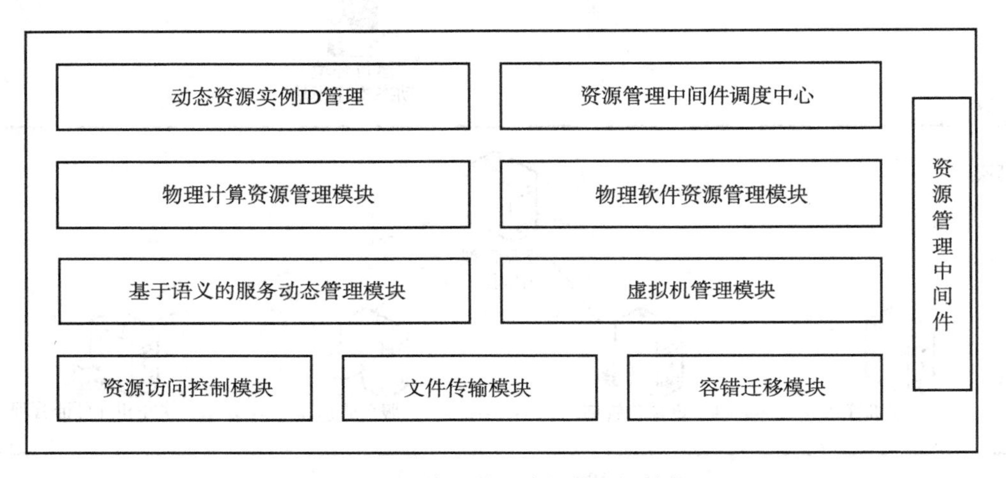

图 7－10　资源管理中间件逻辑结构

为了实现对分散资源的集中统一管理，以及对集中管理资源的分散高效服务，高效能云平台的资源管理需要涵盖资源管理的全生命周期，包括各类仿真资源的统一注册、灵活配置、实时监视、按需分配、高效部署、透明运行、及时回收以及安全注销，如图 7－12 所示。

注册：对于物理计算资源，提供从门户上下载相应的插件进行安装即完成注册的功能；对于虚拟机资源，管理员将虚拟机模板拷贝到集群的共享存储中，即可调用资源管理中间件（虚拟机管理模块）的接口进行注册；对于服务资源，用户将服务拷贝到相应的服务容器中，即可调用资源管理中间件（基于语义的服务动态管理模块）的接口进行注册；对于物理软件资源，为管理员通过门户上相应的管理页面进行注册。

配置：对资源进行分组管理，设置各种分配策略。

监视：监视资源当前的使用状态；对于物理计算资源和虚拟机资源，记录资源在最近一段时间窗口内各个时刻的状态。

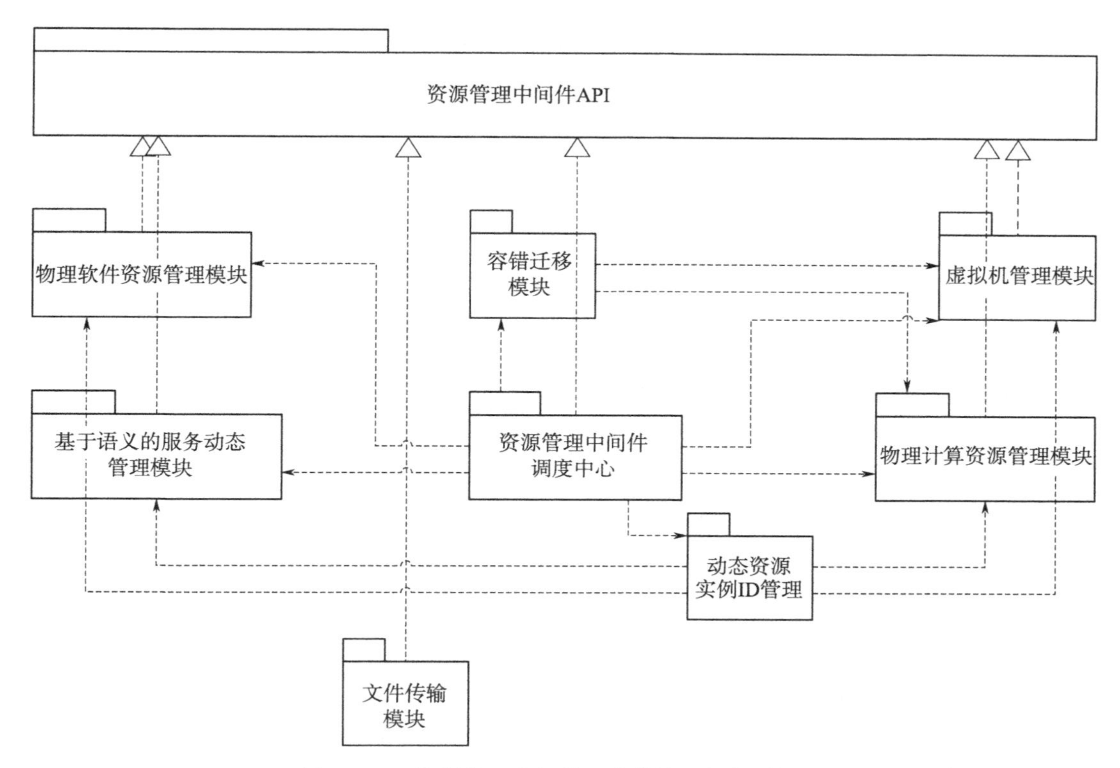

图 7-11　资源管理中间件组成模块逻辑关系视图

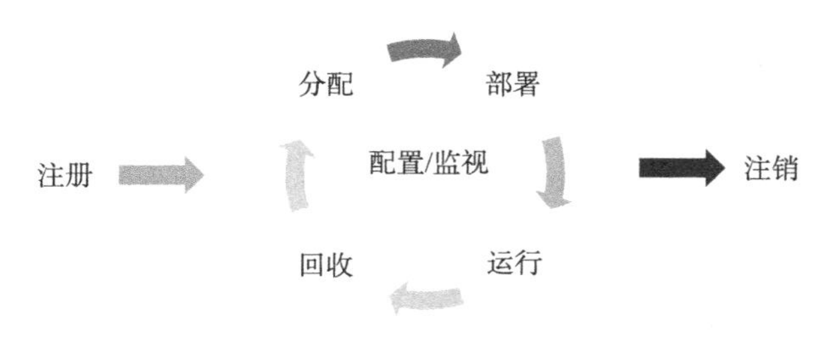

图 7-12　资源管理全生命周期

分配：对于物理计算资源，以异步回调的方式返回所分配的物理机地址；对于虚拟机资源，以异步回调的方式返回虚拟机实例；对于服务资源，返回服务实例；对于物理软件资源，先请求许可证调度模块是否有可分配的许可证，再以异步回调的方式返回软件接口服务的实例；资源分配出去后，回调计收费管理模块进行计费。

部署：支持将任务执行文件（夹）拷贝到相应的物理机或者虚拟机上，或者将其远程删除。

运行：支持在相应的物理机或者虚拟机上执行指定服务；提供通过命令行方式执行作业的接口服务；在运行环境（虚拟机环境）出错或者性能下降的时候，执行自主迁移；当没有更好的可迁移节点时，通知上层模块需要进行动态扩容。

回收：资源管理中间件提供相应的接口供上层应用主动调用；对于虚拟机资源，默认情况下，回收完成后虚拟机实例对应的克隆模板应该被删除；资源回收以后，回调计收费管理模块停止计费。

注销：默认情况下，注销以后虚拟机模板和服务文件应该被删除。

为了满足仿真信息空间和物理空间自发交互的需求，综合运用上下文感知、智能体、仿真网格参考标记语言（Simulation Grid Reference Markup Language，SGRML）、仿真服务语义匹配等技术，研究蕴涵式仿真服务访问框架，实现仿真服务访问过程的智能化、自动化管理。

仿真资源管理服务主要提供仿真资源部署/注册、批作业调度、监控和目录服务等管理功能，同时包括对作业和资源数据等的核心管理服务。“仿真云”可以兼容各种资源管理中间件，提供仿真资源的管理服务。

（2）资源调度

面向高效能云平台的仿真资源调度技术不同于其他常规计算，存在三个特点，一是资源选择的目的是选择最合适的资源来完成仿真任务；二是云仿真应用多为以多机协同为关键特征的网络化计算应用；三是需要考虑节点计算性能和节点间网络通信速度及延迟。因此当仿真运行进行资源调度时，对资源性能的要求包括两方面：

1）计算性能：用虚拟机节点 CPU 主频及内存资源来描述，并乘上宿主机的折算系数，表示符号为 $vCalc(\mathrm{node}_i)$。

2）通信性能：从通信延迟和通信速度两个角度考察。现假设有数量为 M 的虚拟机节点集合 $v\mathrm{SPEED}(\mathrm{node}_i, \mathrm{node}_j)$ 用 $v\mathrm{DELAY}(\mathrm{node}_i, \mathrm{node}_j)$ 和 $\{\mathrm{node}_i \mid i=1, 2, \cdots, M\}$ 分别表示节点集合中的通信延迟和数据传输速度，乘上宿主机的折算系数后节点的通信性能描述为：

$$v\mathrm{Comm}(\mathrm{node}_k)=\{v\mathrm{DELAY}(\mathrm{node}_k,\mathrm{node}_j),v\mathrm{SPEED}(\mathrm{node}_k,\mathrm{node}_j) \mid j=1,2,\cdots,M;j\neq k\}$$

综合以上两个因素，研究提出一种资源集合整体性能描述如图 7-13 所示。

7.2.3.2 仿真资源服务自动组合技术

基于混合并行状态机理论，通过对状态机的多层次和并行两个方面扩展，并结合服务技术，实现虚拟化仿真资源的多层次、多粒度、并行化的自动组合和动态调度，从而支持了复杂大规模仿真系统的快速、灵活的构建。

仿真资源服务自动组合运行技术能够根据仿真任务需求自动组合仿真节点内部相关的各类仿真资源，支持仿真系统运行过程中数据、消息的传递等同步活动。仿真任务采用问题求解环境中的高层建模语言来描述，其实际运行是由分布、异地的仿真资源组合和调度运行完成的，仿真资源自动组合服务以混合并行状态机理论为基础，通过虚拟化仿真资源协同互操作的中间件调度相关仿真资源，并进一步自动组合，使得这些虚拟化仿真资源能够按照建模规则和任务需求进行协同仿真运行。仿真资源自动组合服务以面向仿真应用服务中间件的形式驻留在虚拟化仿真系统环境中，是仿真资源构建和自动组合的运行关键部

$$\mathrm{perf}_k=\begin{cases}0, & x_k=0\\ w_{k,k}\times \mathrm{cpu}_k+\sum\limits_{i=1,\,i\neq k}^{N} w_{k,i}\times \mathrm{Comm}_{k,i}\times x_i, & x_k=1\end{cases}$$

$$\Downarrow$$

$$\mathrm{perf}=\sum_{k=1}^{N}\mathrm{perf}_k$$

$$\Downarrow$$

$$\mathrm{perf}(X)=X\times F\times X^{\mathrm{T}}$$

$$\Downarrow$$

$$\mathrm{perf}(X)=X\times\left(w_{\mathrm{cpu}}\times F_{\mathrm{cpu}}\times w_{\mathrm{Comm}}\times\frac{1}{M-1}\times F_{\mathrm{Comm}}\right)\times X^{\mathrm{T}}$$

$$\Downarrow$$

$$\mathrm{perf}(X)=X\times\left(w_{\mathrm{cpu}}\times F_{\mathrm{cpu}}\times w_{\mathrm{Comm}}\times\frac{1}{M-1}\times F_{\mathrm{Comm}}\right)\times X^{\mathrm{T}}-D^{\mathrm{T}}$$

X是一个N维的0，1行向量$[x_1,\ x_2,\ \dots,\ x_N]$，$x_i=1$表示第$i$个节点被选中，否则表示未被选中，$\sum^{N} x_i=M$，随着$X$取值的不同，方程会有不同的返回值；

式中：

F_{cpu}是一个N维的对角矩阵，描述节点的计算能力，

$$F_{\mathrm{cpu}}=\begin{bmatrix}\mathrm{cpu}_1 & & & & \\ & \ddots & & 0 & \\ & & \mathrm{cpu}_k & & \\ & 0 & & \ddots & \\ & & & & \mathrm{cpu}_N\end{bmatrix};$$

F_{Comm}是一个$N\times N$维矩阵，描述节点的通信性能，

$$F_{\mathrm{Comm}}=\begin{bmatrix}0 & \mathrm{Comm}_{1,2} & \cdots & \mathrm{Comm}_{1,k} & \cdots & \mathrm{Comm}_{1,N}\\ \mathrm{Comm}_{2,1} & 0 & \cdots & \mathrm{Comm}_{2,k} & \cdots & \mathrm{Comm}_{2,N}\\ \vdots & \vdots & \ddots & \vdots & & \vdots\\ \mathrm{Comm}_{k,1} & \mathrm{Comm}_{k,2} & \cdots & 0 & \cdots & \mathrm{Comm}_{k,N}\\ \vdots & \vdots & & \vdots & \ddots & \vdots\\ \mathrm{Comm}_{N,1} & \mathrm{Comm}_{N,2} & \cdots & \mathrm{Comm}_{N,k} & \cdots & 0\end{bmatrix}$$

图 7－13　资源集合整体性能

件，主要包括三个基本实现部分，分别是时间管理模块、行为调度模块和仿真模型适配器，如图 7－14 所示。

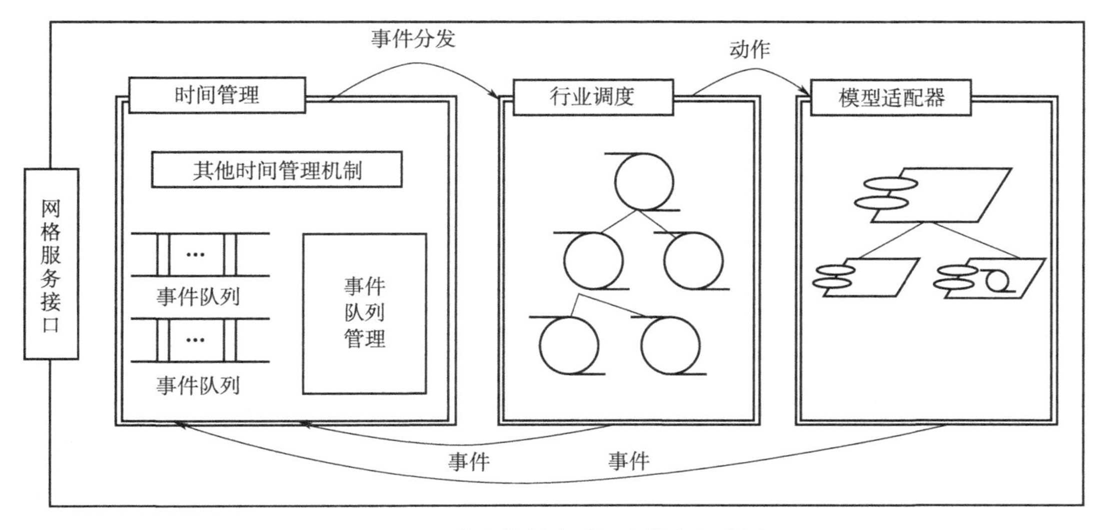

图 7－14　仿真资源自动组合服务组成图

仿真环境动态构建是通过组织软硬件资源（包括计算资源、软件资源、模型资源等），为用户提供一个高效透明使用仿真系统的方法和机制。用户可以不关心仿真系统的部署细节，只要提出需求，平台会动态构建出一个合适的运行环境，为用户提供一个“功能完整、环境配置完整”的仿真系统运行环境。

图 7－15 中说明了仿真环境动态构建的过程。用户提交仿真任务、仿真服务中心解析仿真任务，生成仿真模型计算环境需求，虚拟资源管理中心从资源库中选择相应的资源，根据反馈的物理节点信息，在合适的物理节点上部署虚拟机模板或者容器，仿真运行过程中，系统评测采集计算节点状态信息，并将评测信息入库，提供对仿真模型需求的评价依据，同时将该虚拟节点的仿真解算结果实时返回到门户中。

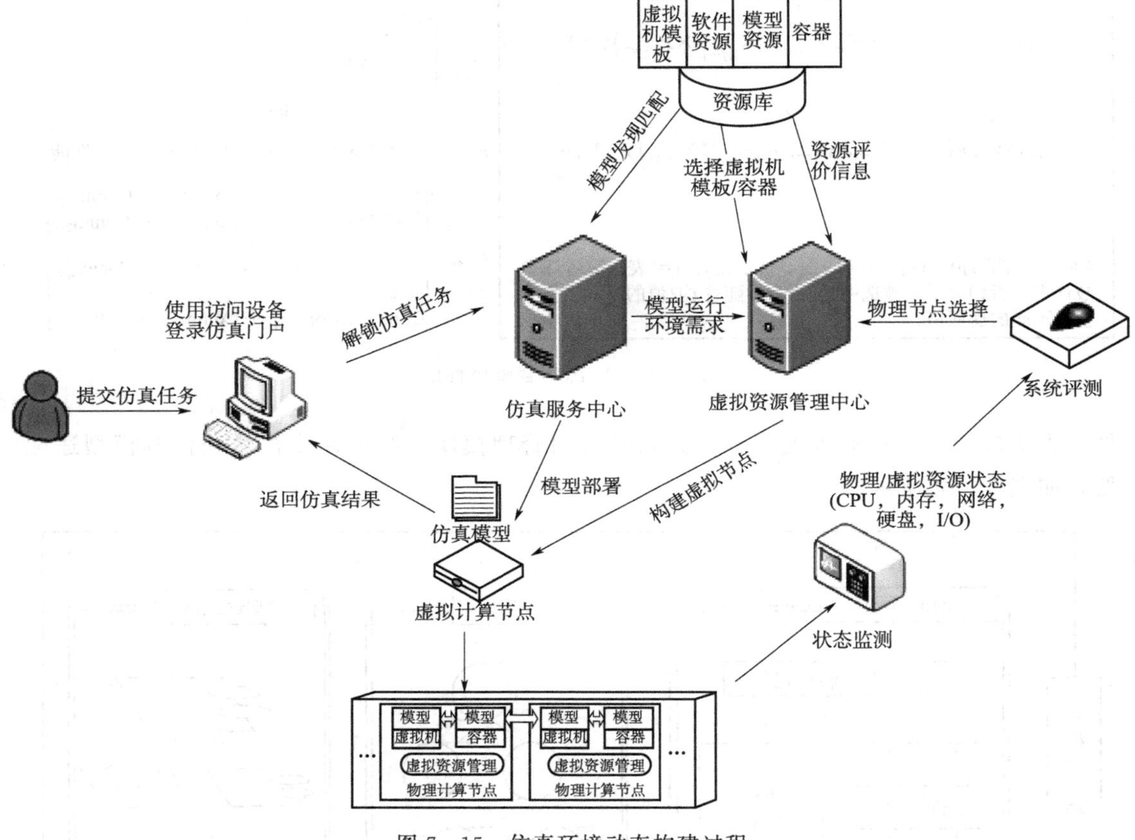

图 7－15　仿真环境动态构建过程

可见，仿真系统的任务需求源头是仿真模型资源的需求，基于虚拟化技术的仿真运行环境动态构建需要考虑不同资源所在的应用层次，该过程可以抽象为将仿真任务需求分解为对仿真模型的需求，再由仿真模型的需求匹配运行环境，包括软件资源、平台资源和计算资源等，如图 7－16 所示。

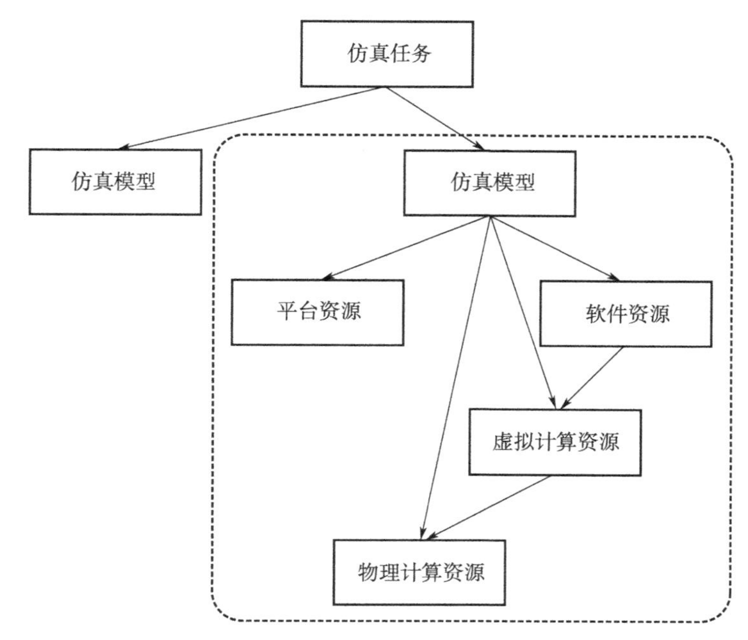

图 7 - 16　以仿真模型需求为中心的环境构建

7.3　智能化博弈对抗体系仿真技术

7.3.1　概述

随着现代战争节奏不断加快、复杂性不断上升，军事装备和信息系统的智能滞后问题愈发凸显。针对非全知、不确定的复杂战场环境以及高对抗、强博弈的复杂作战过程，体系认知决策空间急剧加大，传统基于规则的方法进行博弈对抗存在高阶多维非线性系统模型“抽象难”、复杂任务工况条件下可行方案“关联难”、历史知识与试验数据量化规律“学习难”等挑战。为了满足未来战争快速决策、自动决策和自主决策需求，迫切需要发挥人工智能在复杂系统快速认知抽象、多维信息精确量化分析方面的优势，结合人的经验和知识，开展面向方案自学习、自进化的智能化博弈对抗体系仿真。

7.3.2　重点研究方向

跟传统的体系仿真推演相比，智能化博弈对抗体系仿真存在策略搜索和模型训练两类演进。策略搜索类的演进是在时间推演的基础之上，在任务过程中不断尝试各种策略（如蒙特卡洛树搜索），以寻找最佳的策略序列或规则来达成任务目标，实现对战场态势和决策效果的认知与预示。模型训练类的演进是在策略搜索的基础之上，不断采用策略搜索过程中产生的大规模随机对抗样本进行智能体训练，以形成可自学习、自适应的智能体系及其装备。

为了能够开展两类演进，并形成可自学习、自适应的智能体系及其装备，智能化博弈对抗体系仿真主要解决智能演进框架构建、智能体建模、智能体并行训练三个方面的问题。

（1）智能演进框架构建

智能演进框架由智能体和环境构成。智能体的结构由状态感知器 I、学习器 L 和动作选择器 P 三个模块组成。状态感知 I 把环境状态 s 映射成智能体内部感知 i；动作选择器 P 根据当前策略选择动作 a 作用于环境 W；学习器 L 根据环境状态的奖赏值 r 以及内部感知 i，更新智能体的策略知识；另外，W 在动作 a 的作用下将导致环境状态的变迁 s′，如图 7-17 所示。

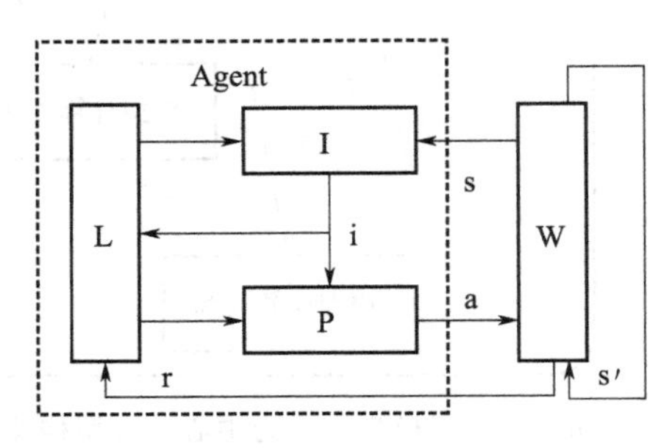

图 7-17　智能体结构示意图

智能体构建包括两个方面，如图 7-18 所示，一个是复杂装备仿真系统内部智能体的建模，将智能体加入复杂装备仿真系统组件模型的组成结构，建立智能体与其他组件模型的交互关系；另一个是与外部智能体的集成建模，实现智能体与外部智能体在状态、回报、策略三方面接口的定义。

（2）智能体建模

智能体建模既可以采用传统的逻辑推理（理论方法类、知识图谱类、行为树等）、智能优化（群体智能优化类、树搜索类等）等非学习的方法，也可以采用传统机器学习（决策树、支持向量机、贝叶斯方法、高斯过程方法、集成学习方法等）、深度学习和深度强化学习等学习的方法。它们在智能化博弈对抗中的作用见表 7-1。

表 7-1　智能体建模要素

	感知	认知	决策	执行
逻辑推理	基于知识理论提取战场对象特征	基于知识经验判断战场态势	基于知识经验给出作战决策	基于理论方法控制单装行为
智能优化	—	—	基于优化搜索给出最优决策方案	基于优化算法给出单装最优控制策略
传统机器学习	基于统计学习方法，通过非机理手段对战场对象特征进行辨识	基于概率统计理论，通过数据驱动扩展人类认知边界，提升对战场态势推断能力	—	—

续表

	感知	认知	决策	执行
深度学习	基于深度神经网络对战场对象复杂非线性特征进行辨识，深度分析挖掘潜在特征信息，并以此为基础进行感知	类似基于深度学习的感知，但是如果结合逻辑推理等进行认知可以达到更好的效果	基于面向序列预测的深度神经网络给出最佳决策	基于面向序列预测的深度神经网络给出单装控制指令
深度强化学习	—	—	融合深度神经网络非线性拟合能力与 Bellman 最优性原理给出远期利益最大化目标下的最优决策	基于深度神经网络模型与 Bellman 最优性原理快速给出长期性能最优目标下的单装控制指令

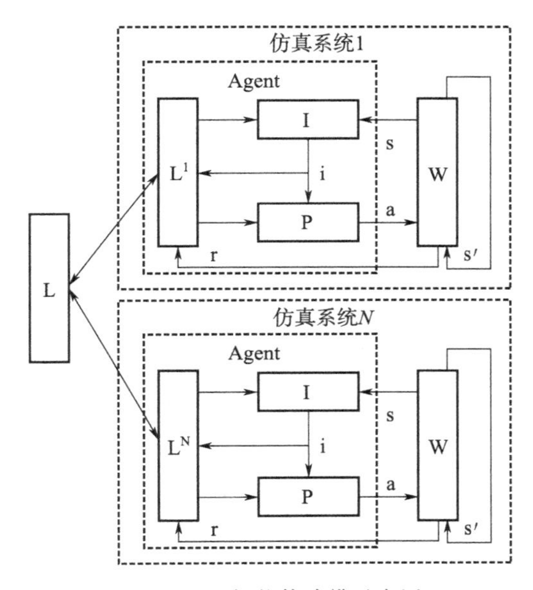

图 7－18　智能体建模示意图

下面重点说明利用深度强化学习方法进行智能体建模。采用图 7－19 所示的深度强化学习训练框架，将深度神经网络模块嵌入至该框架中，充分利用深度神经网络对于态势的感知能力以及强化学习的决策能力，通过将深度神经网络置于仿真环境中进行迭代训练，从而实现深度神经网络参数的进一步改进及调优。

具体而言，在每次迭代中，深度神经网络基于态势输入，通过深度网络前向推理，给出决策方案，该决策方案将放入仿真环境中进一步推演，并根据评价指标体系获得仿真结果评价。基于该仿真结果评价及所采用的决策方案，可获得对深度神经网络的训练信号，并通过反向传播算法，将该训练信号传递至深度神经网络的所有参数中进行参数更新，完成训练。最终，迭代更新后所得的深度神经网络、仿真环境、评价体系三个部分将共同反馈至设计人员，由设计人员进行新一轮的迭代。

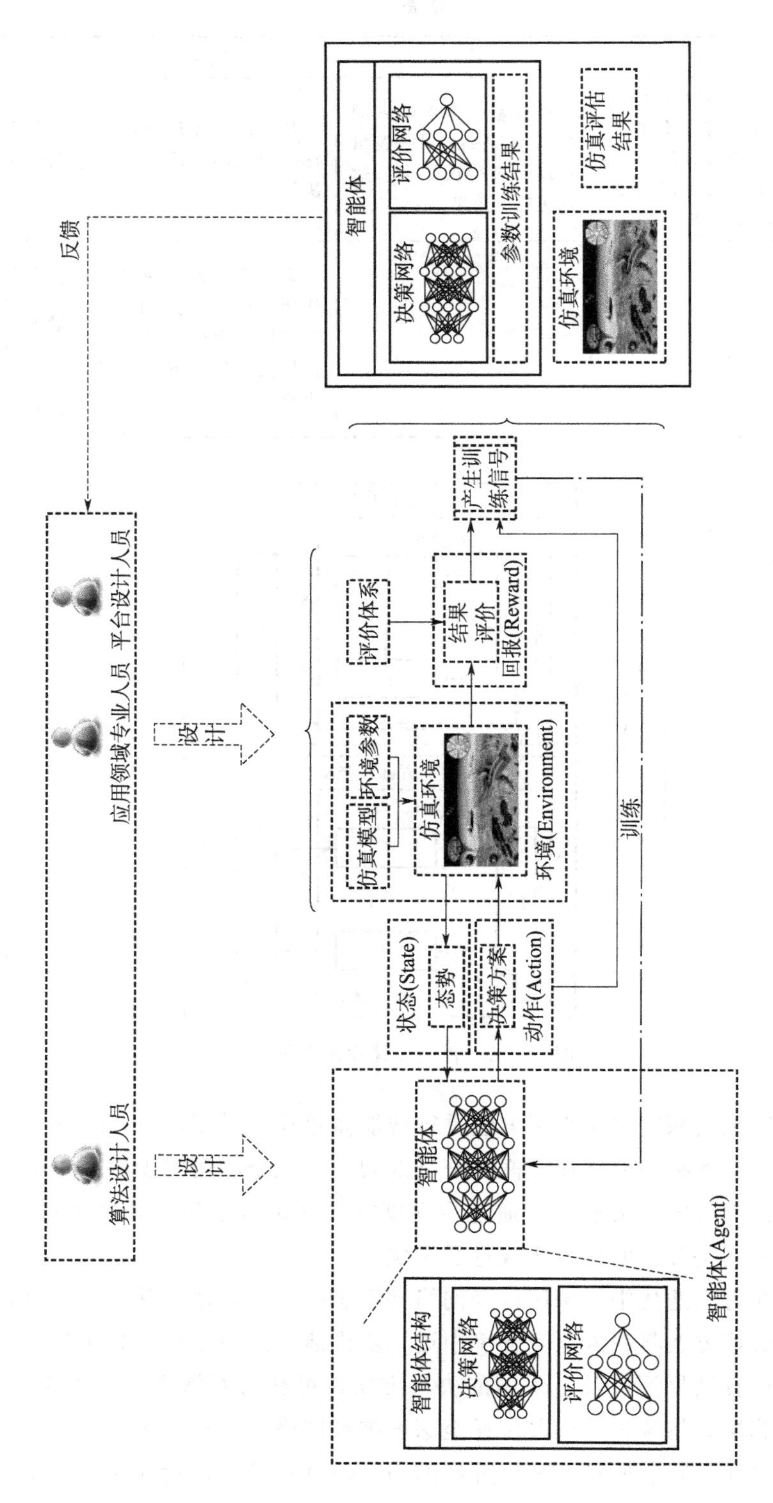

图 7-19　深度强化学习训练框架

(3) 智能体并行训练

智能体并行训练首先需要对体系仿真试验床进行服务化，根据智能体并行训练的需要给出体系仿真系统与智能体的组合调度描述，定义针对特定仿真系统进行想定输入、仿真运行（启动、运行、重置等）以及结果输出评估的接口，以控制二者进行联合运行。

另外，智能化博弈对抗体系仿真需要对体系仿真系统与智能体的组合构建多个运行实例，以生成大规模随机对抗样本，因此需要给出运行资源需求描述，包括 CPU/GPU 计算资源需求、内存/存储需求、网络需求、操作系统需求、仿真中间件需求、求解器需求等。

针对大规模仿真实例的并行仿真，运行结构如图 7-20 所示。首先基于体系仿真系统与智能体的组合调度描述提供仿真想定输入、仿真过程数据、仿真结果评估与智能体训练的交互。然后，由云仿真平台给出仿真想定输入，运行过程中不断捕获仿真结果评估，并基于评估结果控制仿真是否终止运行。

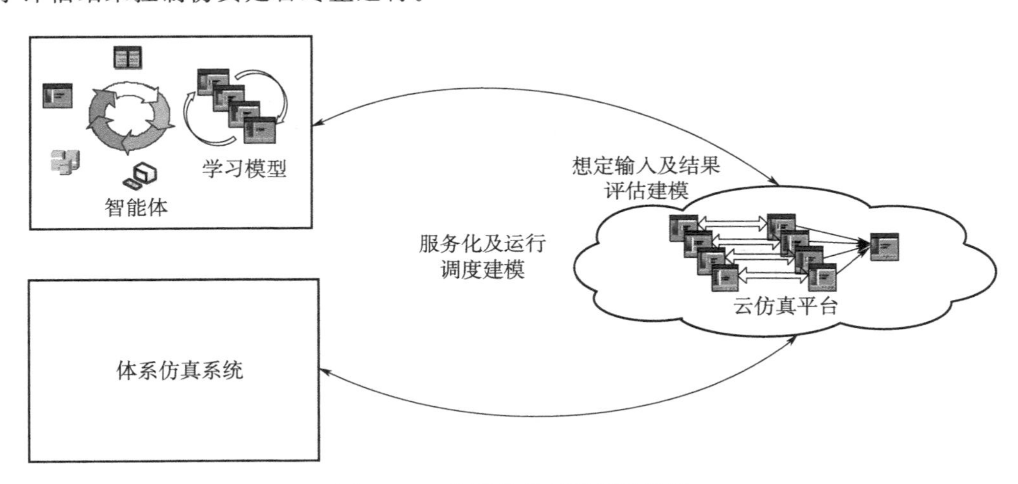

图 7-20　智能体并行训练示意图

在此基础之上，为进一步提升训练效率，可通过采用同步或异步分布式架构实现神经网络并行训练，亦即并行的经验积累；同时，在训练过程中，借助于分布式架构，不同神经网络实例所得的经验可以得到有效的积累与融合，从而更易于得到最终的网络模型。

在智能演进框架构建、智能体建模和智能体并行训练的支撑下，智能化博弈对抗体系仿真运行过程如图 7-21 所示。

仿真准备阶段，首先，需要算法设计人员与应用领域专业人员进行协作，完成对对抗态势的描述并进行数字化处理，对抗态势信息主要包括三个方面，即环境信息（涉及陆、海、空、天、电磁等维度的信息）、敌方态势信息（例如目标类型、抗打击能力、位置及速度等）、我方态势信息（例如当前可用于对抗装备的状态和数量、装备的属性参数等）。同时，算法设计人员与应用领域专业人员仍需分别对深度神经网络以及仿真推演平台及评价体系进行设计。通过上述设计将设计人员的经验及专业知识分别融入深度神经网络，和仿真推演平台及评价体系两个部分中。

仿真运行阶段，仿真推演平台操作人员基于上述两个部分的设计，对大规模多实例并

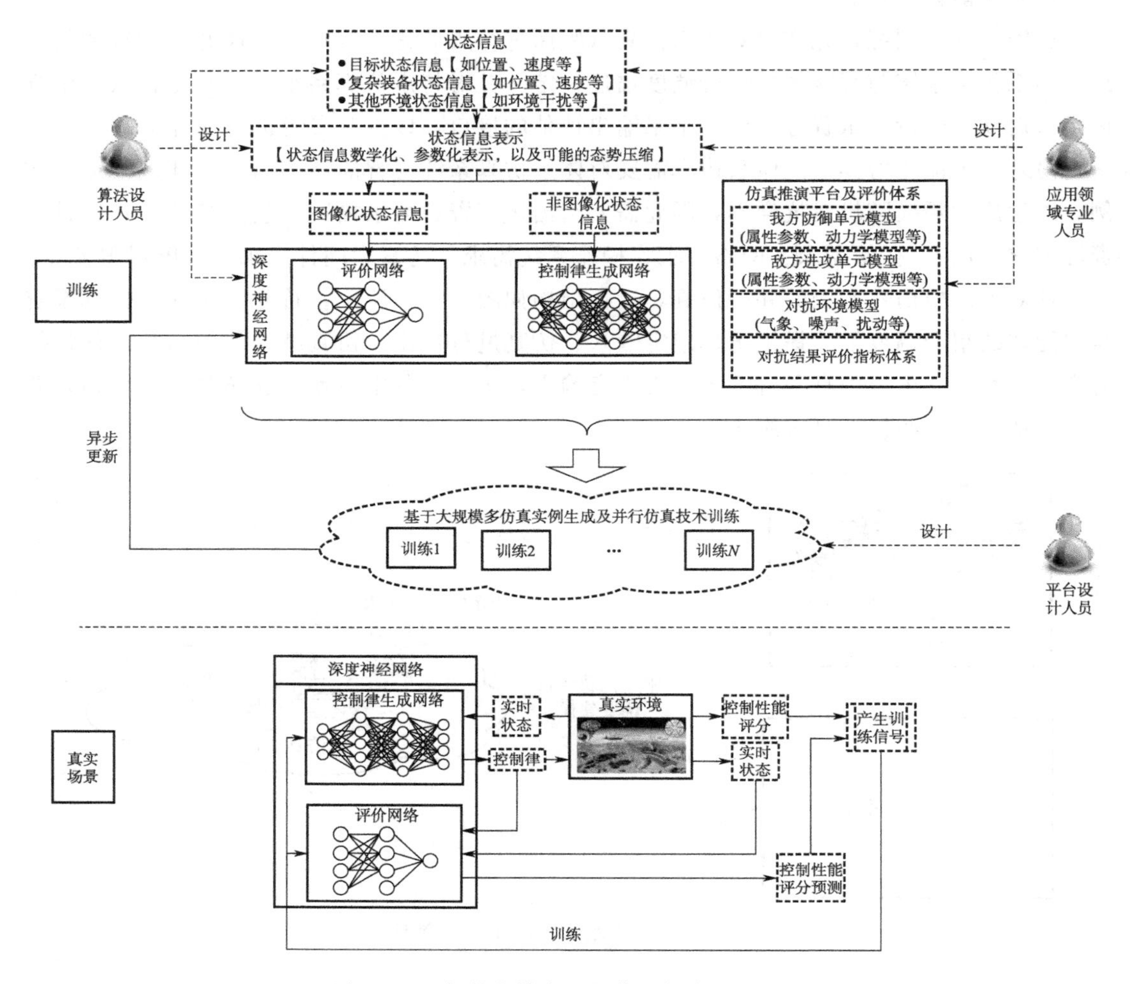

图 7－21　智能化博弈对抗体系仿真运行过程

行仿真云平台进行调度，作为并行化训练的支撑。此时，借助大规模仿真实例生成及并行超实时仿真推演可以生成大规模随机对抗样本，即将所设计的深度神经网络置于对抗仿真环境下进行大量的并行迭代训练，实现深度神经网络参数的收敛。

7.3.3　关键技术

7.3.3.1　模型、数据融合驱动的智能建模技术

从模型和数据两个维度研究复杂系统建模方法，在数据维度，重点结合复杂系统特征，围绕数据生成、数据组织、数据描述开展研究；在模型维度，重点考虑智能化建模方法，最终实现数据与模型的深度融合，支撑面向动态博弈的复杂系统模型构建。

（1）复杂装备系统数据生成方法

现有武器装备系统经过多年发展建设，已形成一定的研制基础，积累了海量的实战数据、演习演训数据、仿真数据、试验数据。为了实现复杂系统建模的数据驱动，需要对已有数据进行数据生成、标准描述、数据组织、分类标引、备份存储，以真实的、可靠的、标准化的数据，满足数据驱动的复杂系统智能化建模需求。

（2）面向动态博弈的元模型建模方法

针对复杂武器装备系统/体系组成关系复杂、演进复杂，研究面向动态博弈的仿真建模方法；为了有效提高复杂系统建模效率，研究面向动态博弈场景的专用仿真智能化模型元模式，通过面向动态博弈行为的元模型组合，实现元素级行为模型通过组合技术构造复杂行为过程，大大提高行为建模效率，增强元素级行为模型的可重用性。

（3）面向动态博弈的智能化建模方法

面向动态博弈应用需求，对规范化的行为表示和高效的行为建模技术进行研究。以典型攻防博弈对抗存在的行为意图研判、资源动态调度、智能辅助决策等为建模目标，通过数据特征挖掘、智能化元模型优化等方法，构建柔性可组合智能化模型架构，实现复杂系统中动态博弈全过程的智能化模型组织。

（4）数据与模型关联的交战行为建模

针对具有非线性、强不确定性、涌现性等特征的典型复杂系统，分析数据与作战机理相互作用机制，以数据挖掘、人工智能等技术为基础，将数据与作战模型深度融合，发展适用于作战特性知识库的智能模型，实现基于人工智能应用的作战过程建模新途径。

7.3.3.2　智能自主博弈对抗环境构建技术

未来战场海量信息迷雾、战场态势瞬息万变，作战样式与对抗策略的精确快速生成是实现作战行动目标的有力保证。智能自主博弈对抗环境采用适用于人工智能的仿真模型架构，构建多智能体协同作战对抗策略框架，实现对实时战场态势理解与意图认知，应对战场不确定性、认知涌现性带来的挑战。

首先，利用传统建模方法对作战实体的行为进行初步建模，参战实体的作战行为模型虽然具备一定的决策能力，但在作战仿真环境中，存在资源受限、环境动态变化和任务转换等不确定因素，要求每个作战实体能够迅速对环境变化做出判断，实现作战决策的自主化，仅仅依靠行为模型的决策能力是远远不能够满足仿真需求的，因此为提高作战实体的智能决策能力，可以采用强化学习等智能化方式，通过智能作战实体与战场环境的交互，利用执行-评价的决策结构，实现智能作战实体的在线自主决策，提高智能作战实体的感知和自主化能力，实现作战仿真的全局协同优化。一种典型的智能自主博弈对抗环境架构如图 7－22 所示。

智能自主博弈对抗环境构建面临的一个关键问题是人工智能算法与机理仿真模型的融合演进。这可通过仿真机理模型与人工智能算法模型交互实现，其中人工智能算法模型设计为由完全或部分参数化的策略模块和行为模块组成。智能模型的优化依赖于从智能模型与机理模型交互过程中收集的仿真数据。典型模型优化的总体运行框架如图 7－

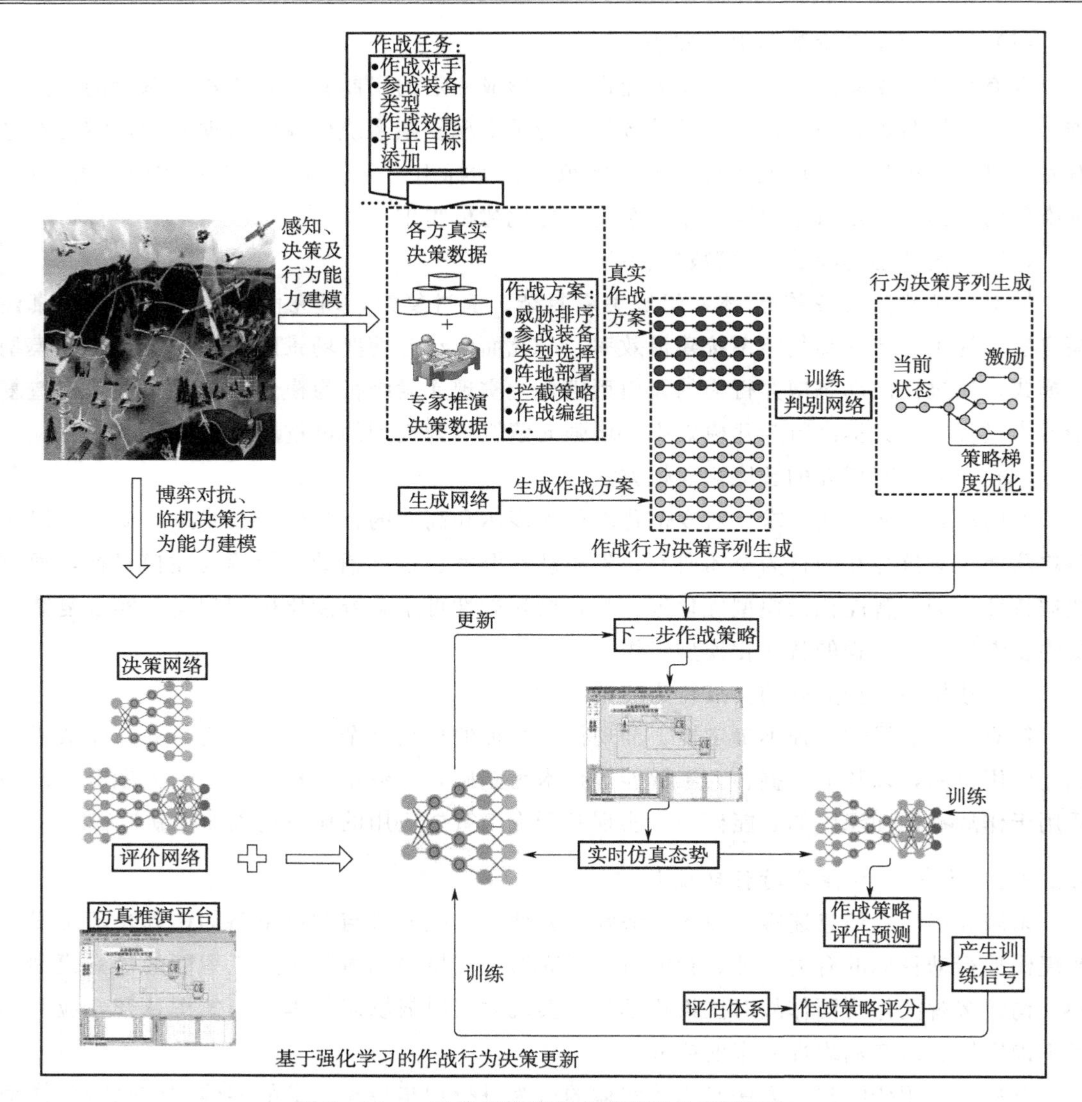

图 7-22　一种典型智能自主博弈对抗环境架构

23 所示。总体上讲，智能体训练算法可抽取由仿真场景数据和机理模型数据构成的经验数据，通过寻优完成智能体训练，并通过智能体模型同步的手段，完成仿真中智能体的迭代更新。

7.3.3.3　云-边缘融合大规模并行训练技术

如果没有数据、算法和计算能力的有效结合，机理仿真模型与人工智能算法模型的融合和演进是不可能实现的。其中，数据不仅来自机理模型，也同样来自人工智能的网络空间；算法主要运行在数据分析引擎、智能优化引擎和机器学习引擎中；计算能力是用来支持机理模型中数据的生成，足够的计算能力才能支撑各引擎高效地运行。可通过“云＋边缘”的并行训练架构，实现人工智能模型与机理仿真模型的快速融合演化。边缘计算收集并预处理机理仿真模型和人工智能模型的数据，然后将数据反馈到“云”中。“云”可以

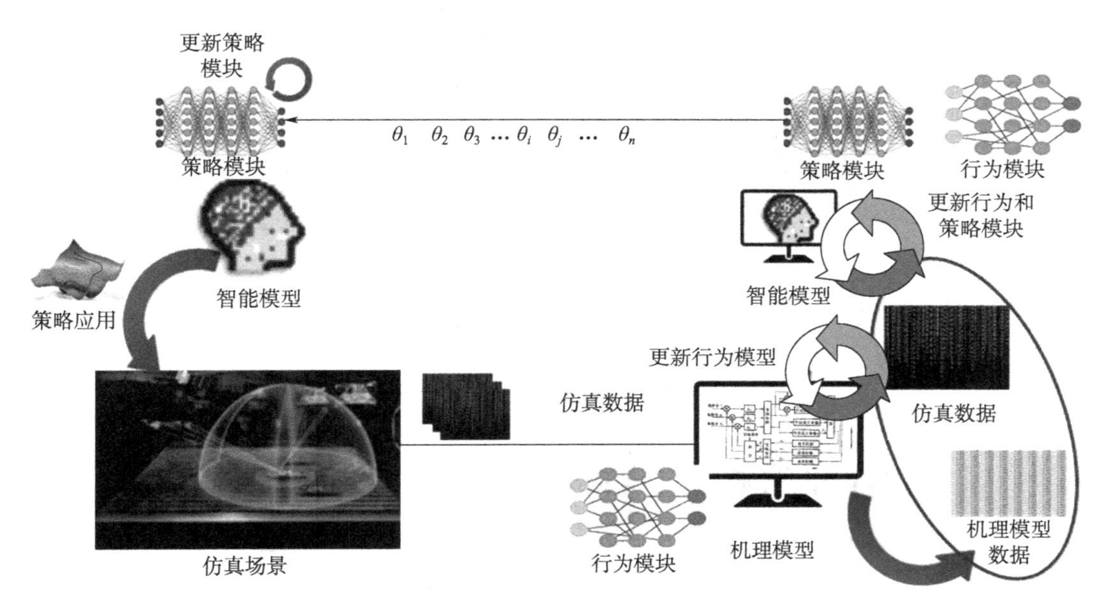

图 7－23　融合演进总体运行框架

有效地支持多个人工智能模型和多个系统仿真实例的运行与演进。边缘计算会不断更新最新的数据，以提高智能模型的灵活性和适应性。有了这种并行训练架构，就能够实现复杂高性能仿真下的人工智能模型快速演化。

具体而言，如图 7－24 所示，在初始化阶段，参数管理节点随机初始化参数，并基于该参数对人工智能算法模型进行智能体实例化，并对仿真环境进行实例化，得到与智能体实例节点数量相同的仿真环境实例节点。在并行训练阶段，各个智能体实例节点与参数管理节点同步智能体模型参数，并进行独立交互训练数据收集，并以一定的频率将收集的交互数据同步至参数管理节点，参数管理节点综合多个智能体实例节点发来的经验（即交互数据）进行参数更新，并将更新后的参数同步给各个智能体实例节点。通过上述手段，可在实现并行训练对数据空间的高效探索的同时，保证人工智能算法模型演进的实现。

7.4　本章小结

本章介绍了新一代体系建模与仿真技术中最具发展潜力的云仿真、智能仿真以及基于模型的体系仿真的重点研究方向以及关键技术，可以为新一代体系建模与仿真技术研究以及应用系统开发提供参考。一是以容器、微服务、无服务器（serverless）为代表的云计算原生技术不断推陈出新，在仿真领域的应用从单纯的技术赋能，帮助仿真提升效率、降低成本，发展到通过技术与业务深度融合创新为仿真打开新的天地，为仿真提供更高的敏捷性、可移植性和应用弹性。二是在“人工智能＋”时代下，复杂军事应用领域在传统分析类仿真平台的基础上，在新一代智能技术引领下，借助人工智能模型方法、核心器件、高端

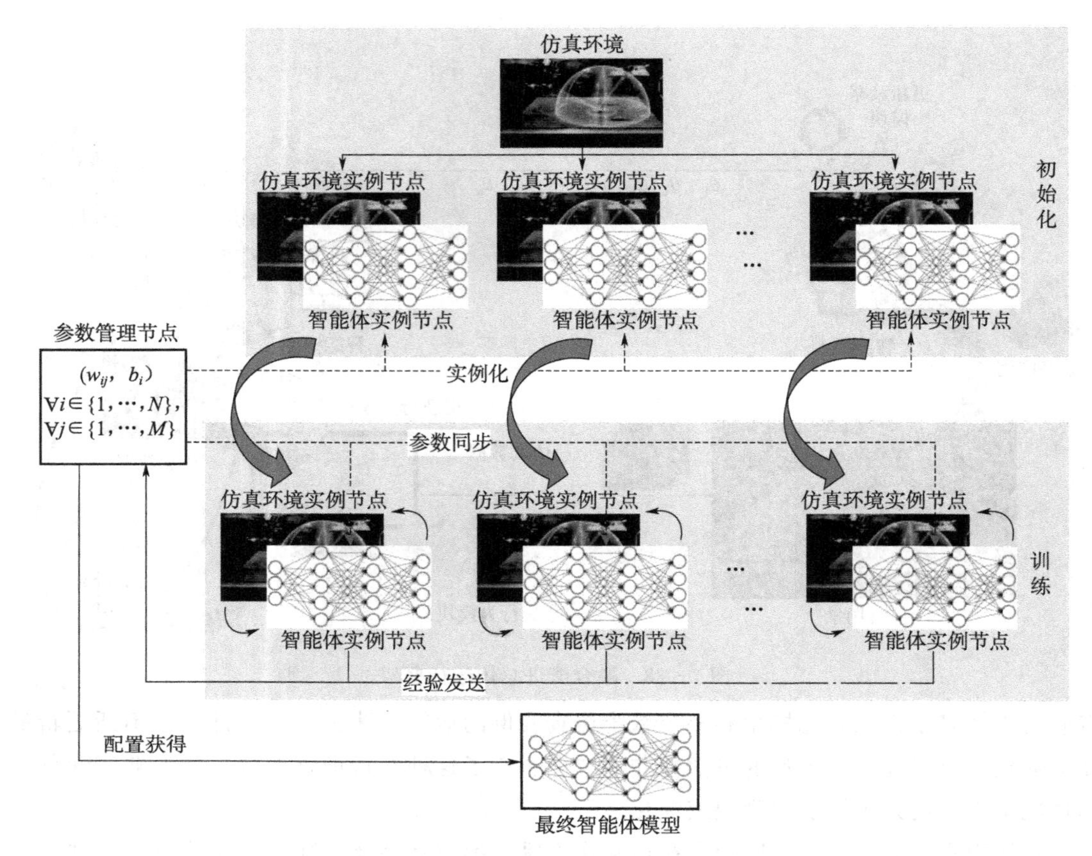

图 7-24 仿真驱动的人工智能模型快速演化示意图

设备和基础软件深度融合技术手段，进一步提升仿真基础支撑平台的运行效能，使复杂体系的不确定性、涌现性等特征基于智能化手段进行有效表征。三是采用以模型为中心的数字化研究手段，自顶向下进行复杂体系统筹设计以及验证评估，促进复杂体系研发模式转型。

参 考 文 献

[1] 李伯虎，柴旭东，张霖，等．面向新型人工智能系统的建模与仿真技术初步研究［J］. 系统仿真学报，2018（2）：349－362.

[2] 李伯虎，柴旭东，张霖，卿杜政，等．面向智慧物联网的新型嵌入式仿真技术研究［J］. 系统仿真学报，2022（3）：5－27.

[3] 李伯虎，柴旭东，侯宝存，等．一种新型工业互联网——智慧工业互联网［J］. 卫星与网络，2021（10）：28－35.

[4] 李伯虎，林廷宇，贾政轩，等．智能工业系统智慧云设计技术［J］. 计算机集成制造系统，2019（12）：3090－3102.

[5] 李伯虎，柴旭东，张霖，等．新一代人工智能技术引领下加快发展智能制造技术、产业与应用［J］. 中国工程科学，2018（4）：73－78.

[6] 李伯虎．云计算导论［M］. 北京：机械工业出版社，2021.

[7] 李伯虎，柴旭东，侯宝存，等．智慧工业互联网［M］. 北京：清华大学出版社，2021.

[8] 李潭．复杂系统建模仿真语言关键技术研究［D］. 北京：北京航空航天大学，2011.

[9] 李伯虎．面向智慧制造云的仿真与超算技术研究与思考［C］. 北京：第九届中国云计算大会，2017.

[10] 拉里 B 雷尼，安得利亚斯·图尔克．建模与仿真在体系工程中的应用［M］. 张宏军，李宝柱，刘广，译．北京：国防工业出版社，2019.

[11] 卫旭芳，潘辉，詹晨光．美军体系工程发展及启示［J］. 航空兵器，2022，29（2）：52－59.

[12] 吕卫民，张天琦，臧恒波，等．DoDAF 建模与效能评估综述［J］. 兵器装备工程学报，2021，42（9）：26－33.

[13] KEATING C，ROGERS R，UNAL R，et al. System of Systems Engineering［J］. Engineering Management Journal，2003，15（3）：36－45.

[14] KUMAR P，MERZOUKI R，OULD BOUAMAMA B. Multilevel Modeling of System of Systems［J］. IEEE Transactions on Systems，Man，and Cybernetics：Systems，2018，48（8）：1309－1320.

[15] LEE J，KANG S－H，ROSENBERGER J，et al. A hybrid approach of goal programming for weapon systems selection［J］. Computers & Industrial Engineering，2010，58（3）：521－527.

[16] CHI Y，LI J，YANG K，et al. An Equipment Offering Degree Evaluation Method for Weapon System－of－Systems Combat Network Based on Operation Loop［C］//QI E，SHEN J，DOU R. Proceedings of the 22nd International Conference on Industrial Engineering and Engineering Management 2015. Paris：Atlantis Press，2016：477－488.

[17] 武博祎，芦翰晨．武器装备体系贡献度评估研究进展及展望［J］. 哈尔滨工程大学学报，2022，（8）：1－7.

[18] 蔡卓函，穆歌，段莉，等．武器装备体系贡献率研究现状分析［J］. 火力与指挥控制，2021，46（9）：7－13＋19.

[19] 程翔，王轩．复杂电磁环境构建及效能评估发展与构想［J］. 雷达与对抗，2021，41（4）：11－14＋19.

[20] 杨建，董岩，边月奎，等．联合作战背景下的体系效能评估方法［J］. 科技导报，2022，40（4）：106－117.

[21] WOLPERT D H，MACREADY W G. No free lunch theorems for optimization［J］. IEEE Transactions on Evolutionary Computation，1997，1（1）：67－82.

[22] ZHANG S，LI Z，HAI X，et al. Safety critical systems design for civil aircrafts by model based systems engineering［J］. SCIENTIA SINICA Technologica，2018，48（3）：299－311.

[23] HOLT J，PERRY S，PAYNE R，et al. A Model－Based Approach for Requirements Engineering for Systems of Systems［J］. IEEE Systems Journal，2015，9（1）：252－262.

[24] ROBERT CLOUTIER，BRIAN SAUSER，MARY BONE，et al. Transitioning Systems Thinking to Model－Based Systems Engineering：Systemigrams to SysML Models［J］. IEEE Transactions on Systems，Man，and Cybernetics：Systems，2015，45（4）：662－674.

[25] INCOSE. Systems engineering vision 2020［R］. 2007：32.

附录　缩略语汇总

2D	Two - Dimensional	二维
3D	Three - Dimensional	三维
4ACES	Force Architecture Capabilities Effectiveness Simulation	兵力结构效能仿真系统
AC	Actor - Critic	行动者-评论家（算法）
A2C	Advantage Actor - Critic	优势行动者-评论家（算法）
A3C	Asynchronous Advantage Actor - Critic	异步优势行动者-评论家（算法）
A2/C2	Autonomy Type 2/Connectivity Type 2	自治型 2/连通型 2
AAR	After - Action Review	事后审查
ABAC	Attribute - Based Access Control	基于属性的访问控制
ABM	Agent - Based Modeling	基于智能体的建模
ACM	Association for Computing Machinery	（美国）计算机协会
ACT	Attack Countermeasures Tree	攻击对策树
ACTD	Advanced Concept Technology Demonstration	先进概念技术演示
ACT - R	Adaptive Control of Thought - Rational	推理思维的自适应控制
AcV	Acquisiton Views	采办视图
ADD	Architecture Description Documents	架构描述文档
ADM	Architecture Development Method	架构开发方法
ADS	Agent - Directed Simulation	智能体应用仿真
ADS	Authoritative Data source	权威数据源
ADT	Abstract Data Types	抽象数据类型
AES	Advanced Encryption Standard	高级加密标准
AESS	Aerospace and Electronics Systems Society	航空航天与电子系统协会
AFDRG	Anglo - French Defense Research Group	英法国防研究组织
AFOSR	Air Force Office of Scientific Research	（美国）空军科学研究办公室
AFRL	Air Force Research Lab	（美国）空军研究实验室
AFSIM	The Advanced Framework for Simulation, Integration, and Modeling	先进仿真、集成与建模框架

续表

AG	Attack Graph	攻击图
AgV	Agreements Views	协议意见
AHP	Analytic Hierarchy Process	层次分析法
AHRQ	Agency of Healthcare Research and Quality	（美国）医疗保健研究与质量局
AI	Artificial Intelligence	人工智能
ALSP	Aggregate Level Simulation Protocol	聚合级仿真协议
AML	Agent Modeling Language	智能体建模语言
AMT	Architecture Mangement Team	架构管理团队
ANL	Argonne National Laboratory	（美国）阿贡国家实验室
ANOVA	Analysis of Variance	方差分析
AoAs	Assessment of SoS Alternatives	体系替代方案评估
AOC	Air Operations Center	（美国）空军作战中心
AOI（s）	Area（s）of Interest	兴趣区域
AORs	Areas of Responsibility	责任区域
API	Application Programming Interface	应用程序接口
AR	Aspect ratio	纵横比（长宽比、宽高比、高宽比）
ARFORGEN	Army Force Generation	陆军兵力生成
ARG	Attack Response Graphs	攻击响应图
ATACKS	Advanced Tactical Architecture for Combat Knowledge System	作战知识系统的先进战术架构
ATC	Air Traffic Control	空中交通管制
ATES	Automation THREAT Engagement System	自动威胁交战系统
BA	Baranasi & Albert	无标度网络模型
BMDS	Ballistic Missile Defense System	弹道导弹防御系统
BT	Behavior Tree	行为树
C^4ISR	Command，Control，Commuications，Computers，Intelligence，Surveillance，and Reconnaissance	指挥、控制、通信、计算机、情报、监视与侦察
CAA	Concepts Analysis Agency	（美国）陆军概念分析局
CADET	Covariance analysis describing function technique	协方差分析描述函数法
CAS	Complex Adaptive System	复杂适应系统
CEM	Concept Evaluation Model	概念评估模型
CGF	Computer Generated Forces	计算机生成兵力

续表

CLIMB	Confidence Levels in Model Behavior	模型动态特性置信度等级
CMANO	Command：Modern Air/Naval Operations	现代海空行动（软件）
CORBA	Common Object Request Broker Architecture	公共对象请求代理体系结构
COTS	commercial－off－the－shelf	商用货架产品
CPN	Colored Petri Net	着色 Petri 网
CPU	Central Processing Unit	中央处理器
CV	Capability Viewpoint	能力视角
DARPA	Defense Advanced Research Projects Agency	（美国）国防高级研究计划局
DDS	Data Distribution Service	数据分发服务
DEVS	Discrete－Event－System－Specification	离散事件描述规范
DIS	Distributed Interactive Simulation	分布交互仿真
DIV	Data Information Viewpoint	数据信息视角
DMSO	Defense Modeling and Simulation Office	（美国）国防建模与仿真办公室
DoDAF	Department of Defense Architecture Framework	（美国）国防部体系结构框架
DP	Dynamic Programming	动态规划方法
DR	Dead Reckoning	航迹推算
DRM	Data Representation Model	数据表示模型
DSEEP	Distributed Simulation Engineering and Execution Process	分布式仿真工程与执行过程
DSTO	Defense Science and Technology Organization	（澳大利亚）国防科学技术组织
DTED	Digital Terrain Elevation Data	数字地形高程数据
EA	EDCS Attribute	EDCS 属性
EADSIM	Extended Air Defense Simulation	扩展防空仿真系统
EC	EDCS Classification	EDCS 类型
EDCS	Environmental Data Coding Specification	环境数据编码规范
EE	EDCS Attribute Enumerant	EDCS 属性枚举表示
EG	EDCS Group	EDCS 组群
EIC	External Input Coupling	外部输入耦合关系
EO	EDCS Organizational Schema	EDCS 组织模式
EOC	External Output Coupling	外部输出耦合关系
EQ	EDCS Unit Equivalence	EDCS 属性值的单位转换

续表

ER	ErdOs - Renyi Model	随机图模型
ERM	Earth Reference Model	地球参考模型
ES	EDCS Unit Scale	EDCS 属性值的单位比例
EU	EDCS Unit	EDCS 属性值的度量单位
EV	EDCS Attribute Value Characteristic	EDCS 属性值的特征
FCS	Future Combat System	未来作战系统
FEDEP	Federation Development and Execution Process	联邦开发与执行过程
FLAMES	Flexible Analysis and Mission Effectiveness System	柔性分析建模与训练系统
FOM	Federation Object Model	联邦对象模型
FOS	Family of Systems	系统族
FSM	Finite State Machine	有限状态机
fUML	foundational Unified Modeling Language	基础统一建模语言
GIS	Geographic Information System	地理信息系统
GOTS	government - off - the - shelf	政府货架产品
GPU	Graphics Processing Unit	图形处理器
HA	Hybrid Automata	混合自动机
HFSM	Hierarchical Finite State Machine	分层有限状态机
HLA	High Level Architecture	高层体系结构
IAAS	Infrastructure as a service	基础设施即服务
IACM	Information Age Combat Model	信息时代战斗模型
IC	Internal Coupling	内部耦合关系
ID	Identity Document	标识文档
IP	Internet Protocol	网际互联协议
INCOSE	International Council on Systems Engineering	国际系统工程理事会
JCIDS	Joint Capabliity Integration Development System	联合能力集成开发系统
JFCOM	Joint Forces Command	联合部队司令部
JICM	Joint Integrated Contingency Model	联合一体化应急作战模型
JMETC	Joint Mission Environment Test Capability	联合任务环境试验能力
JNTC	Joint National Training Capability	联合国家训练能力

续表

JSIMS	Joint Simulation System	联合仿真系统
JTLS	Joint Theater Level Simulation	联合战区级仿真系统
JWARS	Joint Warfare System	联合作战系统
LROM	Logical Range Object Model	逻辑靶场对象模型
LVC	Live Virtual Constructive	实况虚拟构造
MDP	Markov Decision Process	马尔可夫决策过程
M&S	Modeling and Simulation	建模与仿真
MBSE	Model - Based Systems Engineering	基于模型的系统工程
MBSoSE	Model - Based System of Systems Engineering	基于模型的体系工程
ML	Machine Learning	机器学习
MMF	Military Modeling Framework	军事建模框架
MoDAF	The Ministry of Defense Architecture Framework	英国国防部架构框架
MSO	Mission Space Object	任务空间对象
NAF	NATO Architecture Framework	北约架构框架
NCOSE	National Centers of SoS Engineering	（美国）国家体系工程研究中心
NIFC - CA	Naval Integrated Fire Control - Counter Air	（美国）海军一体化火控防空系统
NPCs	Non - Player Characters	非玩家角色
NRC	National Research Council	（美国）国家科学研究委员会
NTP	Network Time Protocol	网络时间协议
OMC	Object Model Compiler	（TENA）对象模型编译器
OMG	Object Management Group	对象管理组织
OMT	Object Model Template	对象模型模板
OODA	Observe Orient Decide Act	观察、判断、决策及行动（作战环）
OOP	Object - oriented Programming	面向对象编程
ORMT	Object Reference Model Template	对象参考模型模板
OV	Operational Viewpoint	作战视角
PAAS	Platform as a service	平台即服务
PDES	Parallel Discrete Event Simulation	并行离散事件仿真
PDG	Product Development Group	产品开发小组
PDU	Protocol Data Unit	协议数据单元
PPO	Proximal Policy Optimization	近端策略优化

续表

PR	Physical Resource	物理资源
PV	Project Viewpoint	项目视角
RL	Reinforcement Learning	强化学习
RPR FOM	Realtime Platform Reference FOM	实时平台级参考联邦对象模型
RTI	Run Time Infrastructure	运行支撑架构
SAAS	Software as a service	软件即服务
SCS	Science of Computer Simulation	（美国）计算机仿真学会
SDA	（TENA）Software Development Activity	（TENA）软件开发活动
SDO	Stateful Distributed Object	带状态的分布式对象
SE	System Engineering	系统工程
SEAS	System Effectiveness Analysis Simulation	系统效能分析仿真
SEDEP	Synthetic Environment Development and Exploitation Process	综合环境开发与运用过程
SEDRIS	Synthetic Environment Data Representation and Interchange Specification	综合自然环境数据表示及交换规范
SGRML	Simulation Grid Reference Markup Language	仿真网格参考标记语言
SIMNET	Simulator Networking	仿真器网络
SISO	Simulation Interoperability Standard Organization	仿真互操作标准组织
SOA	Service Oriented Architecture	面向服务架构
SOM	Simulation Object Model	仿真对象模型
SOS	System of Systems	体系，系统的系统
SoSE	System of Systems Engineering	体系工程
SoSEC	SOS Engineering Center of Excellence	（美国）卓越体系工程研究中心
SPN	Stochastic Petri Net	随机 Petri 网
SR	Service Resource	服务资源
SvcV	Service Viewpoint	服务视角
SRF	Spatial Reference Frame	空间参考框架
SRM	Spatial Reference Model	空间参考模型
SSG	Smart Scenario Generator	智能想定生成软件（以色列 HarTech 公司开发的仿真系统）
StdV	Standard Viewpoint	标准视角
STF	Transmittal Format	传输格式

续表

SV	Systems Viewpoint	系统视角
SysML	Systems Modeling Language	系统建模语言
TD	Temporal - Difference Learning	时序差分学习
TDL	TENA Definition Language	TENA 定义语言
TENA	Test and Training Enabling Architecture	试验和训练使能体系架构
TIC	Theil's inequality coefficient	不等式系数法
TOGAF	The Open Group Arhcitecture Framework	开放组织架构框架
TPN	Timed Petri Net	定时 Petri 网
TRMC	Test Resource Management Center	（美国国防部）试验资源管理中心
TSPI	Time Space Position Information	时间空间位置信息
UAF	Unified Architecture Framework	统一架构框架
UML	Unified Modeling Language	统一建模语言
V&V	Verification and Validation	校核与验证
VBS	Virtual Battle Simulation	虚拟作战空间仿真系统
VR	Virtual Resource	虚拟资源
VV&A	Verification，Validation and Accreditation	校核、验证与确认